国家自然科学基金项目（52164002，52064005，52074120）资助

近距离煤层群开采关键技术研究

孔德中 程志恒 蔡 峰／著

中国矿业大学出版社
·徐州·

内容简介

本书针对近距离煤层开采条件采场围岩稳定性控制、巷道围岩稳定性控制和瓦斯抽采三大技术难题，综合运用FLAC3D、UDEC以及相似模拟试验研究了近距离煤层群开采工作面矿压显现与覆岩移动规律，并对巷道围岩稳定性进行分析，基于此提出采场煤壁片帮、端面冒顶以及巷道围岩稳定性控制的有效技术措施。此外，在对近距离煤层群开采覆岩移动规律和裂隙演化规律研究的基础上，进一步探究近距离煤层群保护层开采瓦斯渗流特征及抽采参数优化。本书较为全面地反映了近距离煤层群开采面临的技术难题，以及在相关方面取得的研究成果，并适当介绍了可供借鉴的案例和生产经验。全书共7章，内容包括绪论、工程概况与岩石力学性质试验、近距离煤层群开采顶板破断特征与覆岩运移规律、近距离煤层群开采工作面矿压显现规律、近距离煤层群开采采场稳定性分析与控制、近距离煤层群开采回采巷道稳定性控制、近距离煤层群开采瓦斯运移规律与钻孔抽采技术。

本书适合采矿及相关专业的本科生、研究生、科研人员及一线工程技术人员学习参考。

图书在版编目(CIP)数据

近距离煤层群开采关键技术研究 / 孔德中，程志恒，蔡峰著. — 徐州：中国矿业大学出版社，2021.10

ISBN 978-7-5646-5168-8

Ⅰ. ①近… Ⅱ. ①孔… ②程… ③蔡… Ⅲ. ①煤层群—煤矿开采—研究 Ⅳ. ①TD823.81

中国版本图书馆CIP数据核字(2021)第202345号

书　　名　近距离煤层群开采关键技术研究
著　　者　孔德中　程志恒　蔡　峰
责任编辑　耿东锋　王美柱
出版发行　中国矿业大学出版社有限责任公司
（江苏省徐州市解放南路　邮编 221008）
营销热线　(0516)83885370　83884103
出版服务　(0516)83995789　83884920
网　　址　http://www.cumtp.com　**E-mail**:cumtpvip@cumtp.com
印　　刷　苏州市古得堡数码印刷有限公司
开　　本　787 mm×1092 mm　1/16　**印张** 12.25　**字数** 313千字
版次印次　2021年10月第1版　2021年10月第1次印刷
定　　价　55.00元
（图书出现印装质量问题，本社负责调换）

前　言

我国近距离煤层群资源丰富，通常以多层可采煤层的方式赋存，由于各煤层间距较小，上、下煤层开采时相互影响较大。相对于单一煤层开采而言，近距离煤层开采采场与巷道围岩裂隙较发育，煤壁片帮、端面冒顶以及巷道大变形更加严重，围岩稳定性控制也变得相对困难。此外，该类煤层群由于煤层赋存的特殊性，一般多为高瓦斯煤层或突出煤层，而在近距离煤层群重复采动下煤岩层裂隙经历生成、扩展、压实、张拉、再压实等复杂的过程，对瓦斯的运移和抽采影响较大，且更为复杂，因此针对重复卸压效应与瓦斯的运移关系、采动裂隙演化与瓦斯运移关系、裂缝带的分布及演化方面等的研究是瓦斯抽采的难点。

针对近距离煤层群开采相关问题的研究，我国学者做出了巨大的贡献，基本明确了近距离煤层群开采顶板会形成“块体-散体”结构，揭示了近距离煤层群下煤层开采顶板垮落机制，从理论上确定了近距离煤层群开采下煤层工作面支架工作阻力的计算方法，也有众多学者在此基础上建立“支架-围岩”关系模型进行补充完善；对于近距煤层群开采巷道围岩稳定性控制的核心为巷道布置方法和巷道围岩控制技术，在理论研究和工程实践中人们也意识到巷道布置在应力降低区对保证巷道围岩稳定性起着至关重要的作用，并且巷道围岩具体控制技术的提出也是建立在巷道布置位置和围岩条件的基础之上的；在近距离煤层群开采过程中，针对高瓦斯煤层或突出煤层，瓦斯抽采是较为关键的一步，在现有瓦斯抽采技术的基础上，瓦斯钻孔抽采被普遍应用在近距离煤层群开采中，如顶板大直径千米钻孔抽采、大直径（250 mm）钻孔抽采群、高抽钻孔组和顶板裂隙钻孔组联合抽采瓦斯等技术，实现了瓦斯安全高效抽采。

我们在此基础上，结合贵州省盘州市洒基镇土城矿和金沙县盛安煤矿近距离煤层群开采采场和巷道围岩稳定性与控制技术及瓦斯抽采中的工程问题，开展岩石力学试验，探究围岩失稳机理、稳定性控制技术和瓦斯钻孔抽采中的科学问题，全面分析近距离煤层群重复采动顶板破断特征、覆岩运移规律、矿压显现和裂隙演化规律及瓦斯运移规律，并系统研究了近距离煤层群开采采场、巷道围岩稳定性控制机理以及对瓦斯钻孔抽采技术进行优化，以保证近距离煤层群工作面安全高效开采。基于以上的研究成果，在此将《近距离煤层群开采关键技术研究》这本专著呈现给大家，以期学者们能够加深对近距离煤层群开采关键技术的认识，并期望能够为类似条件下的矿井开采提供参考。

感谢国家自然科学基金项目（52164002，52064005，52074120）的资助。书中也包含一些通用知识、他人的研究成果以及合作单位共同完成的科研成果，在此引用，是为了保持本书体系的完整性与内容的可读性，在此对引用成果的作者表示衷心的感谢。

在撰写本书过程中，得到了王沉教授、吴桂义副教授、韩森实验师以及郑上上、浦仕江、娄亚辉、熊钰、李强、尚宇琦、王玉亮、张启、李利等的支持，在此表示由衷感谢。

由于水平所限，书中难免存在不妥之处，敬请读者与同仁批评指正。

著　者

2021 年 7 月

目 录

第一章 绪 论

第一节 近距离煤层群开采现状

我国煤炭资源丰富，作为长期以来的能源支柱，煤炭为我国的经济发展做出了巨大贡献。根据自然资源部编制发布的《中国矿产资源报告2020》，2019年以来我国查明的煤炭资源储量增长0.6%，新增300.1亿t。在未来几十年，我国经济仍会保持较快增长，对能源的需求也会继续增加，煤炭在能源消费结构中依然会占有很大的比重。

我国近距离煤层群赋存较多，近距离煤层群开采是煤炭开采面临的普遍性问题，且开采难度大，为了延长矿井服务年限，提高资源回收率，避免煤炭资源的浪费，近距离煤层群的安全、高效开采必须受到高度重视。我国近距离煤层开采的方法大致可分为3类，即近距离煤层上行开采、近距离煤层下行开采及近距离煤层合层开采。然而，现有的近距离煤层群开采的实践表明，由于煤层间距离较小，上位煤层的开采会对下位煤层产生明显的采动影响，不管使用何种开采方法与工艺，煤层群开采与单一煤层开采相比都呈现出不同的矿压现象，端面顶板破碎、煤壁片帮严重、回采巷道支护困难、煤柱变形破坏严重、工作面漏风，更有甚者出现瓦斯爆炸、冲击地压等事故。尤其是煤层间距较小时，这种情况会更加明显，对上部煤层进行回采时其采动影响会延伸到下部煤层中，对下部煤层的顶底板及煤体都会造成一定程度的破坏。

一、近距离煤层群定义

在目前解决近距离煤层群的开采问题时，很多学者试图给“近距离煤层”下一个定义，但是迄今为止国内还未形成一套统一的标准来界定近距离煤层群。《煤矿安全规程》将近距离煤层定义为：煤层群层间距离较小，开采时相互有较大影响的煤层。但这只是针对煤层间开采时的影响程度来划分，具体影响范围及大小也还没有严格的划分。有学者根据上层煤开采时底板的损伤深度判别近距离煤层，定义损伤深度大于煤层间距为近距离煤层。总之，对于近距离煤层群的概念至今尚不十分明确。本书认为近距离煤层群是指井田开采范围内有多层稳定或较稳定的可采煤层，且相邻两煤层的层间距离很近，开采时具有相互显著影响的煤层。

二、近距离煤层群赋存特征

我国近距离煤层群资源丰富，通常以多层可采煤层的特征赋存，且开采时相互间影响较大。在我国十四个大型煤炭生产基地（晋北、晋中、晋东、神东、云贵、冀中、鲁西、陕北、蒙东、

两淮、黄陇、宁东、河南、新疆)中，均赋存着大量的近距离煤层群资源。在平顶山矿区、大同矿区、淮南矿区等地，有超过 2/3 的矿区可采煤层超过 5 层，有一部分矿区可采煤层数量甚至超过了 20 层，这些矿区多数采用下行开采。近距离煤层群的赋存中，很多煤层群的煤层不像单一煤层有稳定的厚度，较多都有变化，很多矿区受区域构造影响，煤层厚度变化较大且出现缺失带。此外，煤层顶底板岩性及倾角也是变化不一，其中我国西南地区的近距离煤层群，煤层厚度相对较薄且煤层间距较小，大都又属于急倾斜煤层，甚至有相互交叉的煤层出现，很多矿井实施俯伪斜开采。这些赋存特征都使得近距离煤层群的开采难度较大。

虽然我国近距离煤层群资源丰富，但由于近距离煤层群层间距较小，上、下煤层开采时相互作用的影响较大，无论是单一采动还是重复采动，对采场、巷道的围岩稳定性都有显著影响。同时，此类煤层群多为高瓦斯煤层或突出煤层，采动造成的围岩裂隙也成了瓦斯流动的通道，使工作面的瓦斯治理也难度较大。

第二节　近距离煤层群开采关键技术难题

与单一煤层相比，近距离煤层群在重复采动的过程中，采场与巷道的矿压显现更加明显，周期来压步距也相对减小，煤壁片帮严重，采场及巷道的围岩稳定性控制也变得更加困难。同时，采动引起邻近煤层覆岩破坏及裂隙发育更加严重，加大了安全开采的难度(图 1-1)。此外，煤层群开采过程中瓦斯治理成了一大难题，近距离煤层群开采过程中通常实行保护层开采的方式，以对高瓦斯煤层进行增透卸压，其卸压范围确定以及瓦斯钻孔合理布置是成功抽采瓦斯的关键。

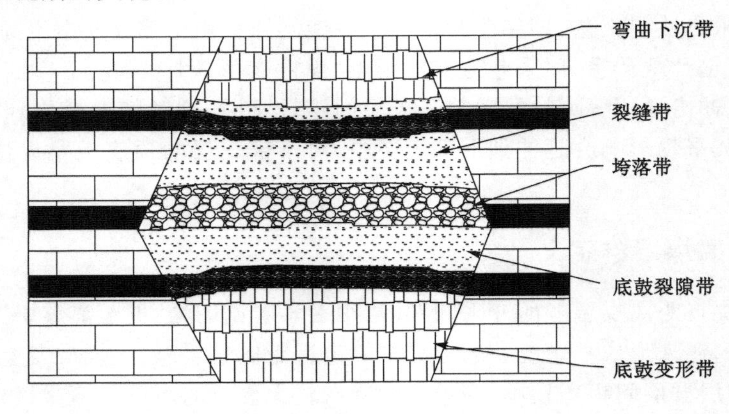

图 1-1　顶板“三带”划分

近距离煤层群开采时围岩控制研究难点主要集中在煤柱应力演化、覆岩运移及破断规律、采准巷道位置选择、动压巷道围岩稳定性控制等方面。针对煤层群开采时重复卸压效应与瓦斯的运移关系、采动裂隙演化与瓦斯运移关系、裂缝带的分布及演化方面等研究是如今瓦斯抽采研究的难点。

因此，针对近距离煤层群开采的关键技术还需要大量的研究。由于合层开采是在下煤层开采对上煤层影响不大的情况下，上下煤层保持一定错距同时开采的一种开采方法，但在实际工程中还存在许多的不确定性，因此，本书主要针对近距离煤层群上行开采和下行开采来展开研究。

一、采场围岩控制

近距离煤层群的开采过程中，工作面漏顶、煤壁片帮、支架压架、台阶下沉等问题时有发生，采场围岩的合理控制不仅关乎生产效率，还关乎井下人员的安全问题。多煤层开采时对顶板结构及覆岩运移规律的研究是了解工作面矿压显现及顶板控制的基础。

下行开采时，下位煤层受到上位煤层采动影响，顶板遭到破损，原岩应力也发生变化，导致采场内围岩运动和围岩内部应力重新分布。尤其是当相邻煤层间距较小时，上位煤层的采动影响及应力集中对下位煤层顶板造成了更严重的破坏，且下位煤层开采时又受到超前支承压力的又一次影响，经常造成工作面端部矿压显现剧烈、工作面顶板台阶下沉明显等现象，对工作面顶板维护造成很大困扰。

上行开采时，上位煤层受到下位煤层的开采扰动，经过岩层移动，裂隙发育、扩大、闭合等多次作用后，发生弯曲变形及破坏下沉，采场围岩采动应力的演化特征，围岩变形、位移及裂隙的演化规律就变得十分复杂。在实践中发现，实行上行开采时，即使上位煤层位于下位煤层的裂缝带内，上位煤层开采时依旧会发生煤壁片帮、冒顶及回采巷道严重变形等现象。

无论是上位煤层开采还是下位煤层开采，重复开采扰动对采场矿压显现、工作面支撑压力、巷道的合理布置等都有很大的影响，因此，近距离煤层群开采中采场围岩稳定性控制还需展开更系统的综合性的研究。

二、巷道围岩控制

巷道围岩控制是煤矿安全生产中不可忽视的重要研究内容，巷道支护不当容易造成顶板垮落、人员伤亡等严重影响正常生产及生命安全的事故发生。因此，掌握巷道围岩变形及控制机理是维护巷道稳定性必不可少的研究内容。尤其是在近距离煤层群开采过程中，巷道围岩稳定性控制变得更为复杂。在多煤层重复采动影响下，巷道围岩变形控制主要从三个方面入手，即巷道围岩应力、围岩自身承载能力和支护强度。通常巷道变形特征主要有顶板下沉、片帮及底鼓等，巷道的变形破坏情况也是显现矿压大小的一个重要标志。

采用上行开采时，上覆岩层结构的完整性因下位煤层开采而受到破坏，应力失去平衡，围岩应力重新分布导致巷道变形严重。且当下位煤层开采后，上位煤层必将受到了高强度的扰动，煤岩层发生移动和变形，下位煤层护巷煤柱还可能使得上方岩层中出现应力集中，导致上位煤层开采难度增加或出现巷道大变形的情况。

采用下行开采时，下位煤层顶板上方为上位煤层开采后垮落的矸石，且上位煤层采后遗留煤柱会对底板的应力分布造成影响，形成应力集中。因此，当下位煤层开采时，极容易出现巷道围岩移近量大、矿压显现明显，造成支护困难。下位煤层受上位煤层开采扰动的影响，加之上位煤层的开采方式不同会导致不同的边界条件，出现新的矿压现象，整体的力学条件也就不尽相同。这些围岩控制理论都还急需解决，巷道的合理错距及支护方法还需要完善。

三、瓦斯抽采

近距离煤层群开采时，多煤层重复采动必将导致邻近煤岩层出现多次变形，从而致使邻近煤层上、下覆岩层发生破坏变形且产生较多裂隙，进而使得煤层瓦斯压力降低、透气性增大，可以更加高效抽采邻近煤层瓦斯。此时，从卸压的角度来讲，中部及下保护层的开采对上覆煤层的卸压效果好，在不对上覆煤层产生破坏的前提下，中部煤层作为保护层的开采可对上覆和下伏煤层都有较好的卸压效果。正因为卸压范围大，得到卸压的煤层多，因此涌入首采煤层采煤工作面的瓦斯量很大，瓦斯治理困难。煤层在采动条件下，煤岩体的应力转移并产生应力集中，煤岩体产生变形，获得了较大的弹性能，在钻孔和爆破等的外力作用下，应力集中和损伤的煤岩容易诱发煤与瓦斯突出。同时，上覆和下伏煤岩体的破坏变形，煤体原生裂隙的扩展及采动裂隙的发育，增加了煤岩体的瓦斯流通通道，上覆和下伏煤岩体的卸压瓦斯大量流入采掘工作面等自由面。尤其是采煤工作面在负压作用和U型通风时，在采空区漏风的影响下，工作面上隅角瓦斯积聚更为严重。

第三节　近距离煤层群开采关键技术研究现状

一、近距离煤层群开采采场围岩研究现状

针对近距离煤层群开采采场矿压显现剧烈、顶板垮落、煤壁片帮、支护困难等技术难题，国外学者对此研究较少，主要以国内学者为主开展了大量的重复采动覆岩破坏结构特征及工作面围岩稳定性控制的研究（赵军，2018；陈盼，2013；杨路林，2018；杨科，2016；Kong Dezhong，2019；Zheng Shangshang，2019；Behrooz Ghabraie，2017）。其中较普遍认可的成果是近距离煤层群开采形成的“块体-散体”顶板结构（朱涛，2010），见图1-2。该结构模型揭示了极近距离煤层下煤层开采顶板垮落的机制，并且从理论上确定了极近距离煤层下煤层工作面支架支撑压力的计算方法，用以确定合理的支架阻力控制围岩稳定性。

也有学者从重复采动覆岩应力分布和矿压显现入手，研究下位煤层回采时，工作面分别在上位煤层采空区下、煤柱下以及实体煤层下表现出的矿压显现规律，以及上位煤层开采对下位煤层的损伤程度，并针对采空区下、煤柱下和实煤体下三种不同顶板结构类型，建立采场“支架-围岩”关系模型，确定不同顶板结构类型下控制围岩稳定性的合理支架阻力（孔宪法，2013）。

二、近距离煤层群开采巷道围岩研究现状

在巷道围岩变形及控制方面，国内外众多学者以巷道围岩应力和围岩结构为切入点做了大量研究。近距离煤层群在开采过程中，受上煤层遗留煤柱的影响，下煤层工作面顶板出现了应力降低区和应力增高区，然而应力增高区和应力降低区的范围及影响该范围的因素确定也成了巷道布置的一大难题（柯达，2020；孟浩，2016；张剑，2020；A.M.Suchowerska，2013，2014）。而且，遗留煤柱使其下方岩层和煤层产生了较大的应力集中，且存在应力传递影响角，然而应力传递影响角随着地质条件的变化而不尽相同，不同的应力传递影响角对下煤层回采巷道围岩变形破坏不同，从掘进至服务结束其稳定性的影响目前也还没有成熟的相关理论。

近距煤层群开采巷道围岩稳定性控制的核心为巷道布置方法和巷道围岩控制技术。有学者在巷道层位布置及错距方面做了大量研究（魏振宇，2013；李波，2012；王宏伟 2015），主

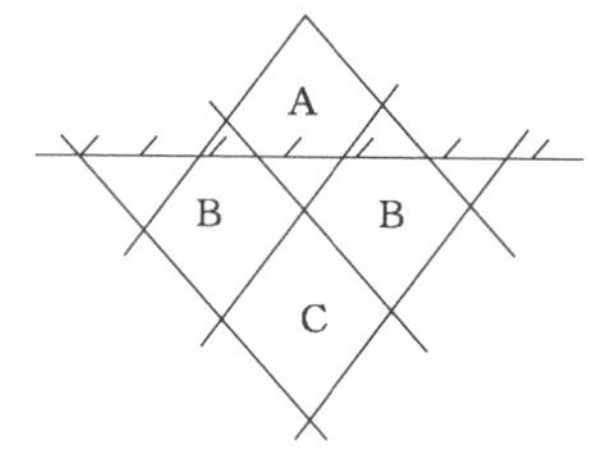

(a)“块体”结构

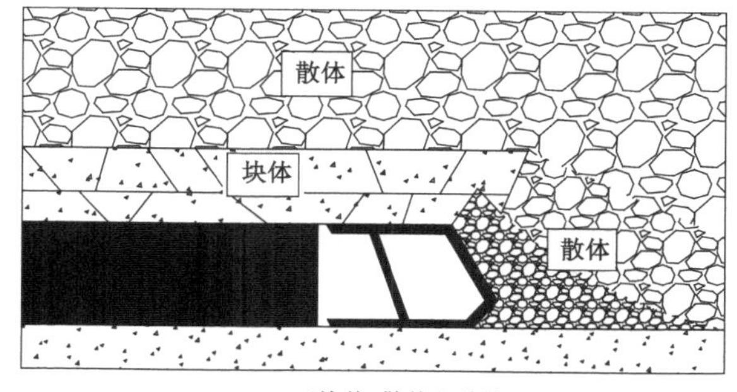

(b)“块体-散体”结构

图 1-2 下煤层下位直接顶结构

要有重叠、内错及外错等三种布置方法。根据巷道围岩应力分布,将巷道布置在煤柱底板应力降低区和应力改变率较小的位置,巷道易于维护。我国大部分煤矿采用内错布置,也有少数煤矿采用重叠布置,极少有煤矿采用外错布置。除了巷道合理位置的布置,学者们在巷道支护方面也做了大量研究,并且针对煤层群开采巷道围岩控制理论与锚杆锚索等支护技术展开研究并已取得众多成果(张剑,2013;林健,2010)。对近距下部煤层回采巷道围岩控制主要包括高预应力全长锚固锚杆支护、架棚支护、架棚+锚网索复合支护、锚杆锚索联合支护等技术,但针对近距离煤层群开采巷道支护方面的问题仍需要进一步研究,以求达到系统认知。

三、近距离煤层群开采瓦斯运移与钻孔布置研究现状

从 20 世纪 60 年代开始,国内外学者针对矿井瓦斯运移理论的研究取得了大量的成果,其中影响较大的理论成果包括线性瓦斯流动理论、线性瓦斯扩散理论、对流扩散理论和非线性瓦斯渗流理论等。线性瓦斯流动理论假定瓦斯在煤层中的流动基本符合线性渗透定律——达西定律;线性瓦斯扩散理论认为煤屑内瓦斯运移基本符合线性扩散定律——菲克定律;对流扩散理论认为煤层中瓦斯的渗透率和介质的扩散性共同决定了瓦斯的流动状况;非线性瓦斯渗流理论具有代表性的为非线性瓦斯流动模型(一种可压缩性瓦斯流动数学模型)。对于近距离煤层群开采而言,由于煤层顶底板岩层反复破坏,一些煤岩层裂隙经历了生成、扩展、压实、张拉、再压实等复杂的过程,形成的裂隙通道将不同于单一煤层开采,对瓦斯的抽采和运移影响较大,更为复杂(齐消寒,2016)。

现阶段,针对高瓦斯煤层群开采,普遍认可的是应用保护层开采技术(李绍泉,2013;齐庆新,2014;马国强,2015;汪东生,2011),如一些学者根据重复采动覆岩裂隙动态演化提出

近距离煤层群开采瓦斯立体抽采模式，实现上覆煤岩层和下伏煤岩层瓦斯的全面抽采。近年来，学者们针对瓦斯钻孔抽采技术研究较多，如顶板大直径千米钻孔抽采(图 1-3)、大直径(250 mm)钻孔群抽采(谢生荣，2009；赵耀江，2009；薛俊华，2012)、底抽巷穿层钻孔群瓦斯抽采(赵灿，2019；杨正凯，2020)、高抽钻孔组和顶板裂隙钻孔组联合瓦斯抽采等技术的应用，可以代替高抽巷实现卸压瓦斯安全高效抽采。

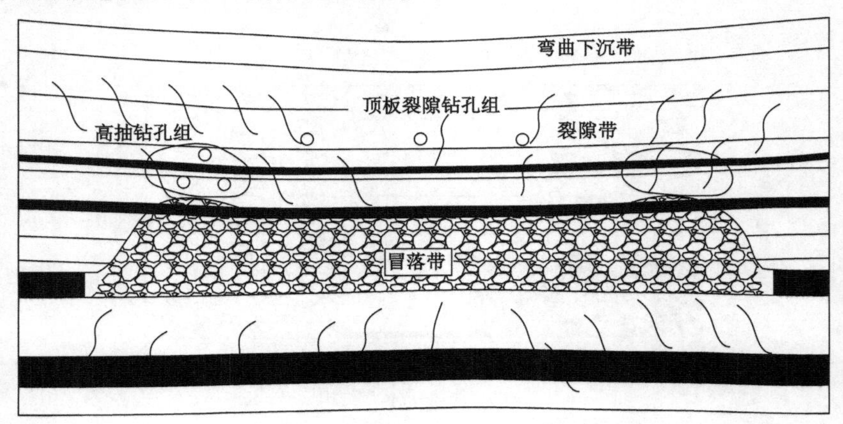

图 1-3　顶板大直径千米钻孔抽采技术示意图

通过以上对近距离煤层群开采关键技术研究现状的总结，我们有以下几点看法：

(1) 近距离煤层群开采形成“块体-散体”顶板结构已得到了大多学者的普遍认可，该理论需要进一步完善的是系统地分析近距离煤层群开采后每一煤层顶板不同层位形成的空间结构，并建立顶板破断结构力学模型；分析近距离煤层群开采覆岩运移规律，明确覆岩运移规律的影响因素。除此之外，从工作面矿压显现规律研究入手，确定近距离煤层群开采支架与围岩的关系，得到保持围岩稳定的合理支架阻力。

(2) 近距煤层群开采巷道围岩稳定性控制重点在两个方面，首先是巷道位置布置的合理性，即应布置在应力降低区内；其次是巷道支护技术的可靠性和适用性。近距煤层巷道围岩支护技术与巷道布置方法和围岩条件密切相关，研究巷道围岩控制技术必须建立在巷道布置方法和围岩条件的基础上，根据具体的巷道布置和围岩条件提出合理的巷道围岩控制技术。

(3) 近距煤层群开采中瓦斯抽采是较为关键的一步，现有的瓦斯运移规律和钻孔抽采技术已较为成熟，但近距离煤层群开采煤岩层裂隙经历了生成、扩展、压实、张拉、再压实等复杂的过程，对瓦斯的抽采和运移影响较大，更为复杂。因此，需要进一步研究近距离煤层群保护层开采采动应力-裂隙演化规律，在此基础上明确保护层开采瓦斯渗流特征，从而优化瓦斯钻孔抽采技术。

因此，我们进行了近距离煤层群开采关键技术研究，包括近距离煤层群开采采场围岩稳定性控制、巷道围岩稳定性控制和瓦斯钻孔抽采技术。

本书通过分析近距离煤层群开采采场和巷道围岩稳定性与控制技术及瓦斯抽采中存在的问题，探究围岩失稳机理、稳定性控制技术和瓦斯钻孔抽采中的科学问题，综合运用理论分析、现场实测、煤岩力学参数测试、试验方法设计、相似模拟及数值模拟等手段，全面分析近距离煤层群重复采动顶板破断特征，覆岩运移、矿压显现和裂隙演化规律及瓦斯运移规律，并系统研究了近距离煤层群开采采场、巷道围岩稳定性控制机理以及对瓦斯钻孔抽采技术进行优化，以期保证近距离煤层群工作面安全高效开采。

第二章 工程概况与岩石力学性质试验

第一节 近距离煤层群工程概况

一、土城矿矿井工程概况

(一) 矿井地质条件

土城矿矿井位于贵州省盘州市洒基镇,为平硐开拓。东起 F_{35} 断层,西止拖长江,北以煤层露头线,深部以 F_{35}、F_{36} 断层为界。走向长 12 km,倾向长 2～3 km,面积约 29 km^2。本区地形为山区地形,山形和地层走向基本一致,全区地势为中部高、两端低。煤层露头标高为 1 500～2 050 m,且东高西低。本区范围内水文地质条件为中等,无强含水地层,地面河流有拖长江自南向北经过矿区西部,为井田内最大河流。本区气候特点是"四季无寒暑,一雨变成冬",全年雨量充沛,雨季集中在 6—9 月份。

井田内地层自下而上有:二叠系上统峨眉山玄武岩组和龙潭煤组,三叠系下统飞仙关组和永宁镇组及第四系。

(1) 二叠系上统峨眉山玄武岩组($P_2\beta$)全层厚 1 000 m,分为三段。

① 下段($P_2\beta^1$):墨绿、黑灰色玄武岩,致密块状,坚硬,夹凝灰岩层,厚 900 余米。

② 中段($P_2\beta^2$):绿灰色凝灰岩夹深灰色粉砂岩、细砂岩及浅灰色铝土岩,局部夹煤一层,煤厚 0.5～1.00 m,全层一般厚 20 m。

③ 上段($P_2\beta^3$):下部以绿灰色玄武岩为主,上部以黄绿、红紫色凝灰岩为主,厚 50～80 m。

(2) 二叠系上统龙潭煤组(P_2l):与下伏地层为假整合接触。全层厚 280～310 m,从西往东地层逐渐增厚,由粉-细砂岩及泥岩组成,煤组底部有一层铝土质泥岩。全层含煤 40～50层,主要可采煤层为 3#、5#、6#、9#、12#、15#、16#、17#、18# 煤层,分布在煤系上部及中部。煤组下部仅有 27# 煤层可采。

(3) 三叠系下统飞仙关组:与下伏地层为整合接触。上部以绿色厚层状致密细砂岩为主,顶部夹紫色砂质泥岩,含蠕虫状方解石。下部厚 30 m 左右,为绿灰色粉砂质泥岩、泥质砂岩,含瓣腮类、腹足类化石。全段厚 120 m。

(4) 三叠系下统永宁镇组(T_1yn):与下伏地层整合接触分为两段。

① 下段(T_1yn^1):灰白-黄灰色,薄至中厚层状泥灰岩和石灰岩,厚 125 m。

② 上段(T_1yn^2):黄色薄层状泥质粉砂岩、细砂岩,出露不全,厚度不详。

(5) 第四系:以残积、坡积为主。岩性以碎石亚砂土及碎石黏土为主,分选性差,多未胶

结。一井田发育较好，一般厚度为 20 m；二井田不发育，分布零星，以残坡积相为主。

（二）主采煤层特点

井田内含煤地层为二叠系上统龙潭煤组，与下伏二叠系上统峨眉山玄武岩组为假整合接触，与上覆的三叠系下统飞仙关组为整合接触，全层厚 260～310 m，一般厚度为 285 m，从西向东有增厚的现象。含煤 40～50 层，根据岩性和含煤情况可分为三段。

下段（P_2l^1）：以 24# 煤层顶板为上界，厚 38～78 m，一般厚 57 m。岩性以深灰-灰黑色的砂质泥岩、粉砂岩为主，夹菱铁质薄层和黄铁矿结核体，常见较完整的大羽羊齿、翅羊齿类植物化石。共含煤 10～12 层，多薄而不稳定，仅 27 号煤在井田范围大部可采，底部为灰色铝土质泥岩，厚 1～3 m，致密性脆，常见鲕粒结构。

中段（P_2l^2）：以 12# 煤层顶板为界，厚 108～160 m，平均厚 124 m。下部以中厚层状，中-细粒砂岩为主，在全区比较稳定，夹薄煤 5～8 层，厚约 69 m。上部岩性变化较大，以粉砂岩、砂质泥岩及细砂为主，常相互递变，夹较多的层状和不规则的菱铁质结核，砂岩中常见鲕状菱铁质矿，含大量大羽羊齿、芦木等植物化石，厚约 55 m。含煤 10～15 层，其中 12#、13#、15#、16#、17#、18# 等可采煤层均集中于此，为本区主要含煤段。

上段（P_2l^3）：以 1# 煤层顶板含动物化石的砂质泥岩为上界，厚 90～120 m，一般厚 102 m。本段岩性在全区比较稳定，以灰-灰绿色中厚层状的中细粒砂岩为主，夹粉砂岩和砂质泥岩。中部有三层全区稳定的动物化石层位，以腕足类为主，其次为腹足类，植物化石较中、下段少。本段共含煤 10～14 层，可采的 1#、3#、5#、6#、9# 等煤层均分布于此，为本区主要含煤段。含煤地层与其他地层区别的标志主要是：① 煤系底部所含的一层铝土质泥岩，这层岩石较为稳定，全区发育，可作为含煤地层与下伏地层的区别对比标志。② 煤系上部与下三叠统飞仙关组相接处有一层厚 30 m 左右的绿灰色砂质泥岩夹泥质粉砂岩，含瓣腮类、腹足类化石，可作为含煤地层与上覆地层区别的标志。煤层相互间对比的标志层主要有以下几个标志。

（1）1# 煤层：顶板为 3～5 m 厚的灰色粉砂岩，水平层理发育，含少量海豆芽化石及炭化植物碎屑，其上为灰绿色、绿色粉砂质泥岩，煤层中有一层黑褐色细晶-隐晶高岭石泥岩夹矸。

（2）5# 煤层：煤层中有一层黑褐色的高岭质泥岩，较硬，且十分稳定，在二井田尤其如此。

（3）6# 煤层：顶板为深灰色泥粉砂岩，含海相动物化石及黄铁矿结核。6# 煤层区别于其他层位的特点为：含硫量高，煤质硬。

（4）12# 煤层：顶板砂岩厚达 20 余米，厚层状构造，层理发育。煤层沉积较为稳定。厚 2～4 m，煤质好，含硫低，在煤层的中、下部有一层 0.10～0.50 m 厚的似鳞片状的软煤，用手揉抹，即为粉末，底板泥岩中含大量的菱铁矿鲕粒，呈不规则的团块状。该煤层在二井田有分叉现象。

（5）16# 煤层：其顶部有一层较稳定厚 0.08 m 的棕褐色细晶质、高岭石泥岩，含水云母片，风化后成灰色块状，此特征较为明显。

根据原勘探资料及现生产资料分析，井田含煤地层的厚度及各种特征在走向、倾向上的变化都不大。本井田各煤层的煤种主要以肥煤及焦煤为主。煤层的变质程度规律是：由浅而深、由西而东变质程度逐渐增高。

本井田位于土城向斜北翼西段，大致呈一南倾的单斜构造，地层倾角一般为20°左右，仅西南边缘陡至50°～60°，地层走向大致呈东西向，变化不大。斜切高角度正断层发育是井田的主要构造特征，断层落差沿走向、倾向变化很大，一般是北东向小，南西向大，断层带较窄，封闭良好。断层的延展方向多为北东向，少数为北西向。从全区看，断层发育多集中于西部及中部，东部较少。

（三）工作面概况

本矿井田内煤层多为近距离的中厚煤层，顶板多为粉砂岩及泥质粉砂岩，裂隙较发育，顶板易于垮落。煤层走向长度大于煤层倾向长度。该矿某块段可采煤层为15#、16#、17#和18#，15#、16#、17#和18#煤层的平均厚度分别为2.5 m、2 m、4 m和5 m，其中15#、16#煤层间距为6.0 m，16#、17#煤层间距为4～8 m，17#、18#煤间距为15 m。本矿煤层开采属于近距离煤层群开采，工作面示意图和岩层综合柱状图如图2-1所示。目前，15#、16#煤层已经开采结束，正在回采17#煤层，17101工作面是17#煤层首个大采高工作面，平均埋深414.5 m。工作面长度为150 m，推进方向长度为1 000 m。

（四）巷道变形与破坏特征

对工作面回采巷道变形严重地段进行了现场拍照，回采巷道变形与破坏特征如图2-2所示。

通过对17101工作面回采巷道变形与破坏特征的现场调研，归纳总结得到近距离煤层群重复采动下回采巷道具有以下变形特征：

(1) 巷道围岩变形量大，持续时间长。顶板存在水平挤压造成的明显剪切破碎带，膨胀变形显著。受15#、16#煤层双重采动作用下残留煤柱应力集中的影响，自掘进阶段到本煤层回采阶段，巷道围岩变形量大，持续时间长。

(2) 巷道围岩所受压力大，U型钢变形较大、扭曲严重。煤柱帮部较大范围内完全垮塌，实体煤帮扩容现象明显，帮部鼓出量较大。巷道两帮的变形量大于顶底板的移近量，表明巷道所受水平力大。

(3) 巷道围岩较松软破碎，整体性较差，锚杆、锚索锚固性能得不到充分发挥。多处出现锚杆、锚索拉断、失效情况，金属网撕裂现象较为普遍。

（五）巷道围岩松动圈钻孔观测

裂隙发育情况与分布特征是岩石强度的一个主要指标，更是影响巷道围岩稳定性的主要因素。为了得到巷道顶板与两帮裂隙发育规律，采用钻孔窥视仪对巷道超前段、地质构造影响段、正常段顶板及两帮裂隙发育程度进行观测，观测结果如图2-3所示。

由图2-3可以看出：巷道顶板以上0～0.6 m较为破碎，纵向裂隙发育；0.6～2.8 m包含纵向裂隙、横向裂隙、交叉裂隙等多种裂隙，且都较为发育，其中2.8 m处多为环状裂隙，同时出现局部破碎；3.4～4 m环向裂隙和纵向裂隙发育；4～5 m范围内仍有微裂隙发育。

二、盛安煤矿矿井工程概况

（一）矿井地质条件

1. 井田地层

矿区及附近出露的地层，由老至新主要有：二叠系中统茅口组(P_2m)，二叠系上统龙潭组(P_3l)、长兴组(P_3c)，三叠系下统夜郎组(T_1y)和第四系(Q)，其中区内主要含煤地层为龙

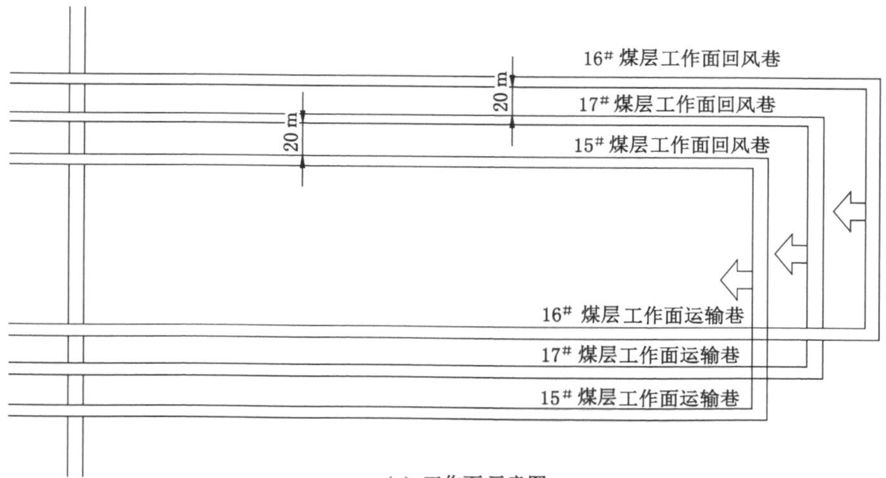

(a) 工作面示意图

岩石名称	厚度/m	柱状	岩性描述
细砂岩	12.5		坚硬、不易破坏
粉砂岩	10		坚硬、不易破坏
泥岩	3		松散易破坏
15#煤层	2.5		煤质好
泥岩	2		松散易破坏
细砂岩	4		坚硬、不易破坏
16#煤层	2		煤质好
粉砂岩	6		坚硬不易垮落
17#煤层	4		煤质好
细砂岩	15		坚硬、不易破坏
18#煤层	5		煤质好
泥岩	8		松散易破坏
中砾岩	16		坚硬、不易破坏垮落

(b) 岩性柱状图

图 2-1　工作面示意图与岩性柱状图

潭组。现将各地层由老至新叙述如下。

(1) 二叠系中统茅口组(P_2m)：岩性为灰色、浅灰色块状、厚层状夹中厚层状灰岩，粉晶结构，局部含燧石结核。产蜓、珊瑚等动物化石。厚度大于 25 m。分布于矿区东边界附近及边界外。

图 2-2　巷道变形破坏特征

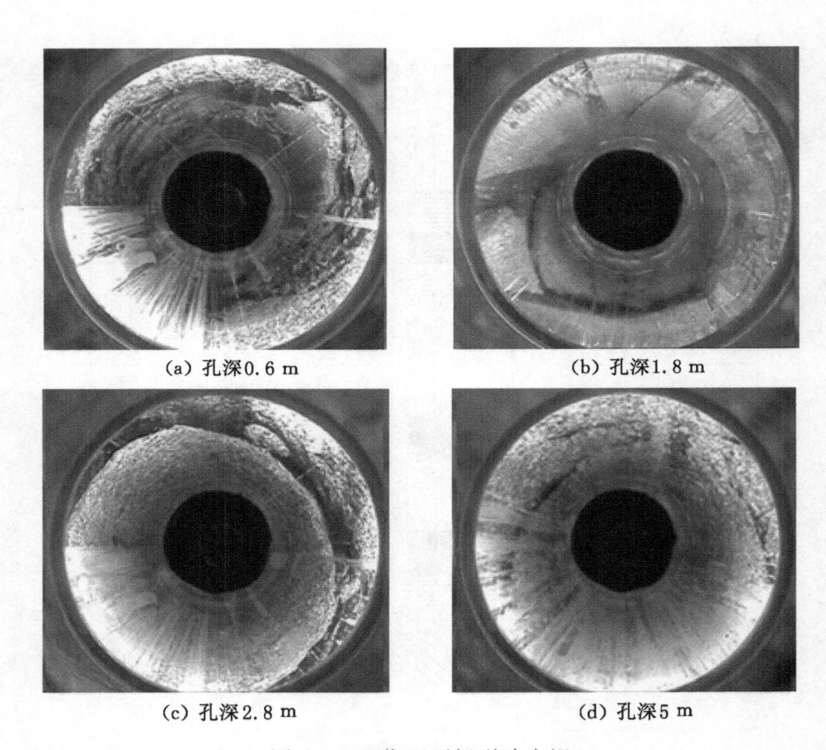

(a) 孔深0.6 m　(b) 孔深1.8 m　(c) 孔深2.8 m　(d) 孔深5 m

图 2-3　工作面顶板裂隙窥视

(2) 二叠系上统龙潭组(P_3l)：出露于矿区西北部边界附近，为区内含煤地层，岩性由灰、深灰、黄灰色泥岩、炭质泥岩、粉砂质泥岩、泥质粉砂岩、粉砂岩及煤层组成，上部夹 0～3 层灰色薄至中厚层状灰岩及泥质灰岩，底部以铝土质泥岩与茅口组分界，产腕足类动物化石及植物化石。本组厚度 103.63～122.33 m，平均 112.15 m。含煤 9～10 层，一般 9 层，可采煤层 2 层，由上至下编号为 6[#]、9[#] 煤层。与下伏地层呈假整合接触。

(3) 长兴组(P_3c):呈条带状陡崖出露于矿区西北部边界附近。为灰色、深灰色中至厚层状灰岩,含燧石结核。夹钙质泥岩、粉砂质泥岩薄层,产丰富的腕足、瓣鳃类等动物化石。本组厚 41.16~51.23 m,平均 46.51 m。与下伏地层呈整合接触。

(4) 三叠系下统夜郎组(T_1y):根据岩性组合共分三段——沙堡湾段、玉龙山段、九级滩段。

① 沙堡湾段(T_1y^1):出露于矿区南东部,为灰绿、黄灰色薄层状泥质粉砂岩、粉砂质泥岩及泥岩,中夹泥质灰岩薄层,厚 7.33~10.45 m,平均 9.15 m。

② 玉龙山段(T_1y^2):出露于矿区西北部。由 3 段灰岩和 2 段泥质粉砂岩组成。灰岩为灰至浅灰色、中厚层状,夹泥质灰岩及泥灰岩;泥质粉砂岩为灰至深灰色、薄至中厚层状,夹粉砂质泥岩及泥岩,残余厚度>250 m。

③ 九级滩段(T_1y^3):出露于矿区南部。为灰紫、紫红、黄绿色薄层状粉砂质泥岩,间夹浅灰色粉砂质泥岩,底部夹泥灰岩,厚度大于 100 m,与下伏玉龙山段呈整合接触。

第四系(Q):灰黄、土黄色黏土、亚黏土、砂、砾及堆积物,厚度为 0~5.23 m,一般为 2.82 m。

2. 井田构造

矿区整体位于大顶坡背斜南东翼。整体为一单斜构造,地层总体倾向为 NE-SW,倾角为 9°~10°。矿区内褶皱不发育,断裂构造有两条北东向断层,规模较小。按断层性质描述如下:

F_1:发育于矿区南东部,区内长约 0.22 km,断层倾向正北向,倾向一般为 162°~195°,倾角一般为 65°,断层落差 20 m。

F_2:发育于矿区北东部,区内长约 0.45 km,断层倾向北东向,倾向一般为 148°~155°,倾角一般为 75°,断层落差 24 m。

矿区内未见规模较大构造,发育的两条断层整体规模较小,断层破坏程度不大,总体构造复杂程度属简单。

(二) 矿井概况

盛安煤矿位于金沙县县城东约 47 km 处,为贵州省金沙县沙土镇管辖,全区共获得总资源量 1 189 万 t。其中开采消耗量为 39 万 t;保有资源量 1 150 万 t。矿井开拓方式为斜井开拓,共布置三个井筒,即主斜井、副斜井和风井,主、副斜井在 6# 煤层顶板+702 m 标高落平后,布置+702 m 井底联络巷与回风斜井连通,形成矿井主要开拓、通风系统。盛安煤矿年产量为 45 万 t,采用斜井开拓方式。井田共划分为两个水平四个采区,一水平标高+702 m,二水平标高+464 m。一水平+702 m 标高以上盛安煤矿划分为一采区,花滩河北翼的+702 m~+580 m 标高块段划分为二采区,花滩河北翼二水平+580 m 标高以下块段划分为三采区,花滩河南翼+702 m 标高以下块段为四采区。矿井现布置有一个生产采区,即一采区。共有 10905 运输巷、10905 工作面回风巷、10902 运输巷和 10902 回风巷四个掘进工作面,一个工作面回采(10903 综采工作面)。根据井田煤层赋存条件和井田开拓方式及采区巷道布置,一采区采用走向长壁采煤法;顶板采用全部垮落法管理。

(三) 主采煤层特点

盛安煤矿矿区含煤地层为龙潭组。厚 103.63~122.33 m,平均 112.15 m。含煤 8~11 层,一般 9 层,平均厚 7.42 m,含煤系数为 6.61%,含可采煤层 2 层,平均厚 3.07 m,可采含煤系数为 2.74%。矿区内含煤岩系中含可采煤层 2 层(6#、9#),其中 6# 煤层为大部分可采，9# 煤层为全区可采，煤层特征见表 2-1。6# 煤层：上距长兴组灰岩 30.49～41.77 m，平均 36.38 m。上距 B_2 灰岩 15.02～24.23 m，平均 19.74 m。下距 9# 煤层 4.14～7.01 m，平均 6.23 m。煤层厚度 0.28～1.38 m，平均 1.16 m，可采厚度 1.16～1.38 m，平均 1.26 m，煤层全区厚度变化不大，从矿区东北部到西南部煤层厚度呈现叶状变薄趋势，且矿区西南部 ZK001 钻孔显示不可采，为大部分可采煤层，煤层厚度变异系数为 0.24%，一般不含夹矸；结构简单，属较稳定煤层。煤层顶板为粉砂质泥岩、泥质粉砂岩、泥岩，底板为泥岩、粉砂质泥岩、泥质粉砂岩。

9# 煤层：上距 6# 煤层 4.10～7.51 m，平均 6.37 m。下距 B_3 灰岩 16.85～21.32 m，平均 19.75 m。下距茅口组灰岩 62.82～74.03 m，平均 66.55 m。煤层厚度 1.62～2.26 m，平均 1.86 m，可采厚度 1.62～2.26 m，平均 1.81 m。煤层全区厚度变化不大，矿区煤层整体厚度从西北部到东南部呈现条带状变厚的趋势，为全区可采煤层，煤层厚度变异系数为 0.17%，一般不含夹矸；结构简单，属较稳定煤层。

表 2-1　可采煤层特征

煤层编号	间距 (最小值～最大值/平均值)/m	煤层厚度 (最小值～最大值/平均值)/m	夹石层数	可采厚度 (最小值～最大值/平均值)/m	可采性	结构复杂程度	稳定程度
长兴组							全区发育
	30.49～41.77/36.38						
6# 煤		0.28～1.38/1.16	0	1.16～1.38/1.26	大部分可采	简单	较稳定
	4.14～7.01/6.23						
9# 煤		1.62～2.26/1.86	0～1/0	1.62～2.26/1.81	全区可采	简单	较稳定
	62.82～74.03/66.55						
茅口组							全区发育

（四）10905 工作面回风巷生产地质概况

10905 工作面回风巷布置在 9# 煤层中，属于二叠系龙潭组。顶板：直接顶板为泥岩，强度低。基本顶为泥质粉砂岩，强度中等。底板：直接底板为泥岩、泥质粉砂岩，泥岩强度较低，水稳性差；基本底为泥质粉砂岩，易风化破碎。10905 工作面形成后采用综采工艺，设计采用锚网加棚架支护，巷道上宽 3.3 m、下宽 3.8 m，净高 3.0 m，断面积10.65 m^2，水沟净断面积 0.09 m^2。10905 工作面上方 6# 煤层采用无煤柱切顶成巷工艺，未留下煤柱，已全为采空区。10905 工作面北面为 10903 工作面，10905 工作面回风巷与 10903 工作面运输巷之间以 13 m 煤柱间隔，且 10903 工作面一部分已在 2016—2017 年采完，一部分正在回采，如图 2-4 所示。因此，10905 工作面回风巷掘进时在经历 6# 煤层采动及 10903 工作面回采重复扰动的影响下，在掘进期间巷道部分顶板下沉量大、两帮移近严重，人工反复维修，存在漏顶、冒顶等风险，极大影响了矿井的安全高效生产，如图 2-5 所示。

（五）10905 工作面回风巷道围岩破坏特征

为研究 9# 煤层 10905 工作面回风巷道围岩破坏特征，对该巷道围岩进行钻孔窥视试

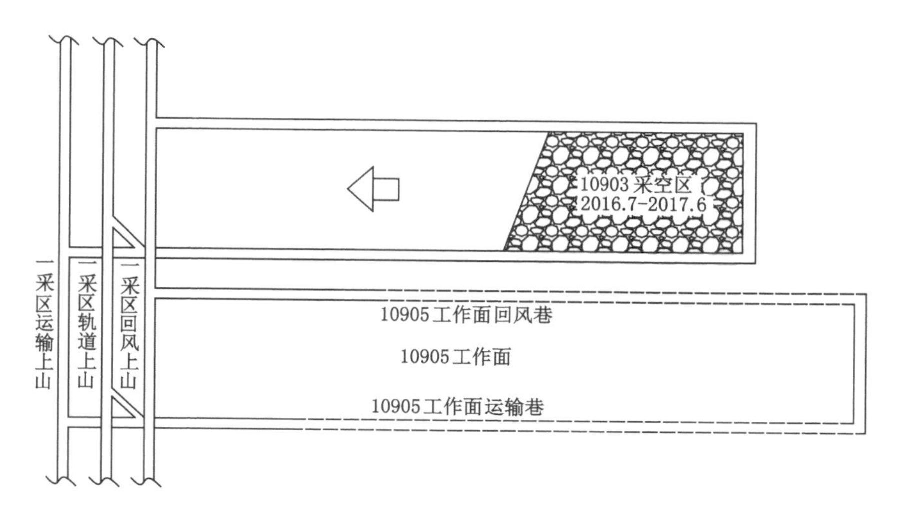

图 2-4 10905 工作面简图

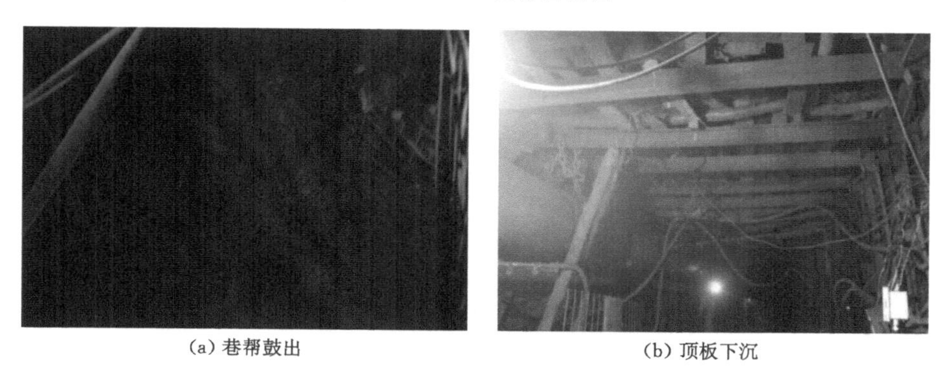

(a) 巷帮鼓出 (b) 顶板下沉

图 2-5 10905 工作面回风巷掘进期间围岩变形情况

验，仪器见图 2-6。为了准确测定巷道围岩情况，钻孔施工点都尽量布置在生产情况基本变形稳定的地点，使得测出的钻孔围岩裂隙发育情况具有普适性，能够代表普遍的巷道围岩整体情况。

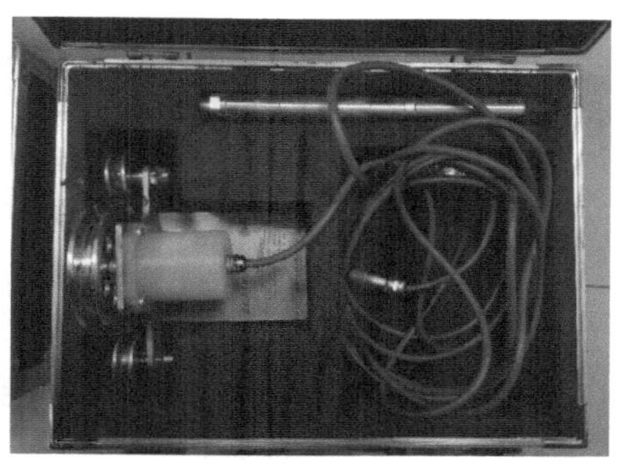

图 2-6 矿用本安型钻孔窥视仪

1. 测试钻孔施工原则

为便于观测并使观测结果能反映巷道围岩实际情况，制定了具体钻孔施工要求：

(1) 为保证钻孔窥视仪顺利完成观测，钻孔直径宜为 50～95 mm，钻孔长度应保证能观测上覆岩层基本情况，钻孔倾角以方便施工为准。

(2) 钻孔的开孔位置选在巷道顶板及煤壁完整的地点。

(3) 钻孔施工时保证孔壁完整、平直，由于煤层间距较近，为防备采空区有水，钻孔打进顶板垂直深度不宜过长，但应不少于 4 m。

(4) 钻孔施工好后，应立即清理钻孔，保证孔内通畅。

(5) 在施工时应及时记录好钻孔的长度、方位和倾角。

(6) 在钻孔施工前及观测期间制定详细的安全措施。

2. 10905 工作面回风巷围岩破坏情况

通过查看盛安煤矿采掘工程平面和井上下对照图，根据煤层的实际开拓开采范围，确定盛安煤矿 10905 工作面回风巷围岩裂隙观测的钻孔施工位置。在 10905 工作面回风巷选择 3 个地点，每个地点布置 3 组钻孔，每组布置 3 个钻孔，取样地点如图 2-7 所示。

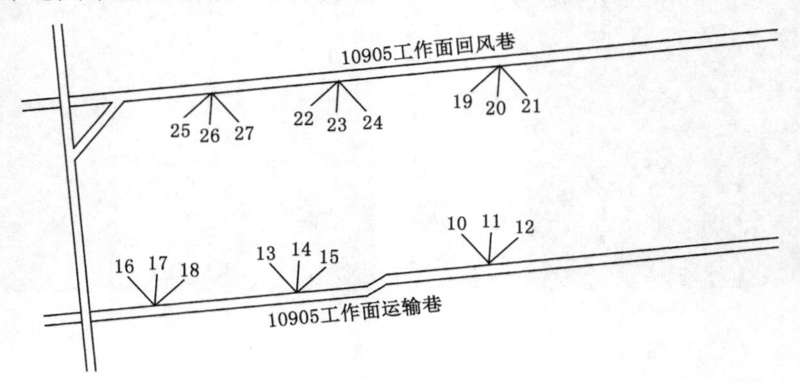

图 2-7　10905 工作面回风巷巷道围岩观测钻孔点布置示意图

10905 工作面回风巷顶板部分钻孔围岩窥视图如图 2-8 所示。

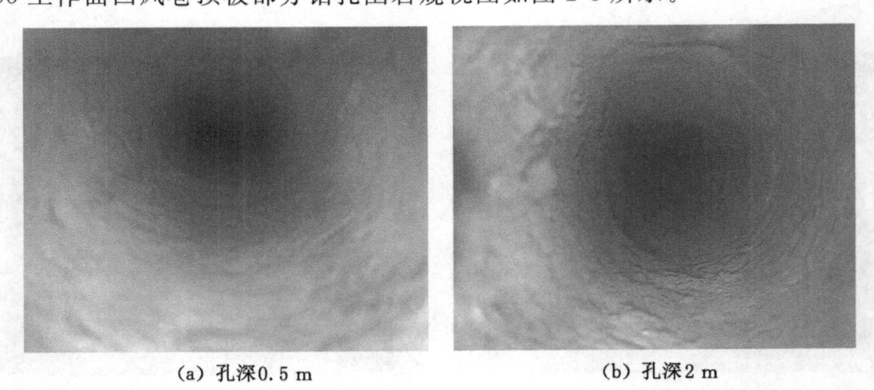

(a) 孔深0.5 m　　(b) 孔深2 m

图 2-8　10905 工作面回风巷顶板部分钻孔围岩窥视图

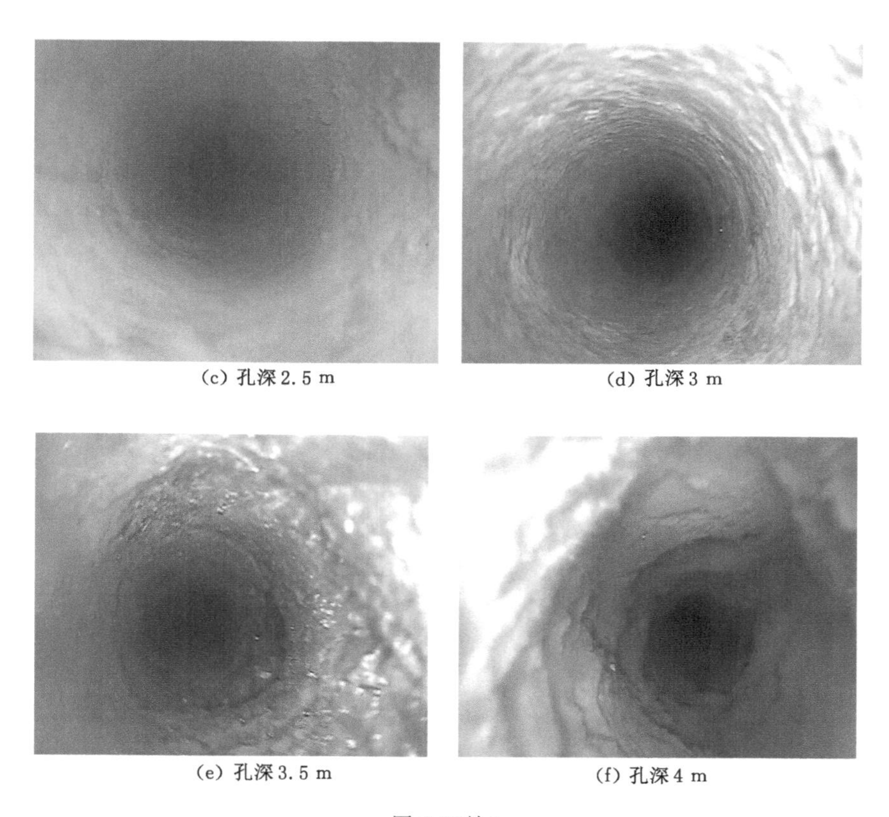

(c) 孔深2.5 m　(d) 孔深3 m

(e) 孔深3.5 m　(f) 孔深4 m

图 2-8(续)

由图 2-8 可知，顶板钻孔至 0.5 m 时孔内裂隙发育间隔较大，裂隙稀疏，裂隙长度相对较小；孔深 0.5～2.0 m 内出现横向环状裂隙，裂隙间隔增大；孔深 2.5～3.0 m 范围内出现肉眼可见裂隙，钻孔围岩较完整；孔深 3.5 m 处有一处明显的横向裂隙，貌似形成环状间隔破裂区；孔深 4 m 出现了钻孔围岩松散破碎情况，巷道顶板浅部和深部存在分区破裂现象。

10905 工作面回风巷右帮钻孔围岩窥视图如图 2-9 所示。

由图 2-9 可知，巷道右帮孔口附近至 0.5 m 的围岩主要为横向环状裂隙，无破碎情况发生；钻孔深度达到 1 m 左右时依旧有少量环形裂隙；钻孔深度至 1.5～2 m 时，钻孔围岩完整

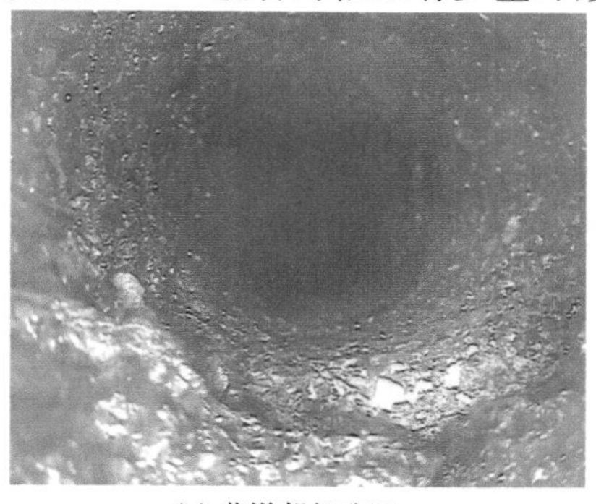

(a) 巷道帮部孔深0.5 m

(b) 巷道帮部孔深1 m

图 2-9　10905 工作面回风巷右帮部分钻孔围岩窥视图

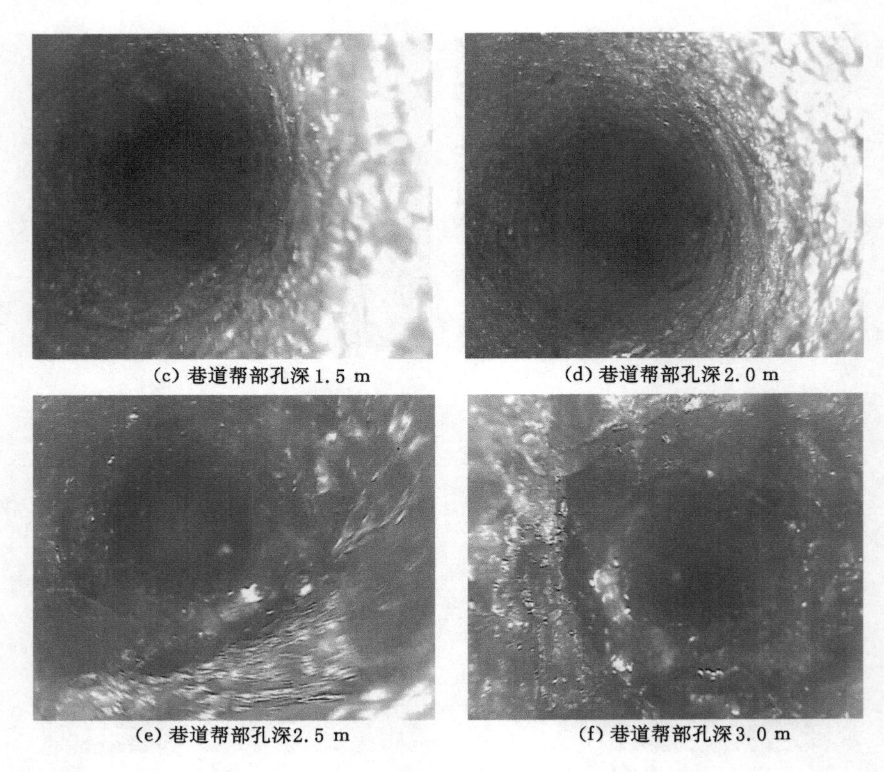

(c) 巷道帮部孔深1.5 m　　(d) 巷道帮部孔深2.0 m

(e) 巷道帮部孔深2.5 m　　(f) 巷道帮部孔深3.0 m

图 2-9(续)

性较好，很少能见到明显裂隙；当钻孔深度至 2.5 m 时，煤体开始呈现松散破碎状态；钻孔深度至 3.0 m 时，煤体呈较为破碎状态。

10905 工作面回风巷左帮钻孔围岩窥视图如图 2-10 所示。

由图 2-10 可以看出，巷道左帮孔口附近至 0.5 m 的围岩形成少量网格状破裂，呈轻微破碎状态；钻孔深度达 1 m 时有呈现纵向裂隙；钻孔深度增加至 1.5 m 时，裂隙数量开始减少，有少量纵向裂隙；当钻孔深度至 2.0 m 时，纵向裂隙长度减小，并有少量细小的横向裂隙与之相交；当钻孔深度至 2.5～3.0 m 时，围岩完整性较好，裂隙数量明显减少。

对 10905 工作面回风巷的围岩钻孔窥视结果进行汇总，具体测点观测记录如表 2-2 所示。

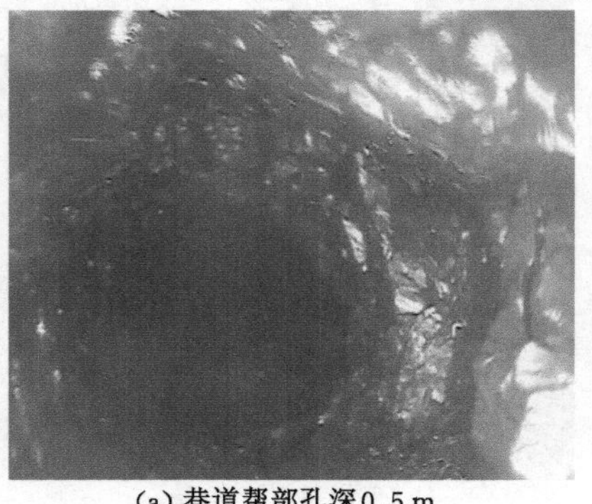

(a) 巷道帮部孔深0.5 m

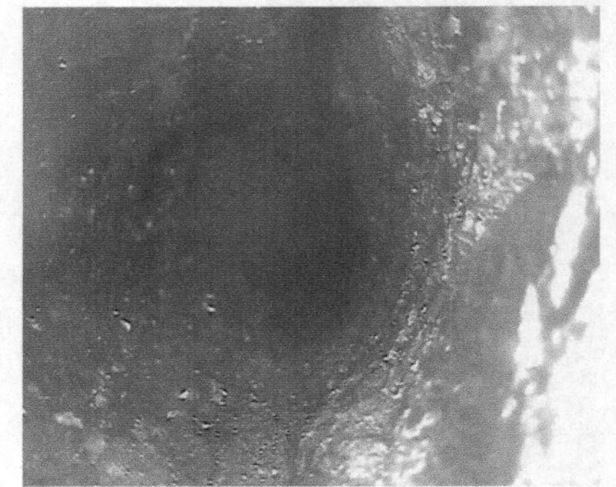

(b) 巷道帮部孔深1 m

图 2-10　10905 工作面回风巷左帮部分钻孔围岩窥视图

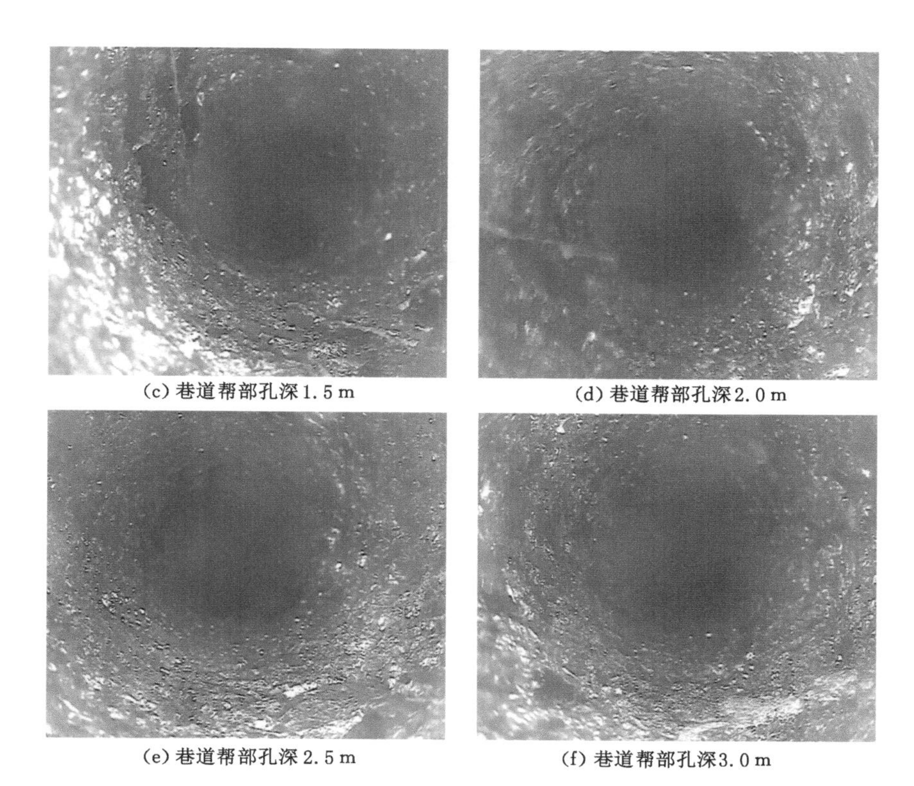

(c) 巷道帮部孔深 1.5 m　　(d) 巷道帮部孔深 2.0 m

(e) 巷道帮部孔深 2.5 m　　(f) 巷道帮部孔深 3.0 m

图 2-10(续)

表 2-2　10905 回风巷测点围岩观测记录

围岩深度/m	顶板	巷道右帮	巷道左帮
0～0.5	裂隙倾角各异	横向环状裂隙	局部破碎
0.5～1.0	横向环形裂隙	环状裂隙	纵向裂隙
1.0～1.5	横向裂隙	围岩较完整	纵向裂隙
1.5～2.0	横向裂隙	围岩较完整	纵向裂隙
2.0～2.5	围岩较完整	局部破碎	围岩较完整
2.5～3.0	围岩较完整	松散破碎	围岩完整
3.0～3.5	横向裂隙	—	—
3.5～4.0	松散破碎	—	—

综上所述，10905 工作面回风巷巷道顶板，随着钻孔的深度增加，开始出现松散破碎的情况，顶板深部及浅部存在分区破裂现象。这是由于巷道推进后围岩应力重新分布，导致巷道上方浅层顶板出现大量塑性区域；在巷道推进时扰动不大的中层顶板区域，岩性本身强度相对稍高，且 6# 煤层较薄，对该区域范围卸压效果影响稍小，导致中层顶板围岩较完整；在深部顶板区域(6# 煤层底板)，由于 6# 煤层推进卸压，直接底出现了大量裂隙，从 4.0 m 开始

围岩出现松散破碎。10905 工作面回风巷煤柱帮在钻孔达到深处时煤体开始出现松散破碎的情况，说明 10903 工作面采动对 10905 工作面回风巷的稳定性产生了一定的影响；工作面帮在钻孔浅处时由于巷道推进的影响，帮部裂隙发育，在 1.0～2.0 m 时裂隙减少，围岩较完整。

由以上分析可得，10905 工作面回风巷巷道顶板整体不算破碎，但整体承载能力较弱，巷道顶板及煤柱帮存在明显分区破碎情况，尤其在今后工作面采动时还可能出现大变形情况。

第二节　岩石力学性质试验

一、土城矿 17101 工作面煤岩样力学参数测试

（一）单轴抗压试验

试验中采用 YAD-2000 型微机控制电液伺服岩石压力试验机（图 2-11），其可进行煤岩体的单轴抗压、剪切试验；采用 200 t 压力动态记录系统，联想计算机及试验机配套数据分析软件进行试验的记录和数据处理。

图 2-11　YAD-2000 型微机控制电液伺服岩石压力试验机

单轴抗压强度计算公式为：

$$R=\frac{P_{max}}{A} \tag{2-1}$$

式中，R 为岩石单轴抗压强度，MPa；P_{max} 为试件最大破坏载荷，kN；A 为试件受压面积，mm^2。

1. 煤体单轴抗压试验

实验取 3 组煤样进行单轴加压，试件试验破坏后如图 2-12 所示，煤样单轴压缩下的应力-应变曲线如图 2-13 所示。

图 2-12　煤样破坏特征图

由图 2-13 可以看出：

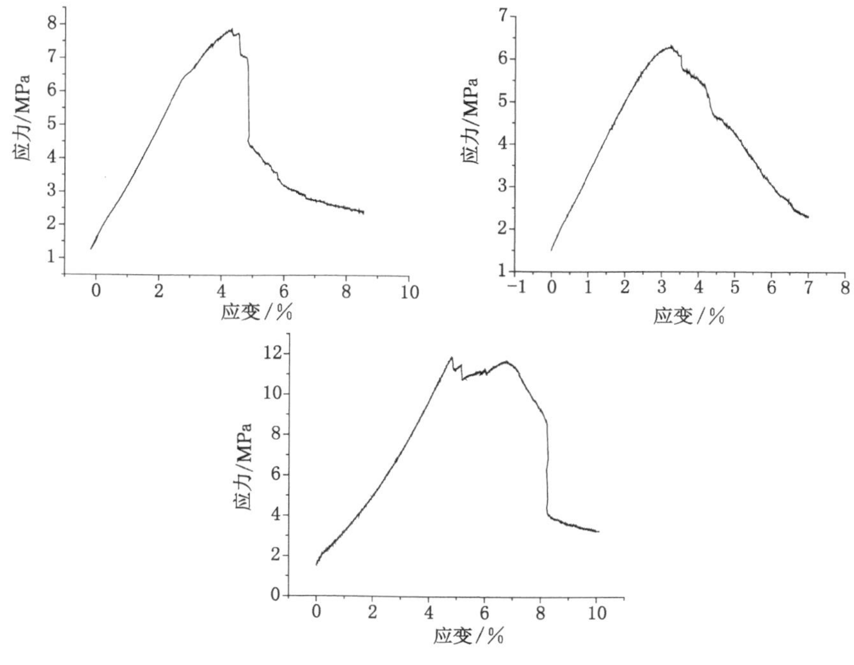

图 2-13 煤样应力-应变曲线

(1) 煤样在单轴压缩状态下破坏形式主要表现为剪切破坏，从顶部直接贯穿到底部，整个试件高度上都发生破坏，且主破坏面周围有很多次生裂纹，试件破坏过程中，次生裂纹也会进一步扩展、发育。

(2) 试件破坏时的单轴抗压强度为 6.5～9 MPa，破坏时的应变为 3.5%～6%，表现为塑性破坏，或介于脆、塑性破坏之间，破坏时的残余强度较小。

2. 泥岩单轴抗压试验

试验取 2 组泥岩试件(K-1、K-2)进行加载，试验前后的照片对比如图 2-14 所示，泥岩单轴压缩下的应力-应变曲线如图 2-15 所示。

由图 2-14、图 2-15 可以看出：

(1) K-1 岩块加载方向与层理方向平行，岩块沿层理方向出现了劈裂破坏；K-2 岩块的加载方向与节理裂隙呈一定角度，岩块沿节理面出现了剪切破坏，同时沿垂直于层理方向出现了张裂破坏。

(2) 两个岩块破坏前的轴向应变都小于 3%，岩块破坏形式属于脆性破坏。岩块屈服阶段时间较短，当应力超过其强度极限时，岩块很快就发生了破坏。K-1 岩块破坏后的残余强度很低，几乎无承载能力；K-2 岩块破坏后出现一定的塑性变形，具有一定的残余强度。

(3) 岩块 K-1 破坏强度为 9.2 MPa，K-2 的破坏强度为 8.7 MPa，平均破坏强度 8.95 MPa，坚固性系数 $f=0.895$，属于软岩。

3. 砂岩单轴抗压试验

试验取 3 组砂岩试件加载，破坏前后照片如图 2-16 所示。砂岩试件单轴压缩下应力-应变曲线如图 2-17 所示。

(a) 泥岩试件破坏前

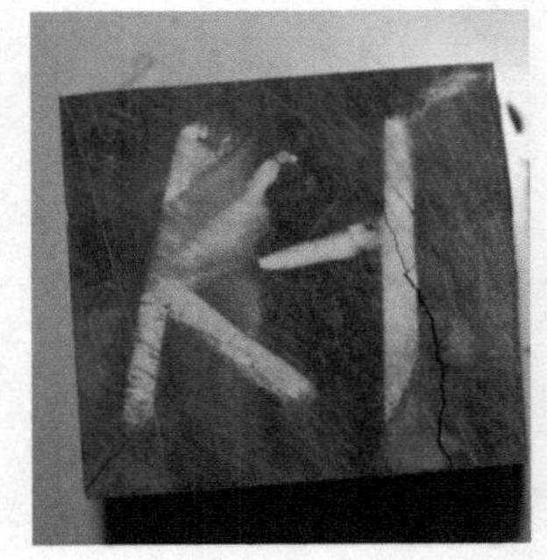

(b) 泥岩试件破坏后

图 2-14　泥岩试件单轴压缩破坏前后图片

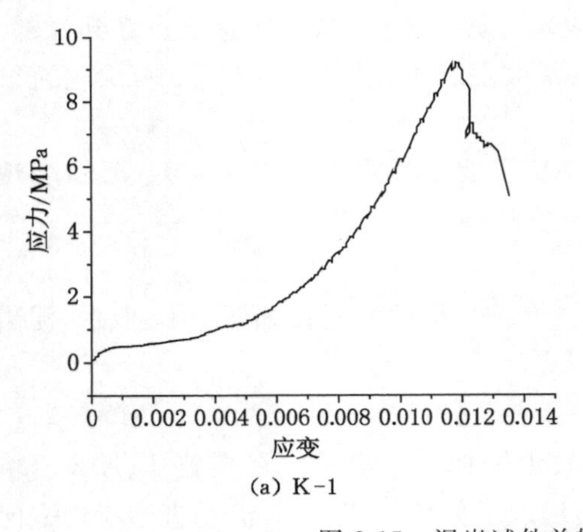

(a) K-1

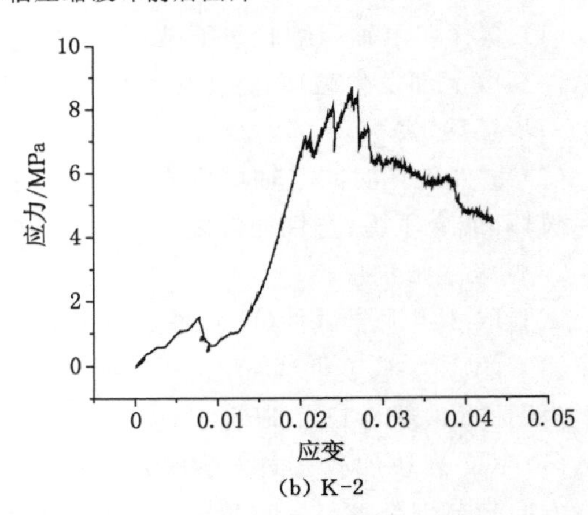

(b) K-2

图 2-15　泥岩试件单轴压缩下的应力-应变曲线

由图 2-16 和图 2-17 可以看出：试件 S1 在加压前有一条倾斜大裂纹，破坏形式属于剪切破坏；试件 S2、S3 在加载前比较完整，破坏形式属于劈裂破坏；试件 S1、S2、S3 破坏时的轴向应变为 0.002、0.005 和 0.004，属于脆性破坏；试件 S1 由于有一个大的裂纹，其破坏强度为 30 MPa，试件 S2 和 S3 的破坏强度分别为 110 MPa 和 80 MPa。

（二）抗剪试验

（1）抗剪强度计算公式如下：

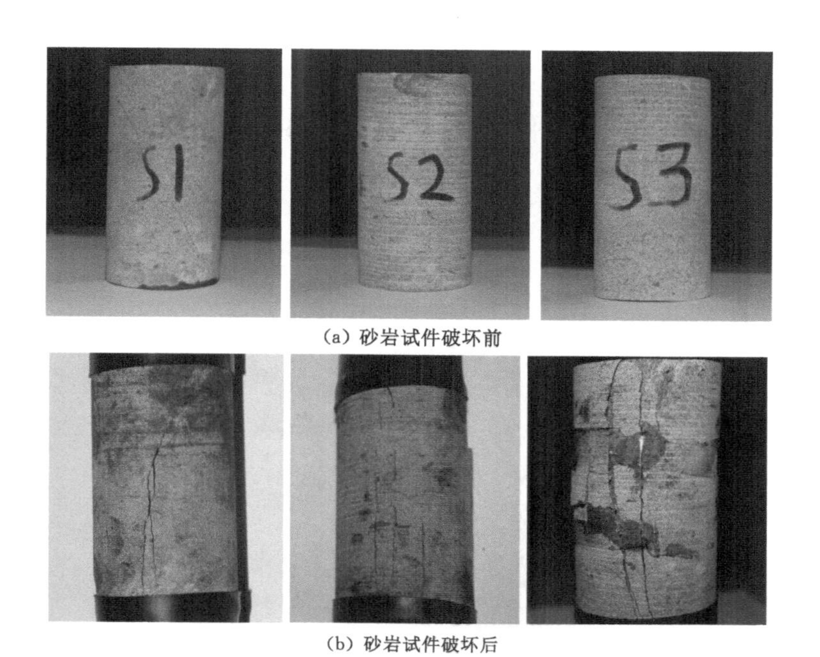

(a) 砂岩试件破坏前

(b) 砂岩试件破坏后

图 2-16 砂岩试件破坏前后对比图

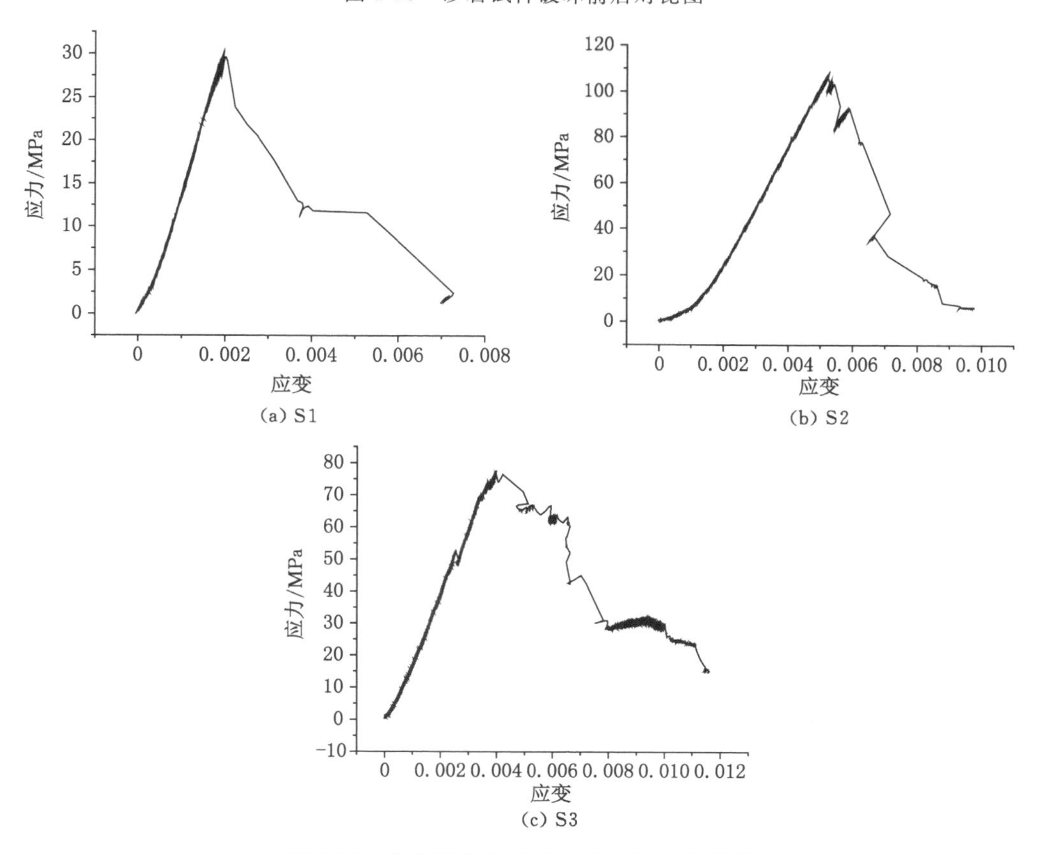

(a) S1

(b) S2

(c) S3

图 2-17 砂岩试件单轴压缩下应力-应变曲线

$$\tau = \frac{P}{A}\sin\alpha \tag{2-2}$$

式中，τ 为抗剪强度，MPa；P 为试件最大破坏载荷，MPa；α 为夹具剪切角，(°)；A 为试件剪切面积，mm^2。

(2) 根据不同剪切角下的试验均值，计算出内聚力 C、内摩擦角 φ。

(3) 泥岩破坏前后的图片见图 2-18；泥岩的剪切强度试验结果见表 2-3；剪应力与正应力的关系曲线见图 2-19。

(a) 泥岩试件破坏前

(b) 泥岩试件破坏后

图 2-18 泥岩试件剪切破坏前后图片

表 2-3 泥岩抗剪强度测定试验数据

角度/(°)	编号	试件面积/mm^2	最大载荷/kN	破坏强度/MPa	平均破坏强度/MPa	平均正应力/MPa	平均剪应力/MPa
45	1-1	4 900	134.26	27.4	30.9	21.86	21.86
	1-2	4 900	168.56	34.4			
50	2-1	4 900	98.49	20.1	23.5	15.11	18.00
	2-2	4 900	131.81	26.9			
60	3-1	4 900	49.49	10.1	10.95	5.48	9.48
	3-2	4 900	57.82	11.8			
70	4-1	4 900	43.12	8.8	8.4	2.88	7.89
	4-2	4 900	39.2	8			

(4) 泥岩的内聚力和内摩擦角测定见表 2-4。

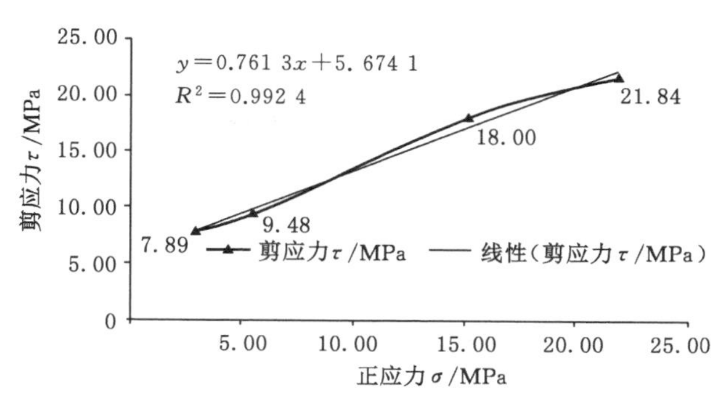

图 2-19　泥岩试件剪应力与正应力关系曲线

表 2-4　泥岩内聚力和内摩擦角测定数据

岩性	φ/(°)	C/MPa
泥岩	37.28	5.674 1

(5) 不同剪切角下泥岩试件的应力-应变曲线如图 2-20 所示。

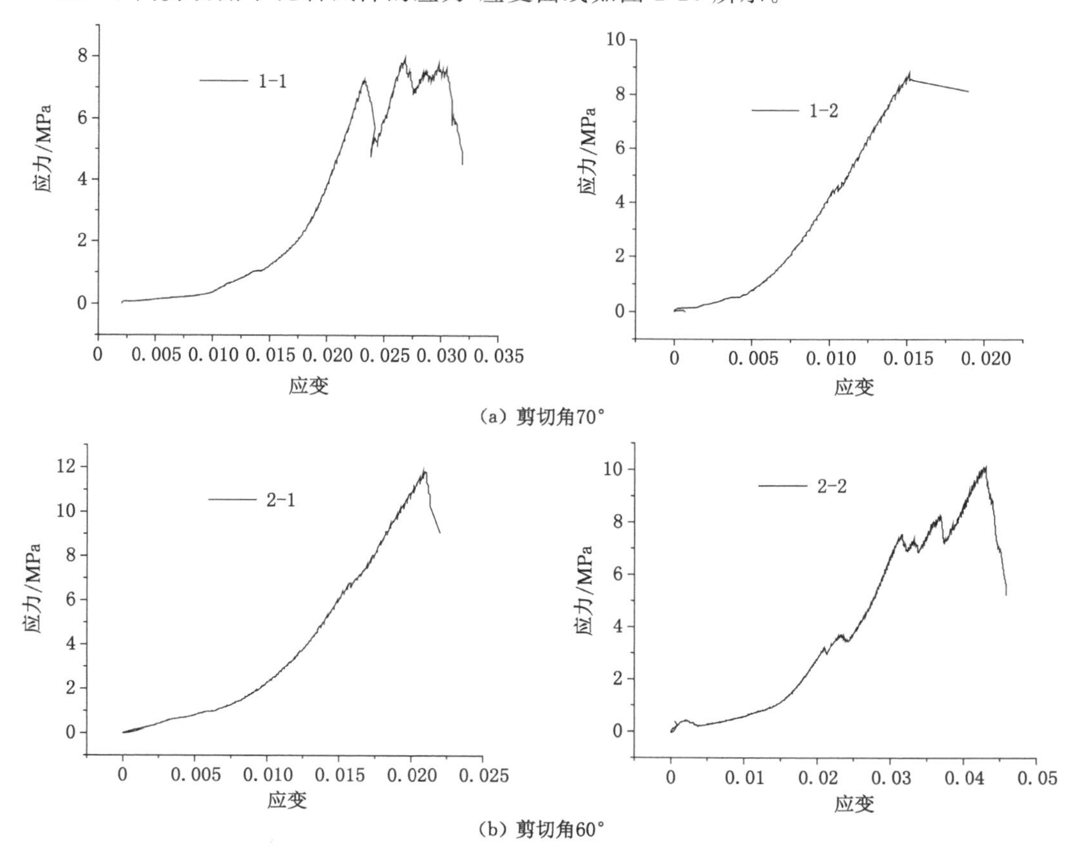

图 2-20　不同剪切角下泥岩试件的应力-应变曲线

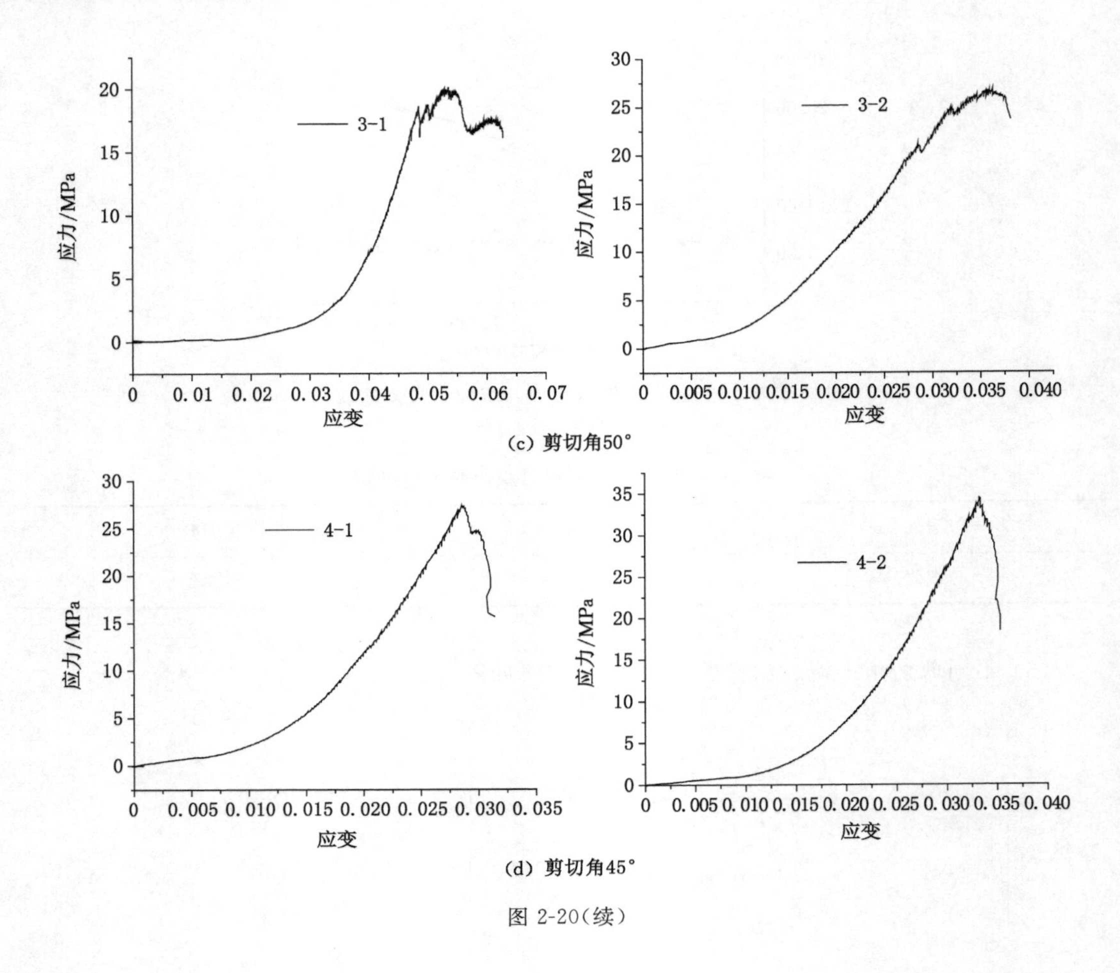

(c) 剪切角50°

(d) 剪切角45°

图 2-20(续)

由图 2-20 可以看出：

① 除了试件 2-2 和 3-1 之外，其他试件破坏时的轴向应变都小于 3%，属于脆性破坏；试件 2-2 和 3-1 破坏时的总应变是 4%和 3.5%，属于脆-塑性破坏。

② 除了试件 1-1、2-2 和 3-1 之外，其余五个试件应力-应变曲线都只有一个峰值，且当轴向应力达到试件的强度极限时，试件立刻发生破坏，试件在被剪断瞬间伴随有“砰”的强烈声响。破坏后残余应变很小，不再有承载能力。

③ 试件 1-1、1-2 和 2-1 沿剪应力方向贯穿整个试件发生破坏；其他几个试件自剪力作用点开始发生破坏，沿着与剪力呈 30°的方向发生破坏，这主要是由于与剪力平行的面无裂隙，而和剪力呈 30°方向存在弱面。

（三）卸围压试验

采用 MTS815 试验系统研究三轴卸围压加载过程中煤样变形破坏规律，煤样应力-应变曲线如图 2-21 所示。

由图 2-21 可以看出：当围压为 8 MPa 时，煤样试件在卸围压加载条件下破坏强度为 50 MPa，破坏时的轴向应变为 2.5%，其破坏后残余强度仍达到 30 MPa，残余轴向应变达 6%；当围压为 12 MPa 时，三轴卸围压条件下煤样破坏时的强度为 40 MPa，其破坏时的轴

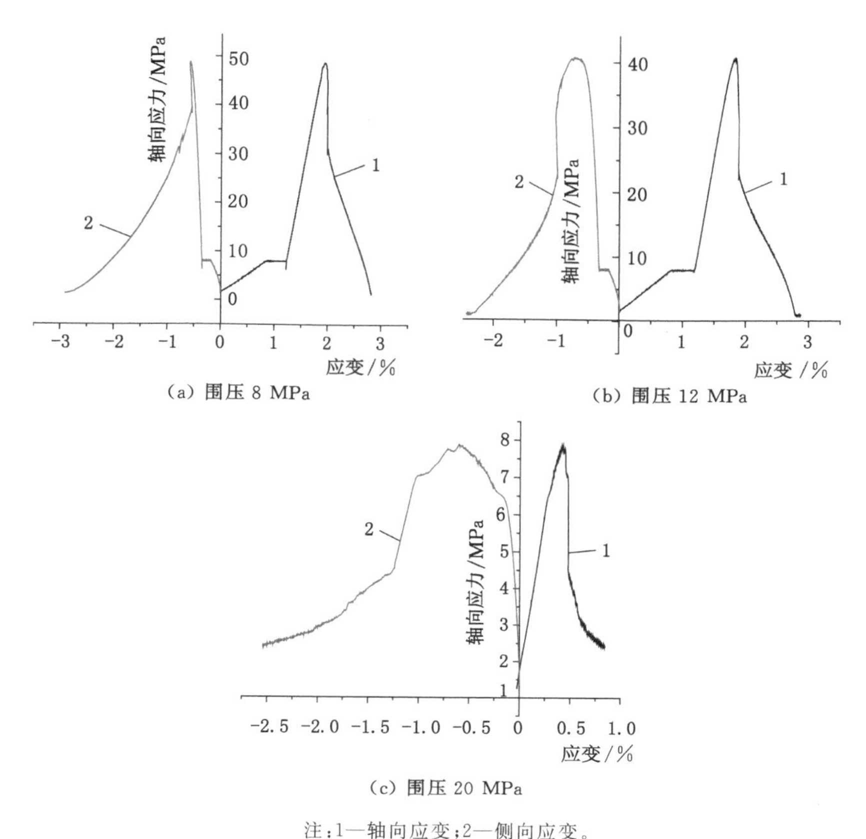

(a) 围压 8 MPa

(b) 围压 12 MPa

(c) 围压 20 MPa

注:1—轴向应变;2—侧向应变。

图 2-21 不同围压下煤样应力-应变曲线

向应变为 1.5%,残余强度为 20 MPa,残余应变为 2%;当围压为 20 MPa 时,煤样破坏强度较小,为 8 MPa,破坏时的轴向应变为 0.5%,残余强度为 2.5 MPa,残余应变为 1%。

通过以上分析可以知:围压越大,卸围压条件下,煤样破坏时的强度越小,对应到工程实际,煤壁破坏是推进卸荷造成的,因此,深部开采条件下水平应力越大,推进卸荷程度越大,煤壁越容易发生破坏。

二、盛安煤矿 10905 工作面煤岩样力学参数测试

通过对盛安煤矿 9# 煤层顶底板岩层及 6# 煤层进行取样、加工,在贵州大学实验室对试件进行试验,分别测试出抗压强度、抗拉强度、抗剪强度、弹性模量、泊松比、内摩擦角、内聚力和密度等物理力学参数,为 10905 工作面回风巷的围岩控制提供力学参数支持。

将取回煤岩样进行加工,根据试验需要将岩样加工成 ϕ50 mm×100 mm、ϕ50 mm×25 mm、ϕ50 mm×50 mm 左右的圆柱体试样,并将圆柱体试样两端磨平,加工完成后的部分煤岩样试样如图 2-22 所示,本次试验的煤岩样分层明细汇总见表 2-5。试验设备采用贵州大学电液伺服试验机,该试验机可进行单轴压缩试验和多级围压下的各种程序试验等,计算机数据采集速度可达到 0.1 ms,并有游标卡尺、电子天平和位移传感器等多种配套设备,能满足试验需求。

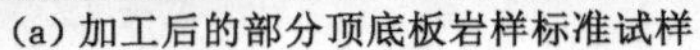

(a) 加工后的部分顶底板岩样标准试样

(b) 加工后的部分煤样标准试样

图 2-22　加工后的部分煤岩样标准试样图

表 2-5　盛安煤矿 9# 煤层煤岩样明细汇总及试验编号

编号	煤岩层名称	岩性	制样个数
MY2020-001	6# 煤层	煤	9
MY2020-002	9 煤层顶	泥岩	14
MY2020-002	9 煤层顶	泥质灰岩	14
MY2020-003	9 煤层顶	粉砂质泥岩	14
MY2020-004	9# 煤层	煤	14
MY2020-005	9 煤层底	泥岩	14

在贵州大学实验室对所加工的标准试件进行了抗拉、抗剪、抗压试验，如图 2-23 所示为部分典型试样破坏前后对比图，试验结果如表 2-6 所示。

表 2-6　9# 煤层顶底板及 6# 煤层煤岩体物理力学性质试验测试结果

岩石名称	密度 /(g/cm³)	抗压强度 /MPa	抗拉强度 /MPa	泊松比	内聚力 /MPa	内摩擦角 /(°)
6# 煤层	1.29	13.25	0.33	0.32	1.18	25.16
泥岩 1	2.13	38.90	0.88	0.31	1.78	23.40
泥质砂岩	2.32	79.65	1.57	0.28	3.80	34.00
粉砂质泥岩	2.44	62.18	1.23	0.21	3.30	30.05
9# 煤层	1.30	11.89	0.26	0.36	1.42	24.50
泥岩 2	2.00	38.20	0.82	0.29	1.80	24.00

（a）10905 工作面回风巷顶板岩样单轴抗压强度试验典型试样破坏前后对比

（b）10905 工作面回风巷顶板岩样单轴抗拉强度试验典型试样破坏前后对比

（c）10905 工作面回风巷顶板岩样单轴抗拉强度试验典型试样破坏前后对比

图 2-23　9# 煤层顶底板煤岩体典型试样试验图

第三章　近距离煤层群开采顶板破断特征与覆岩运移规律

开采近距离煤层时由于煤层间距较小，在对上一层煤层开采过程中会对下一煤层的顶板和煤体造成影响从而导致在还未对下一煤层进行开采之前顶板和煤体便已经发生了一定程度的破坏。如果近距离煤层有两层以上那么在上位煤层的开采过程中就会对下位层煤的顶板造成重复采动影响。在重复采动的影响下下位煤层开采时的支护会变得困难，也很可能造成人员伤亡以及设备损坏。因此研究近距离煤层重复采动顶板破断特征与覆岩运移规律对于减少人员伤亡以及保护设备有着很重要的意义。本章将以土城矿 17101 工作面开采和盛安煤矿 10905 工作面开采为背景，综合运用理论分析、物理相似模拟和数值模拟的方法，研究近距离煤层群开采顶板破断特征与覆岩运移规律。

第一节　近距离煤层群开采顶板结构分析

一、顶板结构特点

（一）土城矿近距离煤层群开采顶板结构特点

近距离煤层群重复采动下顶板结构远不同于单层开采的采场顶板结构（郑上上，2020）。分析 17101 工作面顶板结构特点，首先要对 15#、16# 煤层开采后顶底板活动规律与破坏特征进行分析。

1. 15# 煤层开采覆岩活动规律及结构特点

通过对 15# 煤层开采后“三带”高度计算，结合其顶板岩层的岩性特征分析，可以得到：3.0 m 厚的泥岩顶板与部分粉砂岩顶板为不规则垮落带下位直接顶；其上部分粉砂岩顶板为规则垮落带上位直接顶；10 m 厚的细砂岩顶板为基本顶。据此分析得出 15# 煤层开采后顶板岩层的赋存状态如图 3-1 所示。

2. 16# 煤层开采覆岩活动规律及结构特点

15# 煤层工作面开采后会在其下方 2 m 厚泥岩与 4 m 厚细砂岩底板中产生采动裂隙。受 15# 煤层开采扰动的影响，16# 煤层开采时，4 m 厚的细砂岩基本顶可视为规则垮落带直接顶，据此分析得出 16# 煤层开采后顶板岩层的赋存状态如图 3-2 所示。

3. 17# 煤层开采覆岩活动规律及结构特点

16# 煤层工作面开采后会在其下方 6 m 厚的粉砂岩与 17# 煤层中产生采动裂隙。因此，17# 煤层开采时的顶板结构组成为：6 m 厚的粉砂岩为不规则垮落带直接顶，4 m 厚粉砂岩与 2 m 厚泥岩为规则垮落带直接顶，其上为 15# 煤层开采后的垮落矸石。据此分析得出

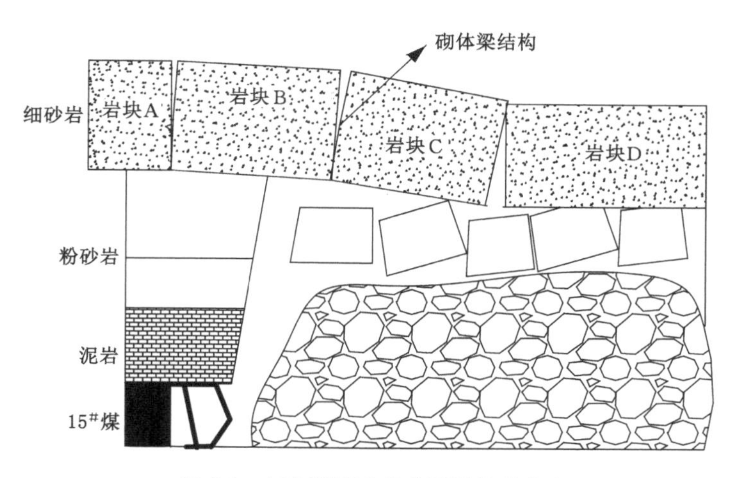

图 3-1　15#煤层开采后覆岩垮落状态

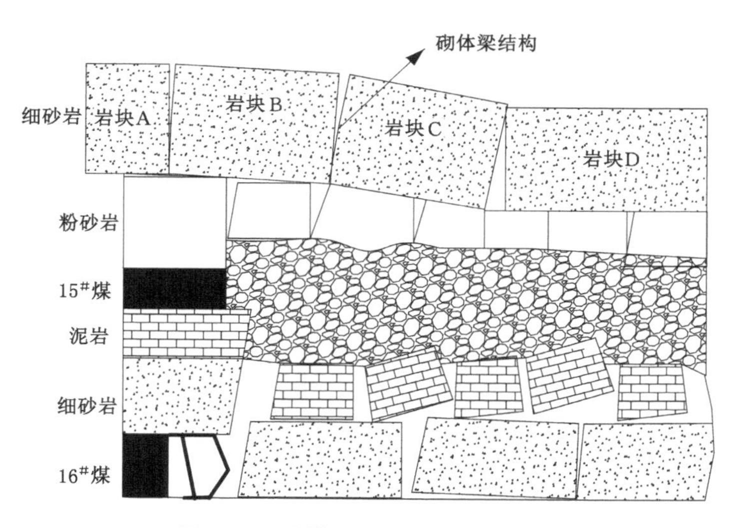

图 3-2　16#煤层开采后覆岩垮落状态

16#煤层开采后顶板岩层的赋存状态如图 3-3 所示。

由图 3-3 可以看出：受 15#、16#煤层重复开采的影响，平均厚度为 4 m 规则垮落带的 16#煤层细砂岩上位直接顶呈现拱式结构；该拱式结构会出现周期性的再次失稳使工作面产生来压增载现象，但岩块块度较小，步距小，失稳来压强度低、不明显；10 m 厚的规则垮落带 15#煤层粉砂岩顶板也会形成拱式结构，该拱式结构失稳时，由于块度较大，来压强度相对较大；10 m 厚的细砂岩基本顶将形成砌体梁结构，该结构距离煤壁较远，且由于回转空间较小，结构失稳时，无动载冲击现象。

（二）盛安煤矿近距离煤层群开采顶板结构特点

近距离煤层采空区下煤层间覆岩结构通常可以分为两种类型：煤层间存在基本顶结构、煤层间不存在基本顶结构。煤层间有无基本顶结构对下煤层工作面矿压显现状态及顶板控制措施制定有重要影响（王志强，2013）。

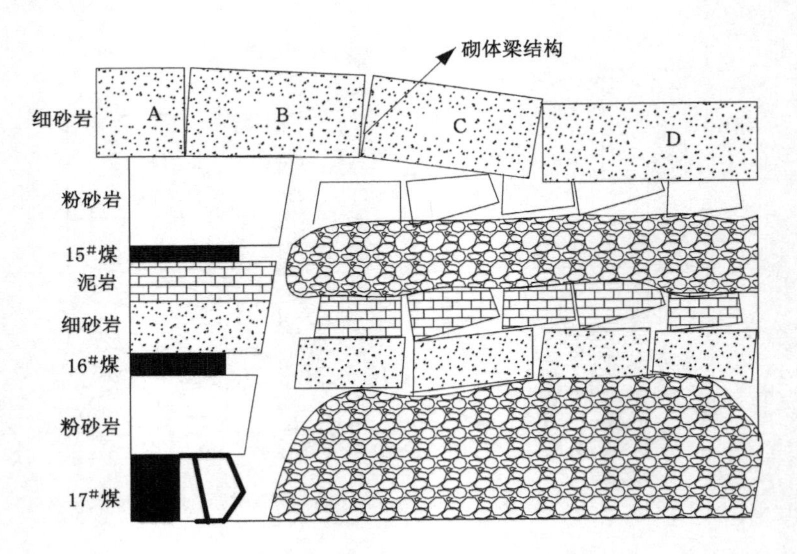

图 3-3　17# 煤层开采后覆岩垮落状态

图 3-4 为盛安煤矿近距离煤层采空区下工作面顶板覆岩结构模型示意图。Suchowerska(2013)提出，在井下初采近距离上部煤层时，覆岩关键层的厚度、强度等影响因素决定了顶板会在何时发生断裂垮落，规律性强，关键层可以有效地形成砌体梁的断裂形式。而在开采下位煤层工作面时，由于两个煤层之间岩层强度较低，节理发育，并且厚度较薄，上覆岩层已经断裂成砌体梁结构，所以认为两个煤层之间没有厚硬基本顶(图 3-4 中的 A 区域)。因此，在 6# 煤层工作面回采时顶板垮落的规律性较差(图 3-4 中 C 和 D 区域)，在近距离煤层群下位煤层开采时的矿压规律主要受上位煤层所形成的关键层结构影响。

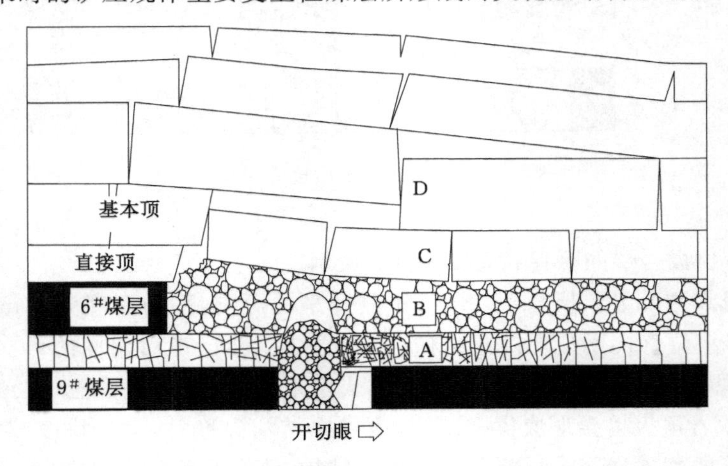

图 3-4　盛安煤矿近距离煤层采空区下工作面顶板覆岩结构示意图

在下位煤层开采过程中，上位煤层开采过后采空区形成的稳定砌体梁结构将发生二次垮落，使得上覆岩层的“三带”随之下沉。由于上位煤层在开采过程中关键层已发生破断，且两煤层之间层间距较小，下位煤层工作面在推进时对上位煤层已断裂的关键层支撑作用大

大减弱，导致下位煤层工作面在开采过程中工作面来压强度增大。此外，6# 煤层开采过后导致其底板岩层裂隙较发育，岩层强度减弱，使得采空区下的工作面在开采时来压更为频繁。

二、顶板破断力学模型

在工作面不断向前推进过程中，直接顶随采随冒，基本顶悬露面积越来越大，当达到极限跨距时发生破断。工作面继续向前推进，基本顶受力可简化为图 3-5 所示的弹性地基梁与类悬臂梁结构（杨胜利，2019），其中，悬露的顶板 AB 段为类悬臂梁结构：其 A 端固定，在 A 端有弯矩和剪力约束，但是转角和位移不为 0；B 端为自由端，右侧破断顶板对 B 的作用以水平挤压为主，剪切力较小，可认为竖直方向自由。上部作用的软弱岩层其载荷是非均匀分布的，李新元等曾分析过将载荷设定成隆起分布的情况，但由于隆起位置是人为设定的，对研究破断位置很不利，故为计算方便，可以将其简化为均布载荷，钱鸣高院士也做了同样处理。最大弯矩和剪力产生于 A 处，记为 M_A 和 Q_A，则 AB 段只可能在 A 处发生断裂。可将 A 点以左认为是上部作用均布载荷的半无限长弹性地基梁。选取采动影响段 OA，O 点以左为原岩应力区，O 点处基本顶的挠度和转角都为 0，A 点作用 M_A 和 Q_A。

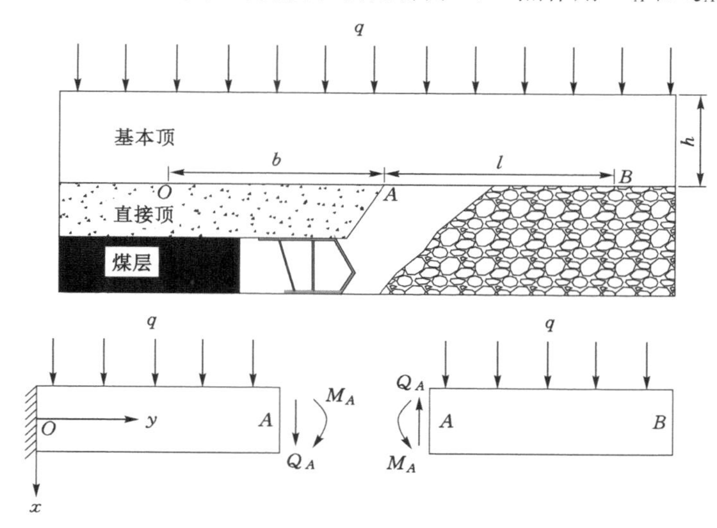

图 3-5　顶板破断力学模型

图 3-5 中，设 OA 段长为 b，AB 长为 l，顶板厚度为 h，弹性模量为 E，截面惯性矩为 I，抗拉强度为 σ_t，上部作用均布载荷为 q，下部直接顶或煤层支撑基本顶，设综合垫层系数为 k_0，下沉量为 y，则单位面积的垫层对基本顶的支撑力为 $k_0 y$，故可得顶板的受力方程为：

$$EIy^{(4)}=q-k_0 y \tag{3-1}$$

进一步求解可得，均布载荷下弹性地基梁的挠度方程为：

$$y=y_0\phi_1(\beta x)+\frac{\theta_0}{\beta}\phi_2(\beta x)-\frac{M_0}{EI\beta^2}\phi_3(\beta x)-\frac{Q_0}{EI\beta^3}\phi_4(\beta x)+\frac{q}{k}[1-\phi_1(\beta x)] \tag{3-2}$$

在式(3-2)中，存在：

$$\begin{cases}\phi_1(\beta x)=\mathrm{ch}(\beta x)\cos(\beta x)\\ \phi_2(\beta x)=[\mathrm{ch}(\beta x)\sin(\beta x)+\mathrm{sh}(\beta x)]/2\\ \phi_3(\beta x)=\mathrm{sh}(\beta x)\sin(\beta x)/2\\ \phi_4(\beta x)=[\mathrm{ch}(\beta x)\sin(\beta x)-\mathrm{sh}(\beta x)\cos(\beta x)]/4\\ \beta=\sqrt[4]{k/(4EI)}\end{cases} \tag{3-3}$$

式(3-2)中，y_0为O点的挠度；θ_0为O点的转角；Q_0为O点的剪力；M_0为O点的弯矩；β为特征系数，它对基本顶的受力与变形特性有显著影响，m^{-1}；k为垫层系数k_0与梁宽度的乘积。

取单位长梁宽度，则有：

$$\beta=\sqrt[4]{3k_0/(Eh^3)} \tag{3-4}$$

由O点处边界条件可得，$y_0=0$，$\theta_0=0$，故挠度方程为：

$$y=-\frac{M_0}{EI\beta^2}\phi_3(\beta x)-\frac{Q_0}{EI\beta^3}\phi_4(\beta x)+\frac{q}{k}[1-\phi_1(\beta x)] \tag{3-5}$$

对挠度y求导，可求出转角方程：

$$\theta=\frac{\mathrm{d}y}{\mathrm{d}x}=-\frac{M_0}{EI\beta}\phi_2(\beta x)-\frac{Q_0}{EI\beta^2}\phi_3(\beta x)+\frac{4\beta q}{k}\phi_4(\beta x) \tag{3-6}$$

对转角θ求导，可求出弯矩方程：

$$M=-EI\frac{\mathrm{d}\theta}{\mathrm{d}x}=M_0\phi_1(\beta x)+\frac{Q_0}{\beta}\phi_2(\beta x)-\frac{q}{\beta^2}\phi_3(\beta x) \tag{3-7}$$

对弯矩M求导，可求出剪力方程：

$$Q=\frac{\mathrm{d}M}{\mathrm{d}x}=-4\beta M_0\phi_4(\beta x)+Q_0\phi_1(\beta x)-\frac{q}{\beta}\phi_2(\beta x) \tag{3-8}$$

再利用A点的边界条件，即当$x=b$时，$M=M_A$，$Q=Q_A$，分别代入式(3-7)和式(3-8)，可求得：

$$Q_0=\frac{1}{\phi_1^2+4\phi_2\phi_4}\left(\frac{\phi_1\phi_2+4\phi_3\phi_4}{\beta}q+\phi_1 Q_A+4\beta\phi_4 M_A\right) \tag{3-9}$$

$$M_0=-\frac{1}{\beta^2(\phi_1^2+4\phi_2\phi_4)}[(\phi_2^2-\phi_1\phi_3)q+\beta\phi_2 Q_A-\phi_1\beta^2 M_A] \tag{3-10}$$

由AB段结构可求得$Q_A=q_l$，$M_A=-q_l^2/2$，代入式(3-9)和式(3-10)，可求得：

$$Q_0=\frac{q}{\phi_1^2+4\phi_2\phi_4}\left(\frac{\phi_1\phi_2+4\phi_3\phi_4}{\beta}+\phi_1 l+2\beta\phi_4 l^2\right) \tag{3-11}$$

$$M_0=-\frac{q}{\phi_1^2+4\phi_2\phi_4}\left(\frac{\phi_2^2-\phi_1\phi_3}{\beta^2}+\frac{\phi_2 l}{\beta}+\frac{\phi_1 l^2}{2}\right) \tag{3-12}$$

式中，$\phi_n=\phi_n(\beta b)$，$n=1,2,3,4$。

联立以上各式可求得OA段内任意点的挠度、转角、弯矩和剪力。顶板一般产生拉伸破坏，则破坏点位于弯矩最大值处，此处剪力为0。破断角与此点的转角有关。

第二节　近距离煤层群开采覆岩运移规律

一、岩层移动形式

煤层开采以后，其周围原有应力平衡受到破坏，引起应力的重新分布，直至达到新的平衡，这是一个十分复杂的物理、力学变化过程，也是岩层产生移动和破坏的过程，这一过程和现象称为岩层移动。岩层移动过程中，开采空间围岩移动可归纳为以下几种形式。

（一）弯曲

弯曲是岩层移动的主要形式。当地下煤层采出后，上覆岩层中的各个分层，从直接顶板开始沿层理面的法线方向，依次向采空区方向弯曲，直到地表。在整个弯曲范围内，岩层可能出现数量不多的微小裂隙，基本上保持其连续性和层状结构。

（二）岩层的垮落

采区煤层采出后，直接顶岩层弯曲而产生拉伸变形。当其拉伸变形超过岩石的允许抗拉强度时，直接顶及其上部的部分岩层便与整体分开，破碎成大小不一的岩块，无规律地充填采空区。此时，岩层不再保持其原来的层状结构。这是岩层移动过程中最剧烈的一种移动形式，它通常只发生在采空区直接顶岩层中。直接顶岩层垮落并充填采空区后，破碎体积增大，致使其上部的岩层移动逐渐减弱。

（三）煤壁片帮

煤层采出后，采空区顶板岩层内出现悬空，其压力便转移到煤壁（或煤柱）上，增加煤壁承受的压力，形成增压区，煤壁在附加载荷的作用下，一部分煤被压碎，并挤向采空区，这种现象称为片帮。增压区的存在，使采空区边界以外的上覆岩层和地表产生移动。

（四）岩石沿层面的滑移

在倾斜煤层条件下，岩石的自重力方向与岩层的层理面不垂直。因此，岩石在自重应力的作用下，除产生沿层面法线方向的弯曲外，还会发生沿层理面方向的移动。如果把岩石的自重力分解为垂直和平行于岩层层面的两个分量，就可看出：随着煤层倾角的增大，垂直于岩层层面的分量将逐渐减小，而平行于岩层层面的分量将逐渐增大。因此，岩层倾角越大，岩石沿层理面的滑移越明显。沿层理面滑移的结果，就是使采空区上山方向的部分岩层受拉伸，甚至被剪断，而下山方向的部分岩层受压缩。

（五）垮落岩石的下滑

煤层采出后，采空区为垮落岩块所充填。当煤层倾角较大，而且开采是自上而下顺序进行，下山部分煤层继续开采而形成新的采空区时，采空区上部垮落的岩石可能下滑而充填新采空区，从而使采空区上部的空间增大，下部的空间减小，使位于采空区上山部分的岩层和地表移动加剧，而下山部分的岩层移动减弱。

（六）底板岩层的隆起

如果煤层底板岩石很软且倾角较大，在煤层采出后，底板在垂直方向减压，水平方向受压，造成底板向采空区方向隆起。松散层的移动形式是垂直弯曲，它不受煤层倾角的影响。在水平煤层条件下，和基岩的移动形式是一致的。

以上六种移动形式不一定同时出现在某一个具体的移动过程中。

二、覆岩运移规律影响因素

影响覆岩破坏规律的因素有许多，其中有些因素的影响可以定量地描述，有些只能定性地加以说明。

（一）覆岩力学性质和结构特征

覆岩破坏高度与覆岩力学性质密切相关。这里只考察岩石的强度性质对覆岩破坏规律的影响。如果采区上覆岩层为脆性岩层，受开采影响后很容易断裂，所以覆岩破坏高度大。如覆岩为塑性岩层，受开采影响后不易断裂但容易下沉，能使垮落岩块充分压实，最终表现为覆岩破坏高度降低。所以对于控制地表沉降采煤来说，软弱的覆岩要比坚硬的覆岩有利。

覆岩不可能由单一的软弱或坚硬的岩层构成，它必然是软硬相间的。不同性质岩层自下而上的不同组合，便是覆岩的结构特征。为了简便起见，将覆岩大致分为两种强度，于是有四种组合形式，下面分别研究其对覆岩破坏规律的影响(图 3-6)。

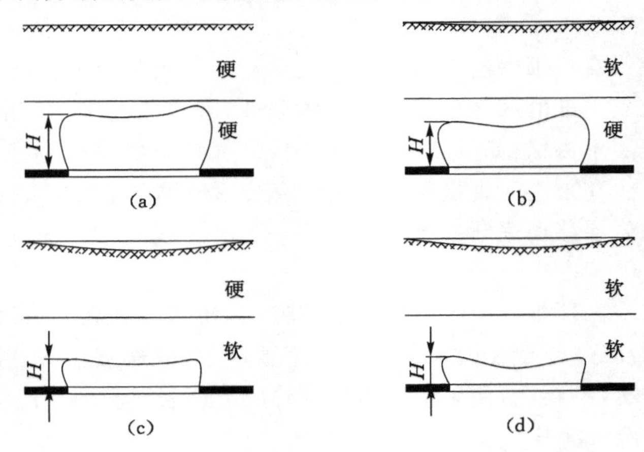

图 3-6　覆岩结构特征对覆岩破坏高度的影响

1. 坚硬-坚硬型[图 3-6(a)]

此时煤层的直接顶弯向采空区并发生块状垮落，上部的基本顶岩层由于坚硬不易弯曲下沉，开采空间几乎全部靠垮落岩块的碎胀来填充，加之坚硬岩石断裂后不易闭合，覆岩破坏高度最大。据观测，这种条件下导水裂隙带的高度可达采高的 18～28 倍。如果直接顶、基本顶岩石的碎胀系数小，垮落过程发展得充分，则导水裂隙带的高度可达采出厚度的30～35 倍。

2. 软弱-坚硬型[图 3-6(b)]

这时煤层直接顶板为软弱岩层而上部为坚硬岩层。直接顶随着开采及时垮落，但坚硬的基本顶像板梁一样横跨在直接顶板之上，基本顶下沉量小于直接顶下沉量，开采空间主要由垮落岩块的碎胀填充，垮落发育充分，导水裂隙带一般能达到基本顶的底面。

3. 坚硬-软弱型[图 3-6(c)]

与软弱-坚硬型的情况相反，其工作面放顶后直接顶首先垮落，而软弱的基本顶随之下沉压实垮落岩块，因此导水裂隙带高度较小。在巨厚冲积层下开采时顶板条件属于这种类型。

软弱-坚硬型和坚硬-软弱型覆岩，哪一种较有利于水体下采煤，要看软弱岩层所占的比例，软弱岩层比例越大越有利。

4. 软弱-软弱型[图 3-6(d)]

此时煤层直接顶软弱，容易垮落，工作面放顶后采空区立即被垮落岩块充填。在垮落过程中，基本顶也随之迅速弯曲下沉并落于垮落岩块之上，开采空间和已垮落的空间不断缩小。因此，垮落过程得不到充分发展。导水裂隙带的高度较小，一般为采高的 9～11 倍。煤层上方有含水松散层覆盖，同时工作面又接近基岩风化带的情况，以及厚煤层分层开采出现重复采动后的顶板也应属于软弱-软弱型。

（二）采煤方法和顶板管理方法

采煤方法对覆岩破坏的影响，主要表现在开采空间的大小和采空区内垮落岩块的不同运动形式上。

开采缓倾斜煤层常用的方法有单一走向长壁采煤法和倾斜分层走向长壁下行采煤法。这两种采煤方法，一次采高不大，垮落岩块不易产生再次运动，覆岩破坏的规律性明显，这对“三下”采煤是有利的。

开采急倾斜煤层时，常用水平分层人工假顶下行采煤法和沿走向推进的伪倾斜柔性掩护支架采煤法。采用这两类采煤方法时，采区沿走向长度大，阶段垂高小，两个分层(或小阶段)之间的回采间隔时间长。因此，采空区内垮落岩块容易被压实。同时，人工假顶将采空区与工作面隔开，限制了超限采煤，而遗留在采空区内的煤柱和顶底煤能有效地阻止垮落岩块滑动，使覆岩破坏具有明显的规律。这也是一种有利于水体下采煤的方法。

顶板管理方法对覆岩破坏的影响，主要表现为它决定了煤层顶板的暴露形式、空间和时间，控制了覆岩垮落的空间条件，从而也就决定了覆岩破坏的基本特征。图 3-7 所示为不同的顶板管理方法对覆岩破坏的影响情况。

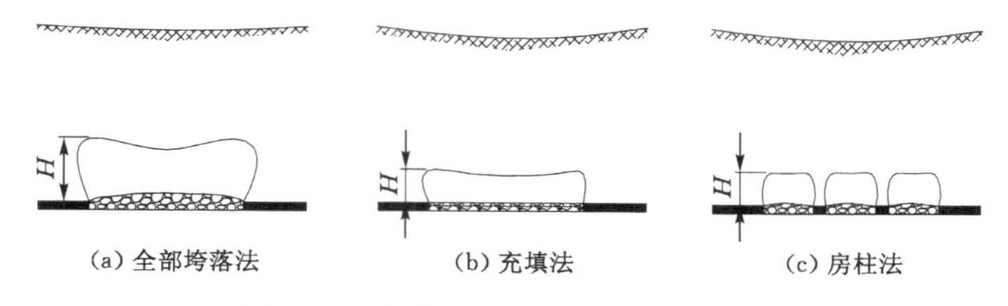

图 3-7　顶板管理方法对覆岩破坏的影响

全部垮落法是我国普遍采用的顶板管理方法。这种方法使覆岩破坏最为充分，对水体下采煤不利[图 3-7(a)]。

充填法管理顶板也是一种常见的方法。在充填质量好时，煤层的直接顶可以不发生垮落，因此在覆岩内没有垮落带出现，这是理想的情况。但是，实际情况往往是充填并不密实，加之充填材料本身受压后收缩，所以覆岩仍产生下沉相断裂。当然与全部垮落法比较，此时的导水裂隙带高度要小得多[图 3-7(b)]。

采用水力充填时，覆岩破坏高度一般大于水砂充填。如果充填质量不好，在充填体上方也能发生垮落。可见，选择充填法管理顶板，如果不注意选择充填材料和提高充填质量，是难以完全达到预期目的的。

采用煤柱法(条带法、房柱法和刀柱法)管理顶板时[图 3-7(c)],若所留煤柱能够支撑住顶板,尽管开采部分的顶板局部垮落,但导水裂隙带还能孤立存在且高度很小。如果所留煤柱太窄,煤柱会被压垮,此时的覆岩破坏高度与全部垮落法无异。有时为了提高煤柱的稳定性,对开采空间进行充填,以便给煤柱侧面以支持力,增加煤柱的支撑能力。

(三) 煤层倾角

煤层倾角对覆岩破坏的影响主要表现为使覆岩破坏产生不同的形态。

1. 开采水平煤层及缓倾斜煤层($\alpha=0°\sim36°$)

在这种开采条件下,垮落带在上覆岩层重力作用下,中央部分压得很实,因此导水裂隙带呈中间低两端高的马鞍形(图 3-8),并且走向方向和倾向方向的导水裂隙带形态基本相同。垮落带的形态与导水裂隙带的形态一致,只是高度较小。当采区足够宽且采高相等时,采空区上方导水裂隙带的高度处处相等。如果导水裂隙带接触到基岩风化带,则导水裂隙带的发育受到软弱的风化带的抑制,马鞍形消失。

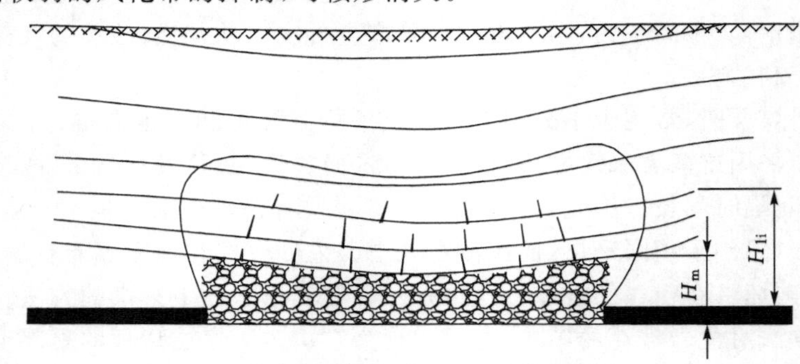

H_{li}—导水裂隙带高度;H_m—垮落带高度。

图 3-8 水平及缓倾斜煤层破坏形态

2. 开采倾斜煤层($\alpha=36°\sim54°$)

在倾斜煤层开采条件下,顶板垮落岩块落到采空区底板以后,由于自重力在平行于底板方向分力的作用,岩块向采空区下边界滑动,并首先将下边界填满,抑制了下边界顶板的继续垮落。而上边界空间由于岩块的流失而变大,促进了顶板的继续垮落。所以,除了沿煤层顶板法线方向的破坏外,采空区上边界以上的岩层破坏显著增大。在倾斜方向上,垮落带和导水裂隙带呈抛物线拱形,而走向方向仍为马鞍形。

3. 开采急倾斜煤层($\alpha=55°\sim90°$)

在急倾斜煤层开采条件下,倾斜煤层开采条件下的覆岩破坏形态得到更加充分的发展,即上边界处的破坏高度更高,下边界处的破坏高度更低,破坏范围由抛物线拱形渐变为半圆拱形。同时,由于煤层倾角太大,上边界的煤往常因失去垮落岩块的支撑而更容易冒落。

(四) 开采强度

开采强度指单位时间内采出煤量的多少,主要涉及开采面积和采高两个方面。从覆岩破坏角度来说,垮落带高度达到最大值所需的开采面积比地表达到充分采动所需的临界面积要小得多。煤层开切后,垮落带高度随工作面的推进而不断增高。当工作面推进一段距离后,垮落带高度达到该条件下的最大值。此后尽管开采面积继续扩大,但垮落带高度不再增加。这种情况与地表达到充分采动以后最大下沉值不再增加相类似。可见,开采面积与垮落带或导水裂隙带高度呈某种分式关系(图 3-9)。

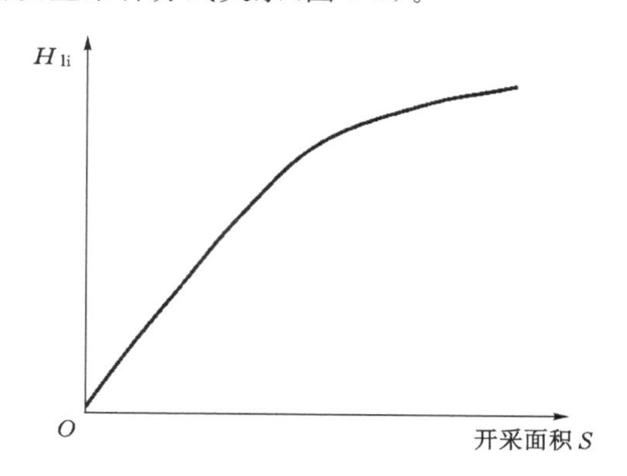

图 3-9　开采面积与导水裂隙带高度的关系

在急倾斜煤层条件下，开采面积是用阶段垂高和走向长度来衡量的。其中阶段垂高对覆岩破坏高度影响较大。第一阶段开采时，导水裂隙带高度与阶段垂高呈线性关系。

采高对覆岩破坏的影响是直观的。开采缓倾斜煤层时，覆岩破坏主要出现在煤层顶板法线方向。导水裂隙带与初次采高之间表现出近似直线的关系(图 3-10)。

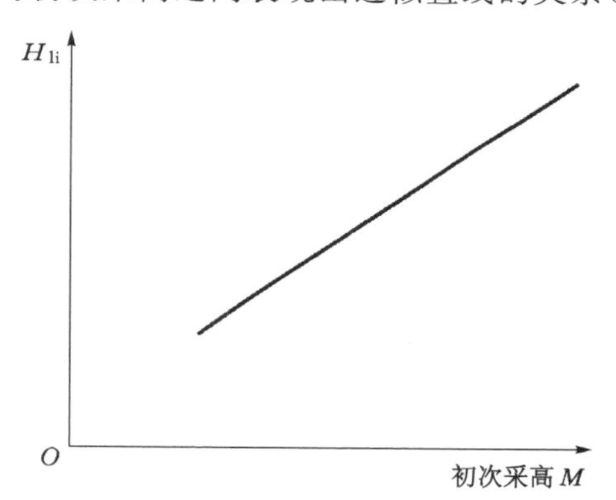

图 3-10　初次采高与导水裂隙带高度的关系

(五) 时间因素

覆岩破坏一般滞后于回采，而垮落岩块的压实又滞后于垮落过程。覆岩破坏的发展可以分为两个阶段：在发展到最大高度之前，破坏高度随时间的推移(即工作面的推进)而增大。对于中硬岩层，在工作面回柱放顶后 1～2 个月内导水裂隙带发展到最大值。对于坚硬岩层，这个时间就更长一些。然后，导水裂隙带随着垮落带的压实而逐渐降低，降低的幅度与覆岩性质有关。覆岩坚硬，降低幅度小；覆岩软弱，降低幅度大(图 3-11)。

时间因素的影响还表现为随着时间的增加，导水裂隙带内的裂隙有可能闭合一部分而减小渗透性或恢复其原有的隔水性能。在软弱岩层条件下这种恢复尤为显著。

(六) 重复采动

不论是煤层群开采第一层还是厚煤层开采第一分层，初次开采总会改变覆岩的力学性质，特别是强度性质，即岩层发生了软化，使得以后的回采相当于在变软了的岩层内进行。

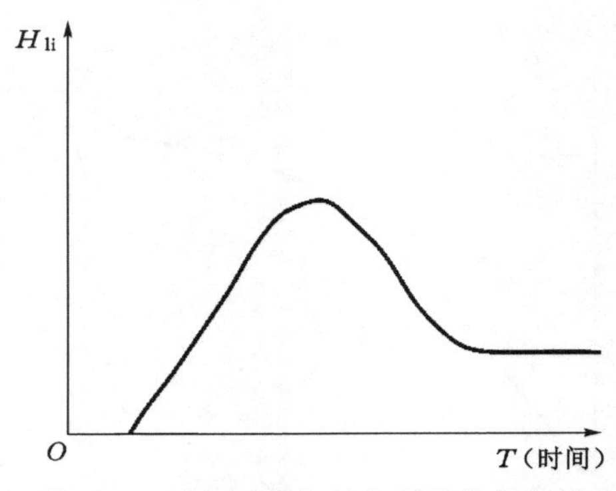

图 3-11　时间因素与导水裂隙带高度关系

因此从第一次重复采动(煤层群开采第二层、厚煤层开采第二分层)开始,覆岩破坏规律与初次采动时的规律有所不同,并且逐次重复采动又各不相同。覆岩破坏高度与累计采高(相当于分层数)呈抛物线关系(图 3-12)。

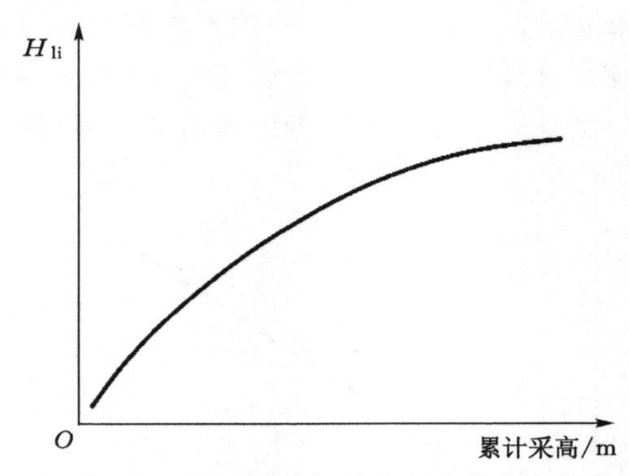

图 3-12　累计采高与导水裂隙带高度关系

实地观测表明,许多情况下开采第一分层以后,覆岩破坏的高度已经达到重复采动最终结果的一半,以后逐次重复采动时破坏高度增长率分别为 1/6,1/12,1/20,1/30,…。可见,当重复采动次数达到某一数值后,继续进行的开采对覆岩破坏高度的影响就很小了。因此开采厚煤层时,多分几层开采比少分几层开采有利。

开采急倾斜煤层时,上、下阶段之间的开采,实际上也构成了重复采动。开采第一阶段时的覆岩破坏高度如前所述。当开采第二、第三阶段时,导水裂隙带高度随回采阶段总垂高(相当于重复采动次数)增加而增加的幅度逐渐减小。

三、覆岩运移规律相似模拟

(一) 土城矿近距离煤层群开采覆岩运移相似模拟

以土城矿可采煤层 15#、16#、17# 煤层为背景,以 17101 工作面开采为例,开展物理相似模拟试验。

1. 物理相似模型建立

该试验中的二维相似模拟试验台,长 3.0 m,宽 0.3 m,高 2.0 m,模型四周和底板可以通过相似模拟试验台的钢槽加以强力约束。本次物理相似模拟试验中各个煤岩层采用的相似模拟材料配比是经过多次试验获得的最优结果,如表 3-1 所示。模型按相似比 1∶100 设计铺设,最终铺设模型高度 1.2 m。为了便于推进和观测,在模型上布置 10 cm×10 cm 的小方格(图 3-13)。此次模型总共铺设了 4# 煤层,其中 15#、16#、17# 煤层属于近距离煤层,实际工程背景中的 15#、16# 煤层已经开采完毕,正在对 17# 煤层进行回采。模型铺设完毕之后,先对上位煤层(15#、16# 煤层)依次进行开采,模拟出上部的采空区,然后对 17# 煤层进行开采,观测 17# 煤层在受重复采动影响后其顶板的破断特征。

表 3-1 模型各中岩层物理力学参数及相似材料配比

序号	岩性	厚度/cm	配比号	砂子质量/kg	石灰质量/kg	石膏质量/kg	煤层模型材料总质量/kg
13	细砂岩	20.00	224	133	133	266	531
12	粉砂岩	20.00	221	5	5	2	12
11	泥岩	10.00	733	61	26	26	113
10	15# 煤层	2.50	732	128	55	36	219
9	泥岩	2.00	224	5	5	11	21
8	细砂岩	4.00	534	23	14	18	55
7	16# 煤层	2.00	722	47	14	14	74
6	粉砂岩	6.00	744	15	8	8	31
5	17# 煤层	4.00	221	5	5	3	14
4	细砂岩	15.00	644	28	19	19	65
3	18# 煤层	5.00	733	78	33	33	145
2	泥岩	10.00	221	10	10	5	26
1	中砾岩	20.00	733	64	28	28	119

2. 试验仪器及测点布置

试验所使用的数据处理系统为贵州大学矿业学院的 DH3816N 型静态应变测试分析系统,观测模型位移变化及覆岩运移规律的仪器使用的是贵州大学矿业学院的 DL201 型水准仪。

模型铺设完毕之后,先对上位煤层依次对 15#,16# 煤层进行开采,模拟出上部的采空区,然后对 17# 煤层工作面模拟推进,观测 17# 煤层在受重复采动影响后其顶板的破断特征及覆岩的运移规律。利用上述仪器记录分析上覆岩层的应力分布情况及位移情况,总结出煤层受重复采动后顶板破断特征与覆岩运移规律。

在模型表面,分别在水平方向和垂直方向上每隔 10 cm 画一条观测线,通过观测线的位移情况来确定推进过程中上部岩层的垮落及位移情况。应力测点总共设置了 8 个,分别是基本顶位置 4 个,15# 煤层直接顶位置 4 个,这 8 个应力测点在模型铺设时就埋在了相应的位置,其具体位置如图 3-14 所示。

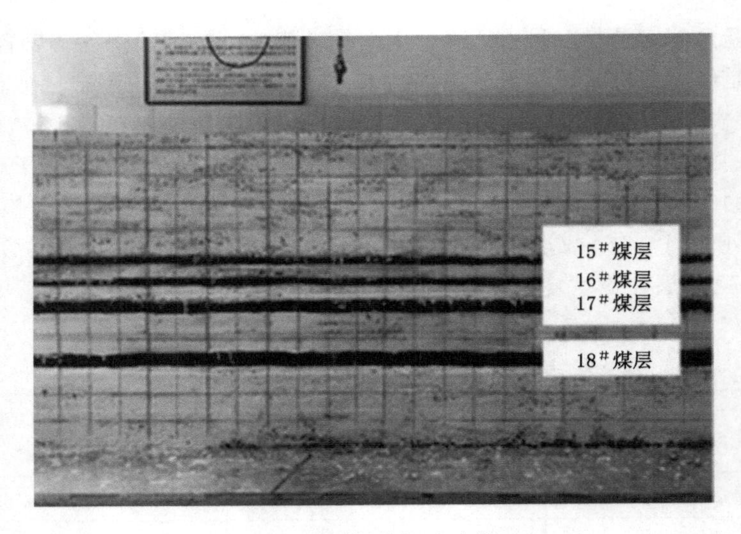

图 3-13　相似模拟试验模型

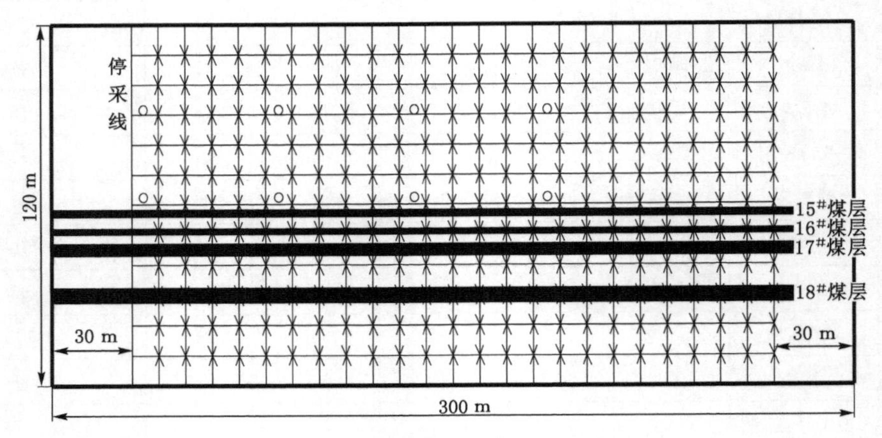

备注：○表示应力测点；╳表示位移测点。

图 3-14　模型-测点布置图

3. 受重复采动围岩的破坏情况及覆岩运动分析

(1) 15# 煤层开采覆岩活动规律及结构特点

如图 3-15(a)所示，当 15# 煤层工作面向前推进 30 m 左右时，直接顶发生局部垮落，且多为泥岩顶板，而粉砂岩顶板仅有局部垮落；如图 3-15(b)所示，当工作面向前推进 40 m 时，直接顶发生大范围垮落，且此时垮落直接顶多为粉砂岩顶板；如图 3-15(c)所示，工作面继续向前推进，基本顶发生断裂，工作面初次来压，同时覆岩产生了较多的裂隙；如图 3-15(d)所示为基本顶来压稳定后形成的顶板结构，可以明显看出基本顶形成了稳定的砌体梁结构，而直接顶也形成一种拱形结构而保持稳定。同时受初次采动影响，15# 煤层底板岩层和覆岩均出现了不同程度的裂隙，将直接导致 16# 煤层开采时顶板的不完整。

(2) 16# 煤层开采覆岩活动规律及结构特点

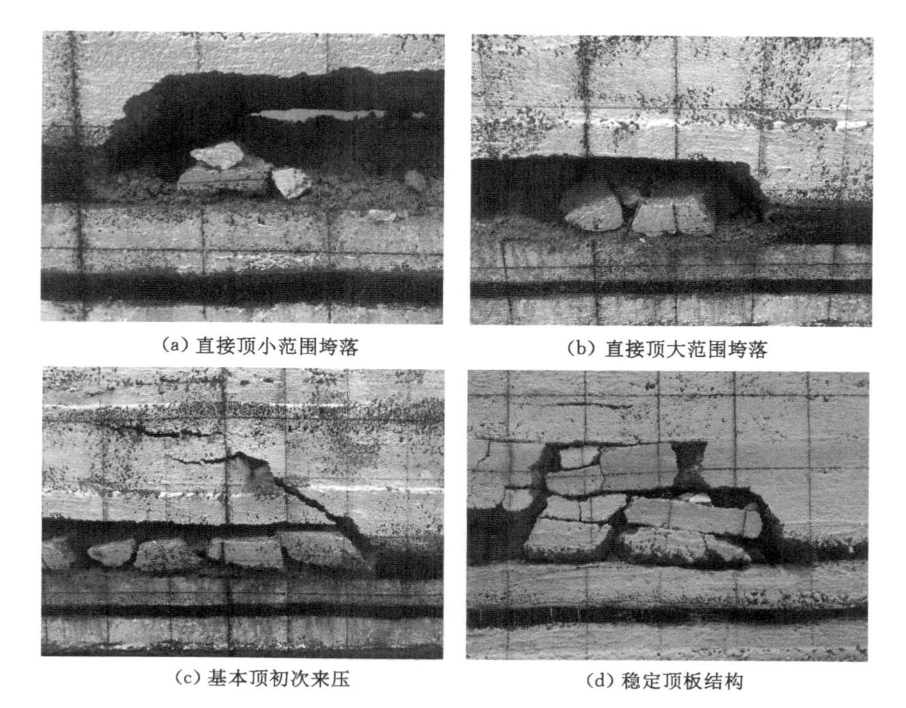

(a) 直接顶小范围垮落　(b) 直接顶大范围垮落

(c) 基本顶初次来压　(d) 稳定顶板结构

图 3-15　15# 煤层推进顶板结构特征

如图 3-16(a)所示，当 16# 煤层工作面向前推进 20 m 时，直接顶初次垮落，并全部充填采空区，同时工作面前方直接顶出现较大裂隙；如图 3-16(b)所示，当工作面向前推进 45 m 时，直接顶发生大面积的垮落，同时顶板裂隙不断向工作面前方延伸；如图 3-16(c)所示，随着工作面继续向前推进，直接顶不断垮落，产生裂隙并向煤壁前方延伸，同时，15# 煤层基本顶发生破断，稳定的砌体梁结构和拱式结构将发生破坏，对煤层顶板带来冲击；如图 3-16(d)所示为基本顶来压之后形成的稳定顶板结构，可以明显看出基本顶经过二次失稳后形成的稳定砌体梁结构，以及煤层直接顶形成的拱式结构。同样，16# 煤层开采也会造成底板裂隙，对 17# 煤层开采顶板的完整性带来影响。

(3) 17# 煤层开采覆岩活动规律及结构特点

如图 3-17 所示，在 15#、16# 煤层采动的基础上开采 17# 煤层，覆岩破坏相当严重，但是还可以明显地看出 15# 煤层上方基本顶所形成的稳定砌体梁结构，以及在 17# 煤层采空区上方形成的多层拱式结构。除此之外，在 17# 煤层工作面向前推进过程中，受到多次砌体梁结构和拱式结构失稳的来压冲击，可以明显看出工作面前方煤壁受到了较大的破坏，同时端面顶板岩层也较为破碎，稳定性极差。

4. 以相似模拟试验监测顶板应力、位移

当煤层回采后，其围岩应力势必重新分布以达到新的平衡。在铺设模型过程中，分别在 15# 煤层直接顶及整个模型模拟的基本顶位置各布置了 4 个应力测点，总计 8 个。直接顶位置的应力测点从左至右分别命名为 A1、A2、A3、A4；基本顶位置的 4 个应力测点从左至右分别命名为 B1、B2、B3、B4。A1、A2、A3、A4 四个测点用来对 15# 煤层直接顶在推进过程中应力变化情况进行监测，B1、B2、B3、B4 四个测点用来对煤层基本顶在推进过程中应力变

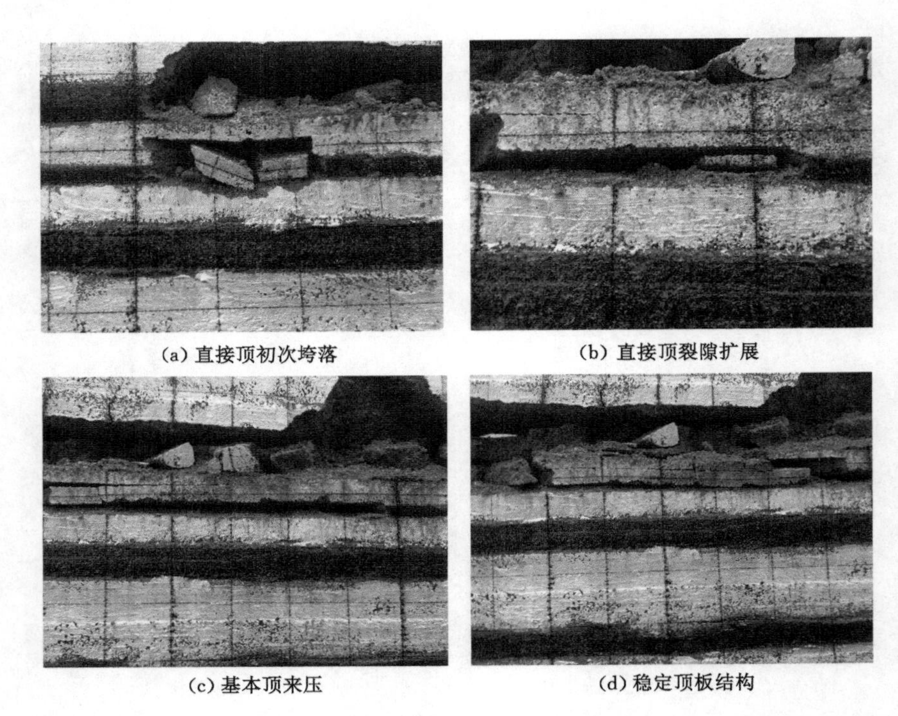
(a) 直接顶初次垮落　(b) 直接顶裂隙扩展
(c) 基本顶来压　(d) 稳定顶板结构

图 3-16　16# 煤层推进顶板结构特征

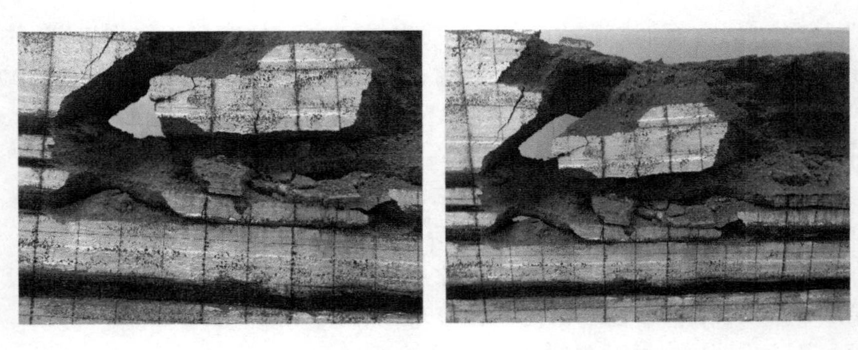

图 3-17　17# 煤层推进顶板结构特征

化情况进行监测。

直接顶应力监测情况如图 3-18 所示。因为模型只推进到了 160 m 处，A4 测点在 160 m之后，所以图中只有 A1、A2、A3 三个测点数据。从应力监测图中可以得知，在工作面推进的前 40 m 中，A1 点直接顶应力一直在增大，在 40 m 时应力达到最大值 0.2 MPa，之后 A1 测点应力持续减小。继续推进，工作面 A2 测点应力开始增加，推进到 80 m 时 A2 测点应力达到最大值 0.18 MPa，之后 A2 测点应力逐渐减小，与 A1 测点相比，此时应力下降速率有所提升。A3 测点在工作面推进到 100 m 时应力开始增加，在推进到 130 m 时应力达到最大值 0.14 MPa，之后应力逐渐减小。当工作面的回采长度超过测点的位置时，后部的采空区逐步压实，应力会逐步释放，但最后的压力还是没有回复到原始应力。

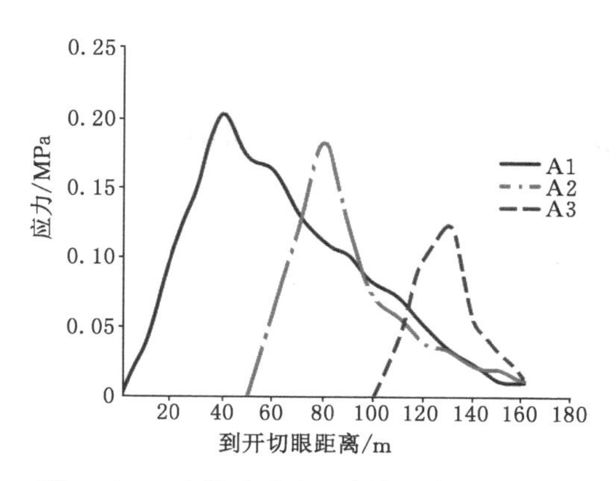

图 3-18 15# 煤开采过程直接顶应力变化曲线

对基本顶应力监测情况如图 3-19 所示。由于工作面只推进 160 m,所以只有测点 B1、B2 测得数据。从图 3-19 中能够明显看出,煤层由开切眼开始向前推进 50 m 的过程中,各个测点的应力都在不断增大,且 B1 测点增大速率大于 B2 测点。在工作面推进到 40 m 时基本顶发生初次来压,此时增长到0.7 MPa,来压结束后 B1 测点处应力开始发生快速下降,一直降低到了 0.1 MPa 左右下降的趋势才开始有所缓和。此时 B2 测点应力持续增加,在工作面继续向前推进20 m到达 70 m 左右时,B2 测点应力达到最大值 0.68 MPa,在这之后观测得到 B2 测点的应力开始出现快速下降。可以总结得出:在工作面不断回采,采空区不断增大的过程中,后方采空区被上部上覆垮落岩层压实,同时应力增高区也会跟着向前移动。

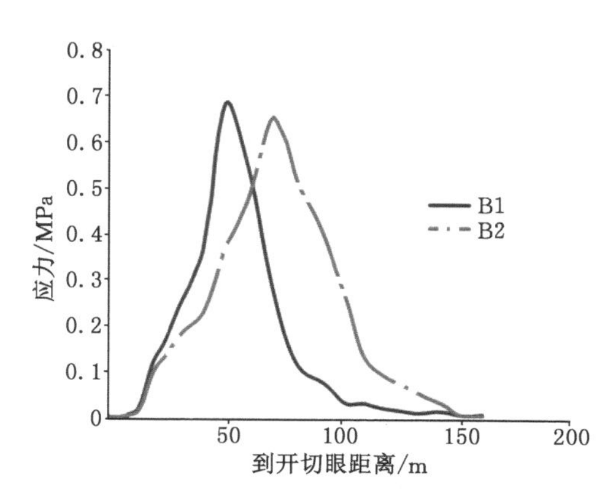

图 3-19 开采过程中基本顶应力变化曲线

为得到 17# 煤层开采过程中上覆岩层运移规律,选取距开切眼 20 m、40 m、60 m、80 m 处对其进行位移变化监测,如图 3-20 所示。

从图 3-20 中能够看出,当工作面推进 40 m 左右时,上覆基本顶岩层发生了第一次来压,基本顶开始下沉出现垮落现象,此时位于 20 m 处的测点上方的岩层发生的位移达到最大值,最大值为 40 mm,而与 20 m 处测点相隔较远的 40 m、60 m、80 m 处的测点上方的覆岩位移几乎未发生什么变化。随着采煤工作面的推进,当工作面推进至 40 m 处时,基本顶

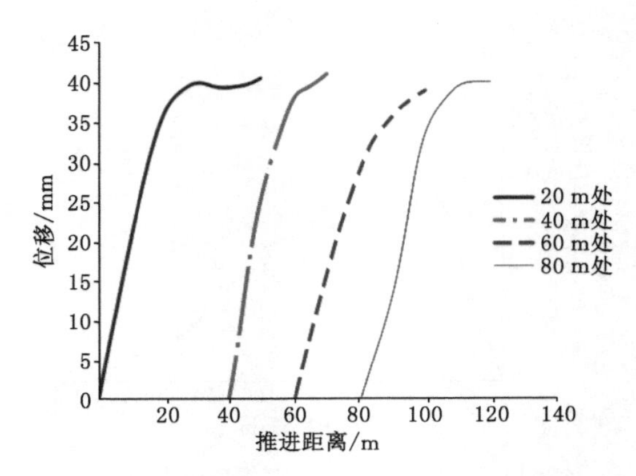

图 3-20　17# 煤各点基本顶位移变化曲线

发生了二次来压，最终通过对该测点的观测与测量得出此处测点的顶板最大下沉量为 41 mm。当工作面推进至 60 m 处时，60 m 处测点上方的覆岩位移开始慢慢增大。当工作面推进100 m时，60 m 处的测点位移达到最大值，最大值接近 39 mm。观测距开切眼 80 m 处的测点可以看出，随着工作面不断向前推进至 80 m 处，能够明显观测到该处的上部覆岩开始出现位移变化。在工作面持续向前推进至 100 m 处的过程中能够明显观测到此时上部覆岩的下沉速率变得越来越大，随后在推进至 105 m 处下沉速率明显变缓，等到来压结束后对其位移量进行测量得到其最大位移量为 41.2 mm。

（二）盛安煤矿近距离煤层群开采覆岩运移相似模拟

1. 物理相似模型建立

为了更准确地反映实际开采环境，采用自主设计的二维相似模拟平面应力模型架研究近距离煤层重复采动下围岩活动规律，将矿井实际工程对象按照几何相似比在物理模型上进行模拟，对工程围岩体的变形、移动、破坏、支护体的受力和变形进行分析研究，平台尺寸长×宽×高为 1.50 m×0.80 m×1.00 m。根据相似理论计算及由实验室获得的顶底板岩层物理力学参数，得到模型中各岩层强度。选取砂子作为骨料，石灰、石膏作为胶结料配置相似模拟材料。本次试验上覆岩层未模拟部分，以等效重力配到模型架上。在模拟过程中研究上下煤层开采过程及下位煤层工作面及巷道迎采对掘的位移、应变演变过程，综合分析近距离煤层群重复采动下巷道围岩活动规律。

选取科学合理的相似常数是试验准确严谨进行的关键。将物理相似模拟的理论依据与本次相似模拟试验的实际情况相结合，相似模拟常数的确定如下：

（1）几何相似常数

相似模拟试验中的试验装置采用自主设计的二维相似模拟试验台，该试验台可在宽度上进行调整，依据试验需要选择适合的宽度。本次试验台长×宽×高选取 150 mm×40 mm×80 mm，采用钢槽等物品补偿未铺设部分的压力，几何相似常数取 $\alpha_1=100$。

（2）重度相似常数

本次物理相似模拟试验中根据盛安煤矿实际地质条件，其岩层的岩性多为砂质泥岩、粉砂岩、泥岩、泥质砂岩等岩层，通过对类似参考文献的学习及根据试验经验，确定本次物理相似模拟试验的重度相似常数 $\alpha_r=1.7$。

（3）应力相似常数

应力相似常数为：$\alpha_\sigma=\alpha_r=\alpha_l=1.7\times100=170$，最下部铺设高30 cm的岩层，整个模型高100 cm。

模拟方案定为1∶100，模型铺设高度为100 cm，则模拟岩层高度为100 m。

（4）时间相似常数

根据时间相似常数计算公式：$\alpha_t=\sqrt{\alpha_l}=\sqrt{100}=10$。

依照试验内容，结合地质条件和物理模拟的相关参数，具体相似模型煤岩层材料配比参数见表3-2。

表3-2　相似模型煤岩层材料配比参数表

岩层	厚度/cm	配比号	砂子	石灰	石膏	砂子质量/kg	石灰质量/kg	石膏质量/kg
石灰岩	9.5	655	6	0.5	0.5	35.15	2.93	2.93
粉砂质泥岩	4.2	773	7	0.7	0.3	15.54	1.55	0.67
泥岩	4.9	846	8	0.4	0.6	18.13	0.91	1.36
9# 煤层	2.2	1 055	10	0.5	0.5	8.14	0.41	0.41
粉砂质泥岩	4.2	773	7	0.7	0.3	15.54	1.55	0.67
灰岩	10.8	655	6	0.5	0.5	39.96	3.33	3.33
泥岩	4.9	846	8	0.4	0.6	18.13	0.91	1.36
6# 煤层	1.2	1 055	10	0.5	0.5	4.44	0.22	0.22
粉砂质泥岩	4.2	773	7	0.7	0.3	15.54	1.55	0.67
细砂岩	9.6	664	9	0.6	0.4	35.52	2.37	1.58
粉砂质泥岩	4.2	773	7	0.7	0.3	15.54	1.55	0.67
泥岩	6.4	846	8	0.4	0.6	23.68	1.18	1.78
粉砂质泥岩	2.1	773	7	0.7	0.3	7.77	0.78	0.33
泥质粉砂岩	8.3	873	8	0.7	0.3	30.71	2.69	1.15
粉砂岩	7.3	955	9	0.5	0.5	27.01	1.50	1.50
表土层	4	756 733	75	0.67	0.33	14.8	0.13	0.07

2. 推进及监测方案

试验采用由西安交通大学研发的三维数字散斑应变测量分析系统，在模拟推进时计算全场应变和变形。三维数字散斑应变测量分析系统具有灵活易用的触发功能，丰富的外部软硬件接口，应变测量范围可在0.01%～1 000%的范围变化。它采用数字图像相关方法，两个高速摄像机实时收集实物在各个阶段中形变的散斑图像，利用相关算法将物体的位移量与立体匹配，实现位移场数据的可视化分析，从而达到快速、高精度、实时的试验需求，如图3-21所示。

如图3-22所示，试验首先模拟6# 煤层。除左右各留20 m边界煤柱外，将6# 煤层挖空变为采空区，观察6# 煤层开采过程中覆岩的运移规律及对底板的损伤程度。其次在模型前方模拟下方 9# 煤层 10903 工作面，观察 10903 工作面推进对采场围岩的损伤程度。从工作面后方沿 Y 方向推进 10905 工作面回风巷，随后继续沿 Y 方向推进 10903 工作面，观察巷道在重复采动下的围岩稳定性。

图 3-21　数字散斑系统

图 3-22　相似模拟模型图

3. 近距离煤层群上位煤层采动围岩破坏情况及覆岩运移规律

近距离煤层群开采，上煤层的采动将对下煤层造成一定程度的破坏。煤岩体中的裂隙发育状况是十分复杂的，上位煤层未采动时，下位煤层及顶板内本就存在大量原生裂隙，受采动影响后，随着煤岩体周围应力变化，原生裂隙不断以不同形式扩展为新的次生裂隙。图 3-23 所示为上位煤层工作面推进时采场围岩破坏及覆岩运移情况，通过模拟 6# 煤层工作面推进，观察 6# 煤层覆岩垮落情况及底板损伤情况，研究上位煤层开采后顶底板的裂隙发育情况，由此为 9# 煤层的支护设计提供依据。

由图 3-23(a)可以看出，当工作面推进 10 m 时，顶板未垮落，顶板及底板未出现明显裂隙，采场围岩状态良好；由图 3-23(b)可以看出，当工作面推进 20 m 时，由于顶板强度较低，顶板开始出现垮落；由图 3-23(c)可以看出，当工作面推进30 m时，顶板出现垮落，且顶板层之间开始出现水平裂隙；由图 3-23(d)可以看出，当工作面推进至 40 m 时，直接顶出现大面积垮落，工作面前端顶板呈悬臂梁结构，且此时第一层基本顶到达极限跨距，在工作面上方破断，与上覆岩层之间形成明显离层，基本顶下方岩层随基本顶的破断弯曲下沉，形成初次来压；由图 3-23(e)可以看出，随着工作面的推进，直接顶随采随落，上覆岩层裂隙明显增大；由图 3-23(f)可以看出，当工作面推进 60 m 时，上覆岩层离层裂隙增大，基本顶再次发生破断，压向下方垮落矸石，顶板台阶式下沉增大，形成周期来压，且由于垮落矸石的逐步压实，煤层下方底板开始出现细小裂隙；由图 3-23(g)可以看出，当工作面推进 70 m 时，覆岩裂隙随推进长度的增加而增大，底板裂隙变化不大；由图 3-23(h)可以看出，当工作面推进 80 m 时，覆岩裂隙开始向上方发展，顶板再次破断下沉，形成周期来压，底板裂隙发育不大，周期来压步距约为 20 m。6# 煤层开采过后，底板纵向裂隙最大深度为 3 m 左右，与现场试验及理论计算差距不大。

综上所述，均距离煤层群上位煤层开采时，覆岩运移规律与矿压显现和单一煤层相似，工作面顶板完全悬露发生破断，基本顶滞后工作面破断，上覆岩层裂隙呈台阶式下沉，随着工作面的推进，覆岩裂隙逐渐向上发育，初次来压步距约为 40 m，周期来压步距约为20 m。

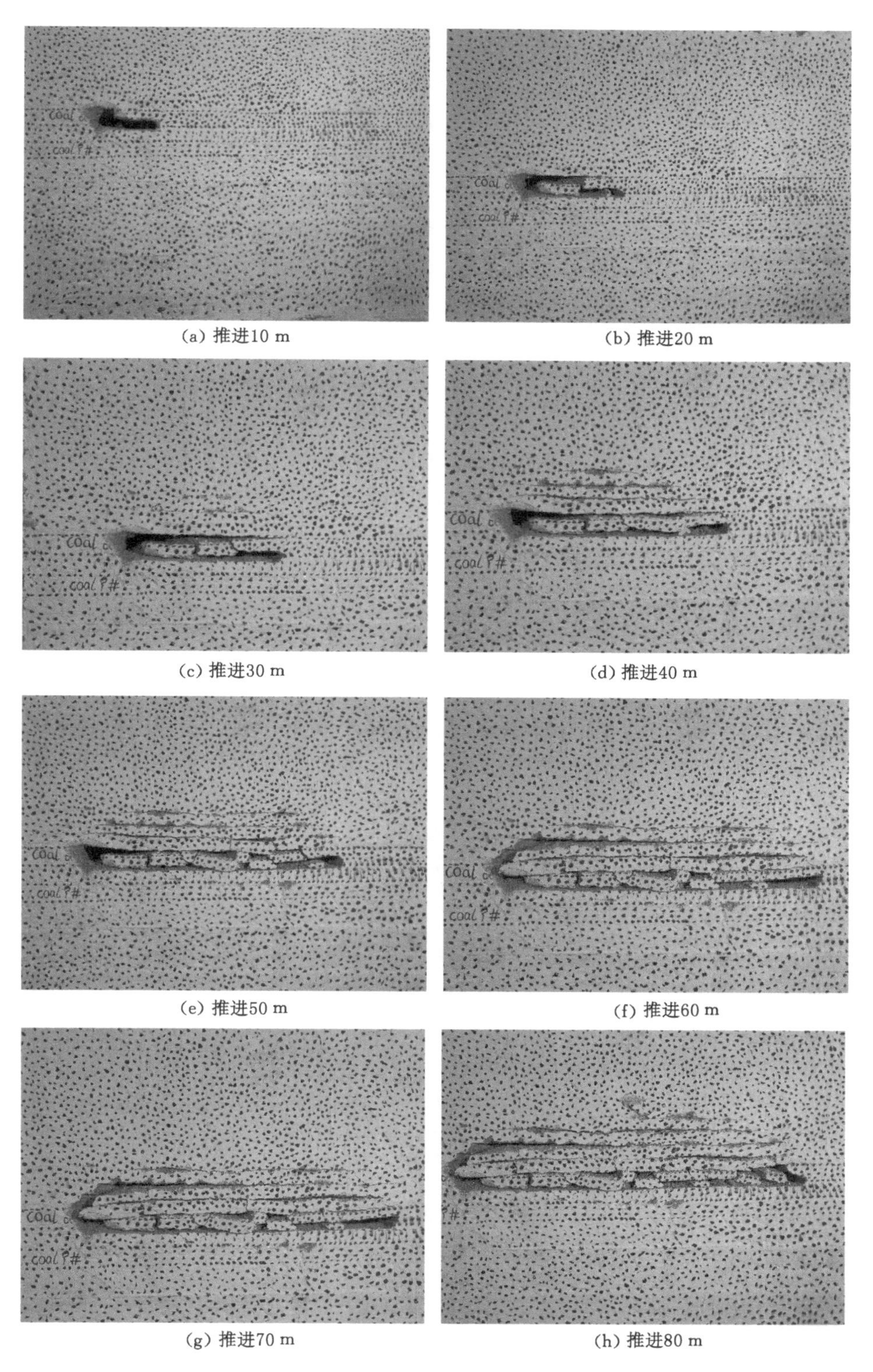

(a) 推进10 m　(b) 推进20 m

(c) 推进30 m　(d) 推进40 m

(e) 推进50 m　(f) 推进60 m

(g) 推进70 m　(h) 推进80 m

图 3-23　上位煤层采动围岩破坏及覆岩运移规律

随着垮落矸石的逐步压实和开切眼段实煤体起支承作用，靠近开切眼部分底板也出现了横向裂隙，对下煤层的开采也造成了一定的威胁。

4. 近距离煤层群下位煤层开采围岩破坏情况及覆岩运移规律

根据盛安煤矿实际情况，10903 工作面一部分在 2016—2017 年已开采结束，现今掘进 10905 工作面回风巷时又继续对 10903 工作面进行回采，因此在 9# 煤层推进时只先从模型前方推进 20 m，观察部分覆岩运移规律，然后留 13 m 宽煤柱在模型前方开始推进整条巷道(40 m)，随后从模型后方推进 10903 工作面，观察巷道在重复采动下的围岩失稳规律，为全段巷道的支护参数设置提供依据，同时依据采场围岩破坏情况也可提前预计巷道掘进破坏情况。图 3-24 所示为 9# 煤层开采时围岩破坏情况及覆岩运移规律。

由图 3-24(a)可以看出，当工作面推进 10 m 时，工作面顶板基本稳定，上覆岩层未垮落，未出现明显裂隙，由数字散斑系统观测到工作面前方开始出现微弱位移，且离工作面越远，位移量越小，此时位移量最大值为 0.392 mm，结合试验相似常数，实际工作面前方约 30 m处出现 3.92 cm 的微弱位移，这可能是由于工作面前方应力环境改变，且 6# 煤层为采空区，对覆岩起到一定的扰动作用所致。由图 3-24(b)可以看出，当工作面推进 20 m 时，顶板岩层开始出现裂隙，且裂隙与 6# 煤层推进时产生的裂隙出现连接，深部顶板出现细小离层，随着工作面的推进，工作面前方位移量增大。由图 3-24(c)可以看出，当工作面推进至 25 m时顶板垮落，形成初次来压。10905 工作面初次来压步距远比 6# 煤层小，这是由于开切眼位置距 6# 煤层开切眼处煤柱较近，在下煤层开采扰动下，上覆小范围内破碎的岩体更容易失稳，故来压步距较小。由图 3-24(d)可以看出，当工作面推进 35 m 时，由于工作面上方顶板破碎且裂隙发育，顶板随采随落，此时顶板已出现明显离层裂隙，但未破断下沉。图 3-24(e)为在模型前方开始推进巷道图，但在推进巷道时，沿 Y 方向还未推进到 10 m 时，10903 工作面顶板已全部垮落重新压实形成新的砌体梁结构，因此上覆采空区岩层也随之下沉，形成周期来压。这可能是由于推进间隔时间太短，且由于 10905 工作面上方顶板破碎、强度较低，在下煤层推进时顶板煤岩体更容易失稳，因此发生周期来压时来压强度较小。此时数字散斑标定点已被破坏，因此没记录到相关位移变化云图。随着巷道沿 Y 方向的推进，巷道顶板也逐渐产生微小裂隙。图 3-24(f)所示为从模型后方推进 10903 工作面的巷道围岩变形图，此时巷道上方顶板已出现明显裂隙，且煤柱帮煤柱有明显破裂情况，实煤体帮也出现明显裂隙，巷道围岩稳定性较差。

综上所述，下位煤层推进时矿压显现规律与覆岩移动情况有所不同，由于开切眼处与上位煤层开切眼处距离较近，受到上位煤层未开采部分的实煤体影响，在下位煤层再次开采扰动下，下位煤层覆岩小范围内更易失稳破碎，因此来压步距较小，10903 工作面初次来压步距为 20 m，周期来压步距为 10 m 左右，相对单一煤层而言采空区下部工作面来压频繁。当下位煤层周期来压显现时，上位煤层垮落的矸石将载荷传递给下位煤层，下位煤层覆岩形成新的砌体梁结构。当巷道在 10903 工作面采空区旁推进时，巷道受上位煤层及 10903 工作面的开采影响，巷道仅深部顶板有部分裂隙，两帮结构相对完整。当巷道掘通后从模型后方再次开采工作面时，由于受到上位煤层及相邻工作面的重复采动影响，巷道围岩面临着破碎的顶板及相邻工作面的强动压影响，稳定性较差，巷道上方顶板有明显裂隙，煤柱帮破坏严重，实煤体帮有大约 5 m 的横向裂隙，严重威胁矿井的安全生产。

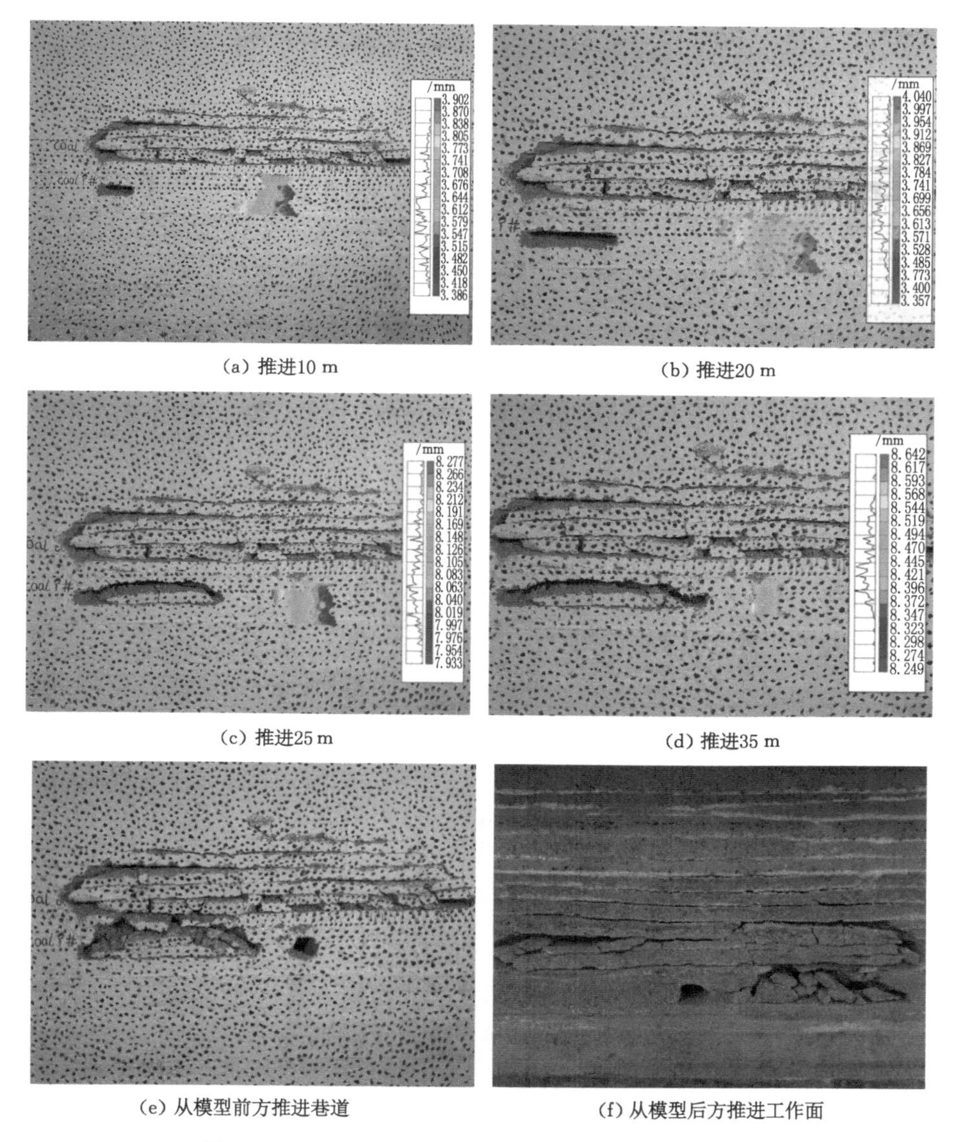

(a) 推进10 m　(b) 推进20 m

(c) 推进25 m　(d) 推进35 m

(e) 从模型前方推进巷道　(f) 从模型后方推进工作面

图 3-24　10903 工作面开采围岩破坏及覆岩运移规律

四、覆岩运移规律数值模拟

(一) 土城矿近距离煤层群开采覆岩运移数值模拟

1. 15# 煤层开采围岩位移分布规律

随着工作面的不断推进，采空区的范围也会越来越大，在采空区达到一定范围后，采空区上方的上覆岩层也会因为悬露面积的增加而出现失稳的现象，并出现顶板逐步垮落、下沉等现象，产生垂向位移。工作面不同推进距离时煤层顶底板位移分布如图 3-25 所示。

由图 3-25 可以得出，随着工作面的不断向前推进，后方的采空区发生垮落。由图 3-25(b)可知，在工作面推进到 40 m 时，顶板发生垮落，此时为基本顶初次来压；推进 60 m 时如

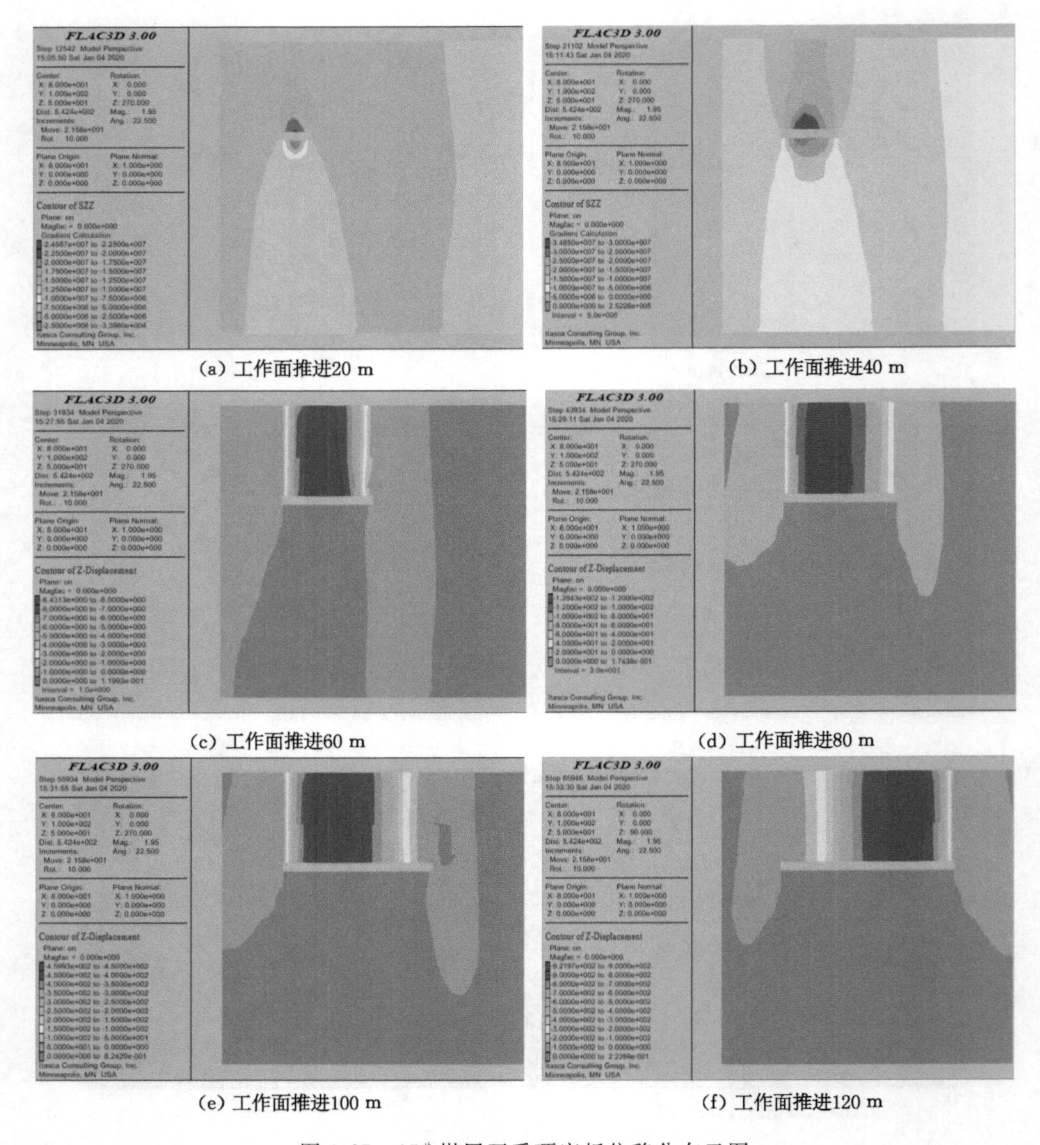

(a) 工作面推进20 m (b) 工作面推进40 m

(c) 工作面推进60 m (d) 工作面推进80 m

(e) 工作面推进100 m (f) 工作面推进120 m

图 3-25 15# 煤层开采顶底板位移分布云图

图 3-25(c)所示，基本顶发生周期来压。工作面持续推进，后方采空区上方顶板也会不断垮落。采空区上方的顶板最大位移也随着工作面的推进向前方移动，但大体保持在采空区的中部，并向上逐渐递减，表现为弯曲而非离层。在 15# 煤层回采完毕后，其顶板最大位移量在工作面端面后方大概 30 m 处，底板基本上未发生位移变化。

2. 16# 煤层开采围岩位移分布规律

如图 3-26 所示，随着工作面的推进，16# 煤层直接顶在工作面推进 20 m 时开始下沉，下沉量 15 mm，基本顶下沉量 40 mm；随着 16# 煤层工作面的持续推进，在分别推进到 40 m、60 m、80 m 处的过程中，采空区上方的顶板下沉量不断加大，下沉速率减小；工作面继续推进，可以看到基本顶位移持续增加直至压实采空区。当 16# 煤层全部开采完毕后，其

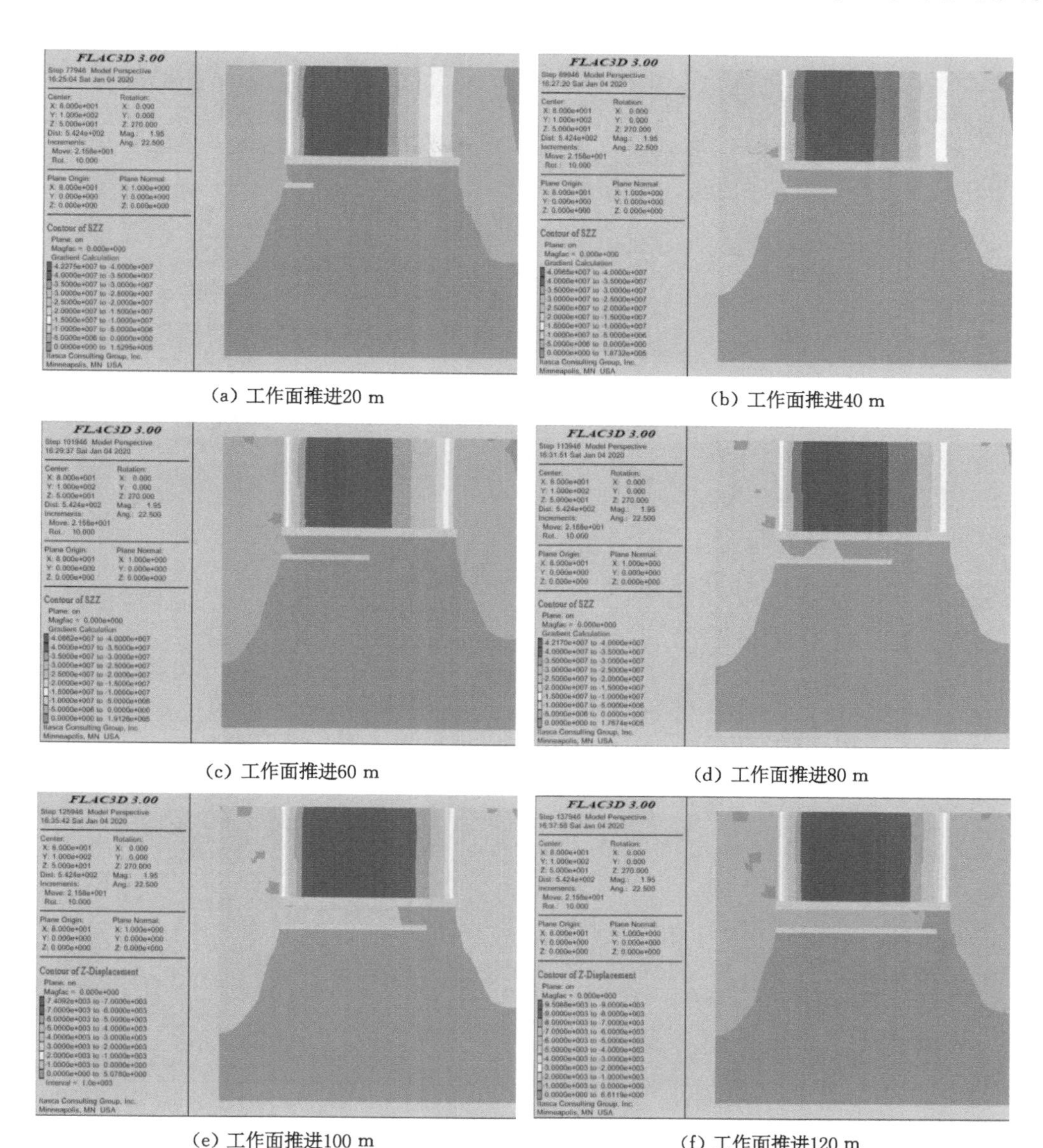

(a) 工作面推进20 m　　(b) 工作面推进40 m

(c) 工作面推进60 m　　(d) 工作面推进80 m

(e) 工作面推进100 m　　(f) 工作面推进120 m

图 3-26　16# 煤层开采顶底板位移分布云图

开切眼前方 40～100 m 的顶板产生较大移动量，在采空区中部达到最大，最大值为 90 mm。16# 煤层底板发生底鼓现象向上鼓起最大值为 6 mm，此时的 16# 煤层底板比起开采 15# 煤层结束后破坏更加严重。

3. 17# 煤层开采围岩位移分布规律

如图 3-27 所示，由于受到重复采动影响，当 17# 煤层开采 20 m 时，直接顶下沉量为 20 mm，基本顶下沉量基本不变。随着工作面的不断向前推进，直接顶下沉量不断增大，直至垮落。基本顶下沉集中在工作面中心，最大下沉量为 41 mm，由于之前的两次开采，基本顶基本已经稳定，在开采 17# 煤层时基本顶的下沉量变化不大，但 17# 煤层的顶板由于受到两次采动影响，结构比较破碎，所以顶板下沉量较大。

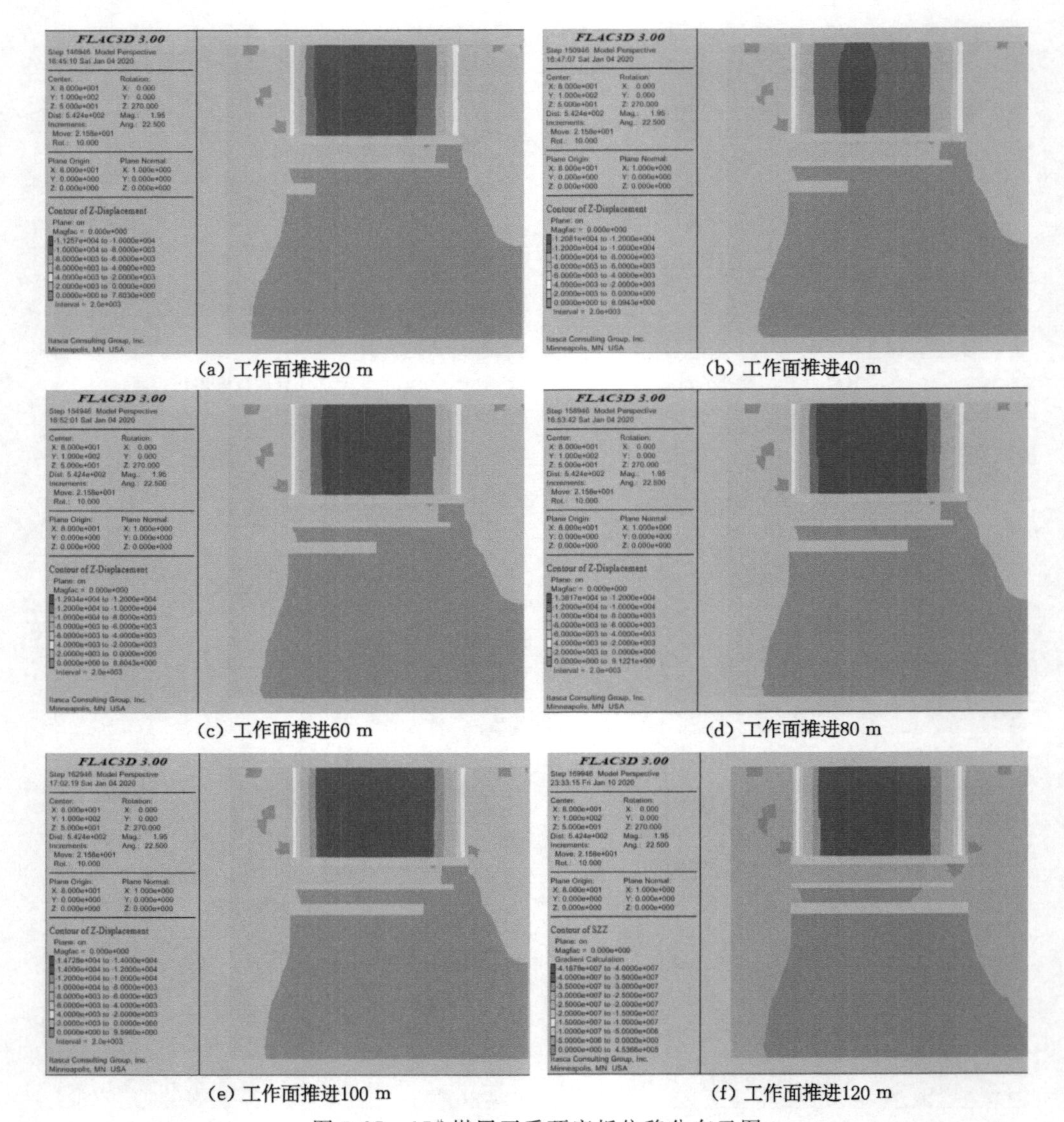

(a) 工作面推进20 m　(b) 工作面推进40 m

(c) 工作面推进60 m　(d) 工作面推进80 m

(e) 工作面推进100 m　(f) 工作面推进120 m

图 3-27　17# 煤层开采顶底板位移分布云图

（二）盛安煤矿近距离煤层群开采覆岩运移数值模拟

图 3-28 所示为盛安煤矿下位 9# 煤层开采围岩位移演化规律。由图 3-28 可以看出，当 9# 煤层开采 20 m 时，工作面顶底板位移受本工作面推进影响还较小，顶板位移分布大部分方向向上，工作面顶底板仍处于 6# 煤层的推进影响范围内；当工作面开采 40 m 时，工作面顶板位移量增大，位移场开始出现半弧形区域，说明此时 9# 煤层顶板受力方向有所改变，由 6# 煤层推进后导致的所受挤压力逐渐转变为拉应力，9# 煤层顶板位移方向开始逐渐向下转变。当工作面开采至 60 m 时，工作面顶板位移分布出现对称圆弧性，采空区顶板位移开始出现对称式向下。由于 6# 煤层与 9# 煤层间距较小，9# 煤层开采至 60 m 时顶板位移仍整体受到 6# 煤层采动的影响。当工作面开采 80 m 时，采空区顶板位移已出现了明显的整体向下分布，但工作面前方位移场变化较小。

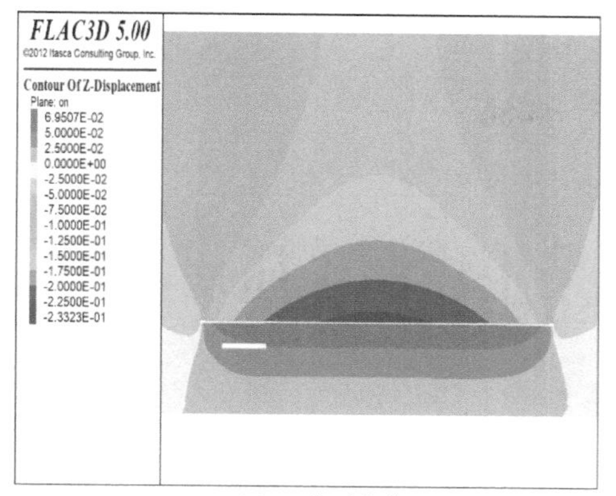

(a) 工作面推进20 m

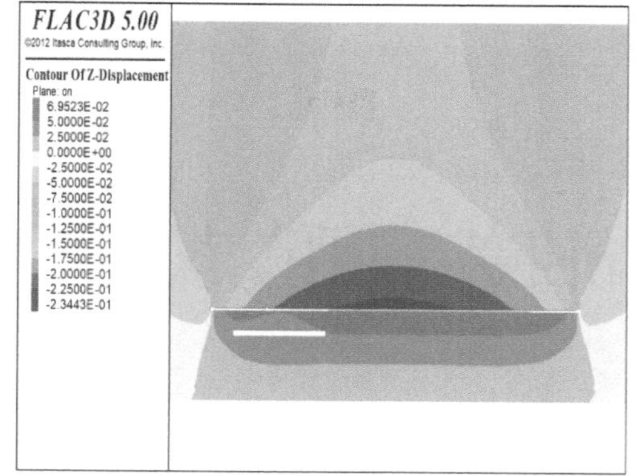

(b) 工作面推进40 m

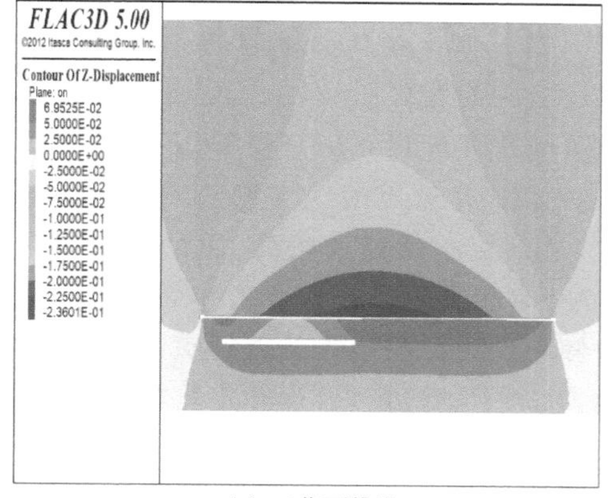

(c) 工作面推进60 m

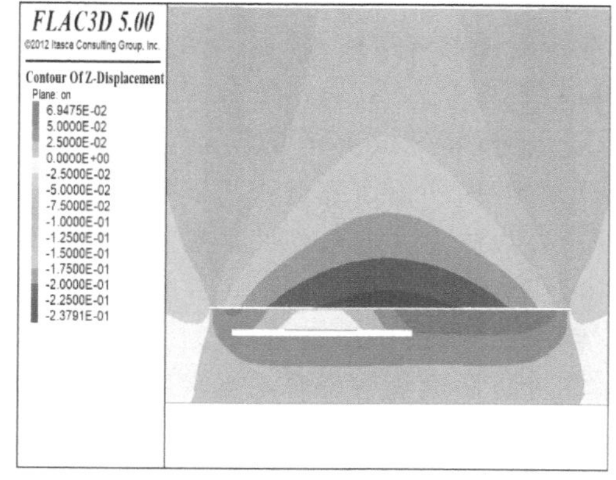

(d) 工作面推进80 m

图 3-28　9# 煤层开采围岩位移分布图

第四章　近距离煤层群开采工作面矿压显现规律

第一节　近距离煤层群开采支承压力分布规律

我国近距离煤层赋存和开采所占比重很大，尤其是西南地区普遍存在。西南地区这类煤层赋存具有厚度薄、构造复杂、瓦斯含量高、煤层及顶底板较软等特点，因此这类煤层开采难度大。但受特殊成煤环境影响，这类煤层煤质多为优质焦煤和无烟煤等，是我国保护性开采的稀缺煤种，所以研究近距离下煤层安全开采技术具有重要的现实意义。近距离煤层开采，煤柱宽度决定了巷道与回采空间之间的距离，从而影响煤柱的载荷、回采引起的支承压力对巷道影响程度、煤柱的稳定性和巷道的围岩变形(岳喜占，2021)。工作面采空区两侧煤体或煤柱内形成的矿山压力，成为侧向压力。对侧向压力影响最大的关键层主要是基本顶，因此，研究近距离煤层群开采支承压力分布规律，兼顾采场稳定，合理确定煤柱宽度，对实现近距离煤层群煤炭资源的安全高效开采有重要意义。

采场煤层工作面推进后，煤层顶板岩层以岩层组为单位运动，其中岩层组中的关键层控制着岩层组的整体运动；而采场推进后，煤层顶板岩层均布载荷平衡状态被破坏，导致顶板岩层载荷向采空区两侧转移，或者采空区和采空区两侧煤壁共同承担岩层载荷(柴敬，2018)。根据关键层理论和上覆岩层载荷转移特点，建立支承压力计算模型(肖雪峰，2009)。

一、倾向支承压力分析

倾向支承压力计算模型如图 4-1 所示，倾向支承压力分为两部分：一是自重产生的支承压力 σ_q，二是采空区上方各关键层悬露部分传递到采空区两侧煤体上的压力增量之和 $\Delta\sigma$，得出上位煤层开采倾向支承压力：

$$\sigma = \Delta\sigma + \sigma_q = \sigma_q + \sum_{1}^{n} \sigma_i \tag{4-1}$$

图中，H_i 为第 i 层关键层厚度中心到煤层底板的距离，m；M_i 为第 i 层关键层厚度，m；$2I$ 为工作面倾斜长度，m；α 为岩层断裂角，(°)；L_i 为第 i 层关键层厚度中心位置在采空区一侧的悬露长度，m。

假设第 i 个关键层传递到工作面一侧的重力为其重力的一半。关键层破断或者未完全破断，即处于悬露或铰接状态，传递到倾向煤体上的应力增量近似为等腰三角形分布，且等腰三角形随着工作面推进而前移。则第 i 个关键层传递到一侧工作面前方的应力增量如式(4-2)所示。

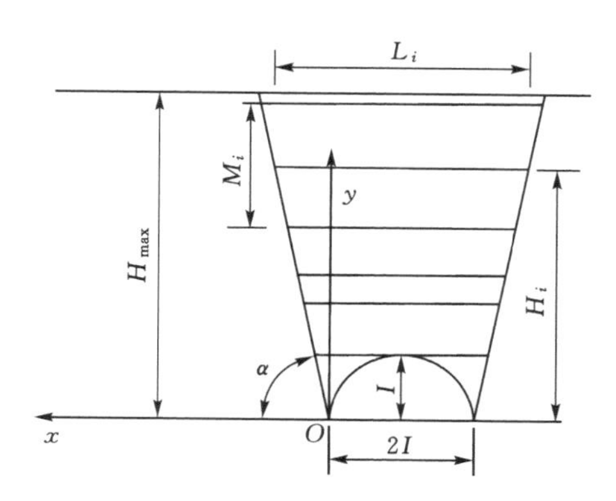

图 4-1 倾向支承压力模型

$$
\Delta\sigma_i = \begin{cases} \sigma_{\max i} \dfrac{x \tan\alpha}{H_i} & x \in [0, H_i \cot\alpha] \\ 2\sigma_{\max i} \left(1 - \dfrac{x}{2H_i \tan\alpha}\right) & x \in [H_i \cot\alpha, 2H_i \cot\alpha] \\ 0 & x \in (2H_i \cot\alpha, \infty) \end{cases} \tag{4-2}
$$

式中，$\sigma_{\max i}$ 为第 i 层关键层在煤层上产生的最大支承压力，MPa。

若采场顶板上覆岩层中存在多个关键层，将各关键层产生应力增量进行叠加计算可得：

$$
\alpha_{\max i} = M_i \gamma \left\{1 + I / \left[\left(I + M_i/2 + \sum_{1}^{i-1} M_i\right) \tan\alpha\right]\right\} \tag{4-3}
$$

而顶板岩层自重产生的支承压力 σ_q 估算值为：

$$
\sigma = \begin{cases} \gamma I x & x \in [0, I\cot\alpha] \\ \gamma x \tan\alpha & x \in [I\cot\alpha, H_{\max}\cot\alpha] \\ \gamma H_{\max} & x \in (H_{\max}\cot\alpha, \infty) \end{cases} \tag{4-4}
$$

由此可见，支承压力计算公式为一组分段函数，模型的支承压力分布特征与岩层的关键层层数、关键层位置、各岩层组厚度、工作面斜长、岩层断裂角以及埋深等因素有关。

二、走向支承压力理论分析

通过上述理论分析，建立如图 4-2 所示的走向支承压力估算模型，该模型与倾向支承压力估算模型相似，计算步骤也基本一致，但在关键层和煤层间距离算法存在一定差异，具体见式(4-5)。

$$
H_i = h_{\max} + M_i/2 + \sum_{1}^{i-1} M_i \tag{4-5}
$$

非充分采动条件下，若采场顶板上覆岩层中存在多个关键层，将各关键层产生的应力增量进行叠加计算可得：

$$
\Delta\sigma_i = \begin{cases} \sigma_{\max i} x \tan\alpha & x \in [0, H_i \cot\alpha] \\ 2\sigma_{\max i} \left(1 - \dfrac{x}{2H_i \tan\alpha}\right) & x \in [H_i \cot\alpha, 2H_i \cot\alpha] \\ 0 & x \in (2H_i \cot\alpha, \infty) \end{cases} \tag{4-6}
$$

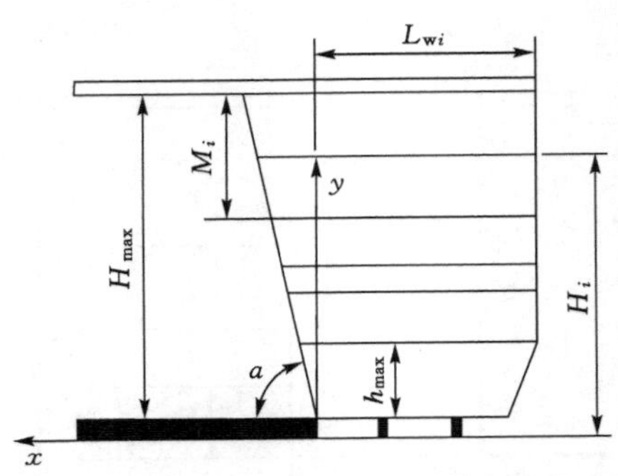

图 4-2　走向支承压力模型

$\sigma_{\max i}$为第 i 层关键层在煤层上产生的最大支承压力，$\sigma_{\max i}$计算公式为：

$$\sigma_{\max i}=\frac{(L_{wi}\tan\alpha+H_i)M_i\gamma}{2h_{\max}+M_i+2\sum_{1}^{i-1}M_i}=\left(\frac{L_{wi}\tan\alpha}{H_i}+1\right)\frac{M_i\gamma}{2} \tag{4-7}$$

而顶板岩层自重产生的支承压力 σ_q 估算值为：

$$\sigma_q=\begin{cases}\gamma h_{\max} & x\in[0,h_{\max}\cot\alpha]\\ \gamma x\tan\alpha & x\in[h_{\max}\cot\alpha,H_{\max}\cot\alpha]\\ \gamma H_{\max} & x\in(H_{\max}\cot\alpha,\infty)\end{cases} \tag{4-8}$$

第二节　近距离煤层群开采顶板来压规律

近距离煤层群开采中的顶板来压规律与单一煤层开采存在差异，上位煤层开采与单一煤层开采顶板来压规律相同，但在下位煤层开采过程中，受到上位煤层开采的影响，下位煤层的顶板受到损伤，开采过程中容易出现频繁的顶板来压，影响工作面的正常生产。因此，需要研究近距离煤层群开采过程中的顶板来压规律，保证近距离煤层群安全高效开采（闫小卫，2020）。

一、上位煤层开采顶板来压规律

上位煤层开采顶板来压规律与单一煤层开采相同，当基本顶悬露达到极限跨距时，基本顶断裂形成三铰拱式的平衡，同时发生已破断的岩块回转失稳（变形失稳），有时可能伴随滑落失稳（台阶下沉），从而导致工作面顶板的急剧下沉。此时，工作面支架呈现受力普遍加大现象，称为基本顶的初次来压。基本顶初次来压步距的计算与基本顶初次断裂步距一样，为：

$$L_c=h\sqrt{\frac{2R_T}{q}} \tag{4-9}$$

式中，h 为煤层采高；R_T 为极限抗拉强度；q 为上部载荷。

基本顶的周期来压步距常常按基本顶的悬臂式折断来确定（杨建华，2017），根据材料力学，$\sigma=\frac{MY}{J}$。此时，最大弯矩 $M_{\max}=\frac{qL^2}{2}$（L 为悬臂梁的极限跨距）；Y 取 $\frac{h}{2}$，h 为岩层厚度，则

$$L_z = h\sqrt{\frac{R_T}{3q}} \tag{4-10}$$

（一）土城矿近距离煤层群开采顶板来压规律

1. 15#煤层开采围岩应力演化规律

近距离煤层群上位煤层开采，开采 15#煤层，随着工作面的推进，部分垂直应力变化如图 4-3 所示。

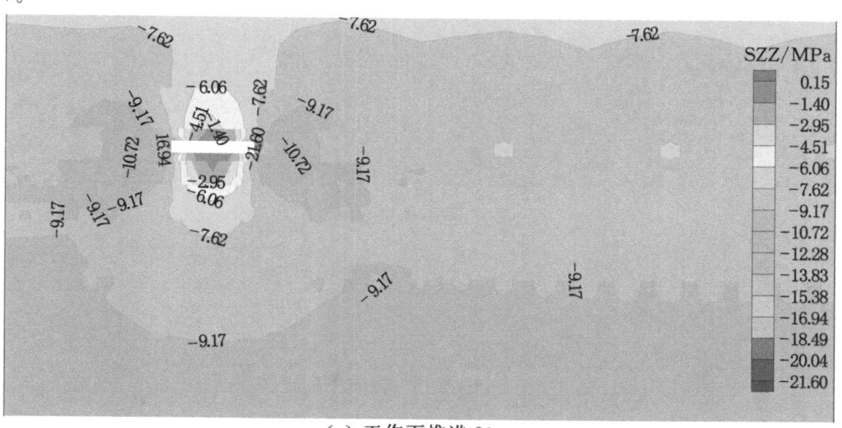

(a) 工作面推进 20 m

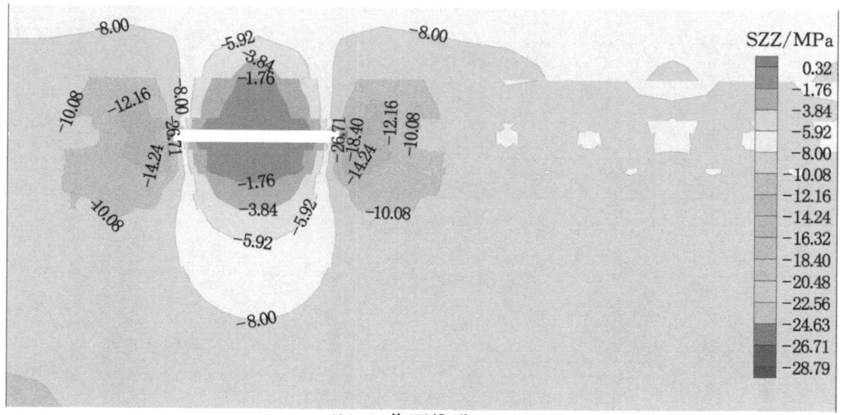

(b) 工作面推进 40 m

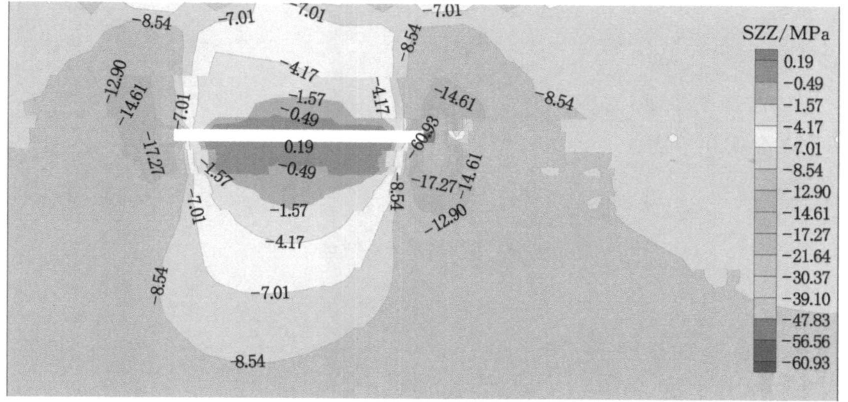

(c) 工作面推进 60 m

图 4-3　15#煤层开采垂直应力分布图

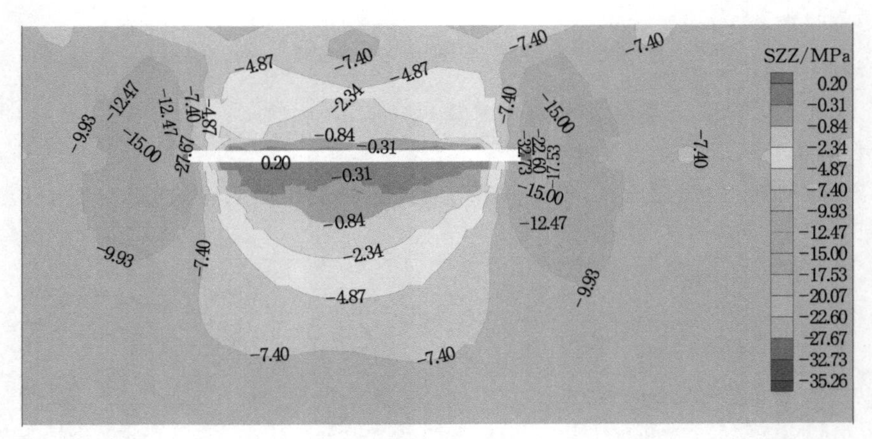

(d) 工作面推进 80 m

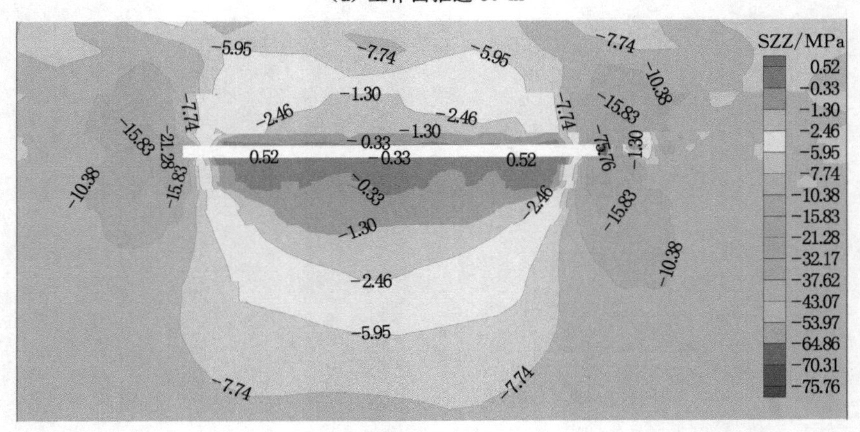

(e) 工作面推进 100 m

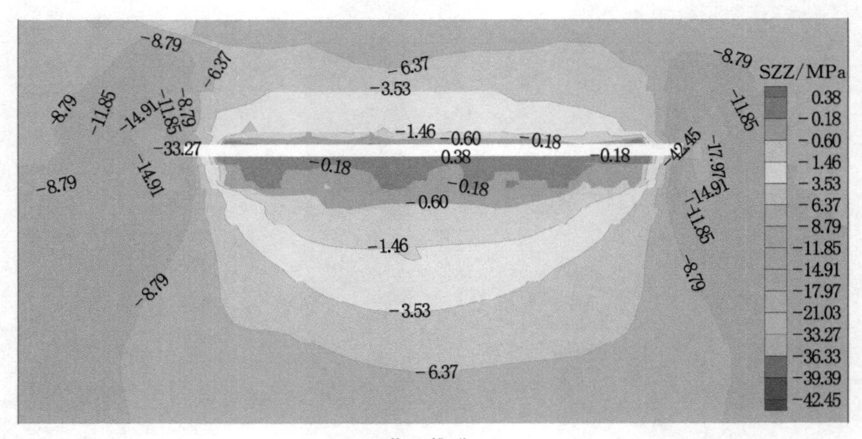

(f) 工作面推进 120 m

图 4-3(续)

分别选取工作面推进 20 m、40 m、60 m、80 m、100 m、120 m 时的最大主应力。图 4-3(a)和图 4-3(b)表示工作面推进 20 m 和 40 m 时的围岩最大主应力分布规律。从图中获知，工作面在不断推进的过程中，围岩也随之遭受破坏，于是煤层的顶底板原始应力区也开始随之出现改变，具体表现为采空区的顶底板应力梯度持续减小，变化趋势表现最小应力值出现在采空区中间部位，在开切眼与工作面附近出现应力越来越大且有应力集中现象发生。图 4-3(c)至图 4-3(e)分别表示 15# 煤层沿煤层走向推进到 60 m、80 m、100 m 处时围岩最大主应力分布规律。从图中能够得知，随着工作面的不断向前推进，后方的采空区范围也越来越大，其卸压的范围越来越明显，采空区中间位置范围内表现为应力减小，在开切眼前方大约 10 m 范围到工作面后方大约 10 m 范围内表现为应力减弱，开切眼处上方顶板与工作面端面上方顶板出现应力增加的集中区。图 4-3(f)表示 15# 煤层推进 120 m 处时的围岩最大主应力分布规律。从模拟结果图片中可以得知，工作面继续推进，采空区顶底板也会不断卸压，且会同时向上下传递到距采空区较远的围岩中去，工作面后方的采空区顶板也会不断地发生垮塌，范围随着工作面推进而增大。

2. 15# 煤层开采顶底板塑性区分布规律

从图 4-4(a)中可以看出，当工作面推进到 20 m 处时，煤层的顶底板都已经出现了塑性破坏，煤层顶底板都遭受了不同程度剪切及拉伸作用。此时顶板出现了部分裂隙，且直接顶出现了垮落现象。顶板破坏区域一直向上延伸到距采空区 5～6 m 范围内，向下延伸到距采空区 3～4 m 范围内。采空区的两端由于受到集中应力的作用而发生剪切破坏。

从图 4-4(b)中可以看出，当 15# 煤工作面推进到 40 m 处时，采空区上方的塑性破坏区域也随之增加到了 40 m。由于推进后采空区顶板受到拉应力的作用，处在开切眼位置的顶板已经完全垮落，工作面端面顶板 15～20 m 左右范围内的岩层受到剪切应力的破坏。从图中也能明显看出此时的采空区底板也受到了采动影响，出现了破坏的情况，深度达 12 m 左右，可以得知此时下部煤层包括煤层在内以及其顶底板都已经受到了一定程度的破坏。

图 4-4(c)至图 4-4(e)分别表示 15# 煤层工作面推进 60 m、80 m、100 m 时的塑性区分布，从中能够明显看出，当工作面持续向前方推进时，后方采空区的顶板会因为受到剪切应力和拉伸应力的作用而不断地发生垮落，塑性破坏区域也会随之越来越大。当工作面推进 100 m 时，其上覆岩层受剪切破坏明显，主要集中在工作面端面顶板上方，同时下位煤岩受到采动影响，随着开采范围的逐步扩大塑性区向下发育，采空区上方的岩层由于受到了拉应力作用开始出现离层想象，并且范围越来越大。随着工作面的不断向前推进，图中的剪切应力向前和向上移动，底板破坏带主要集中在工作面下部区域。

从图 4-4(f)中可以看出，当 15# 煤层全部回采完毕后，上部塑性破坏区局部向外延伸，下部塑性区向下延伸到 17# 煤层位置，对 16#、17# 煤层煤体及顶底板产生了影响。

（二）盛安煤矿近距离煤层群开采顶板来压规律

1. 6# 煤层开采围岩应力演化规律

图 4-5 为 6# 煤层开采垂直应力分布图。煤层沿 X 方向推进，每次推进 20 m，模型两侧各留 30 m 煤柱，通过 Tecplot 软件对数值模拟结果进行处理，获得了 6# 煤层推进 20 m、40 m、60 m、80 m 时垂直应力分布图，可以用于分析上位煤层开采后应力场的变化及对底板的卸压效果。当工作面推进 20 m 时，在开切眼及工作面前方位置均出现了应力集中区，此时应力峰值为 22 MPa，工作面采空区围岩出现卸压区；当工作面推进 40 m 时，采空区卸压范围逐渐增大，开切眼及工作面前方位置应力峰值持续增大，此时应力峰值为 24 MPa；当工作面推进 60 m 时，应力峰值为 26 MPa，采空区卸压范围持续增大；当工作面推进 80 m

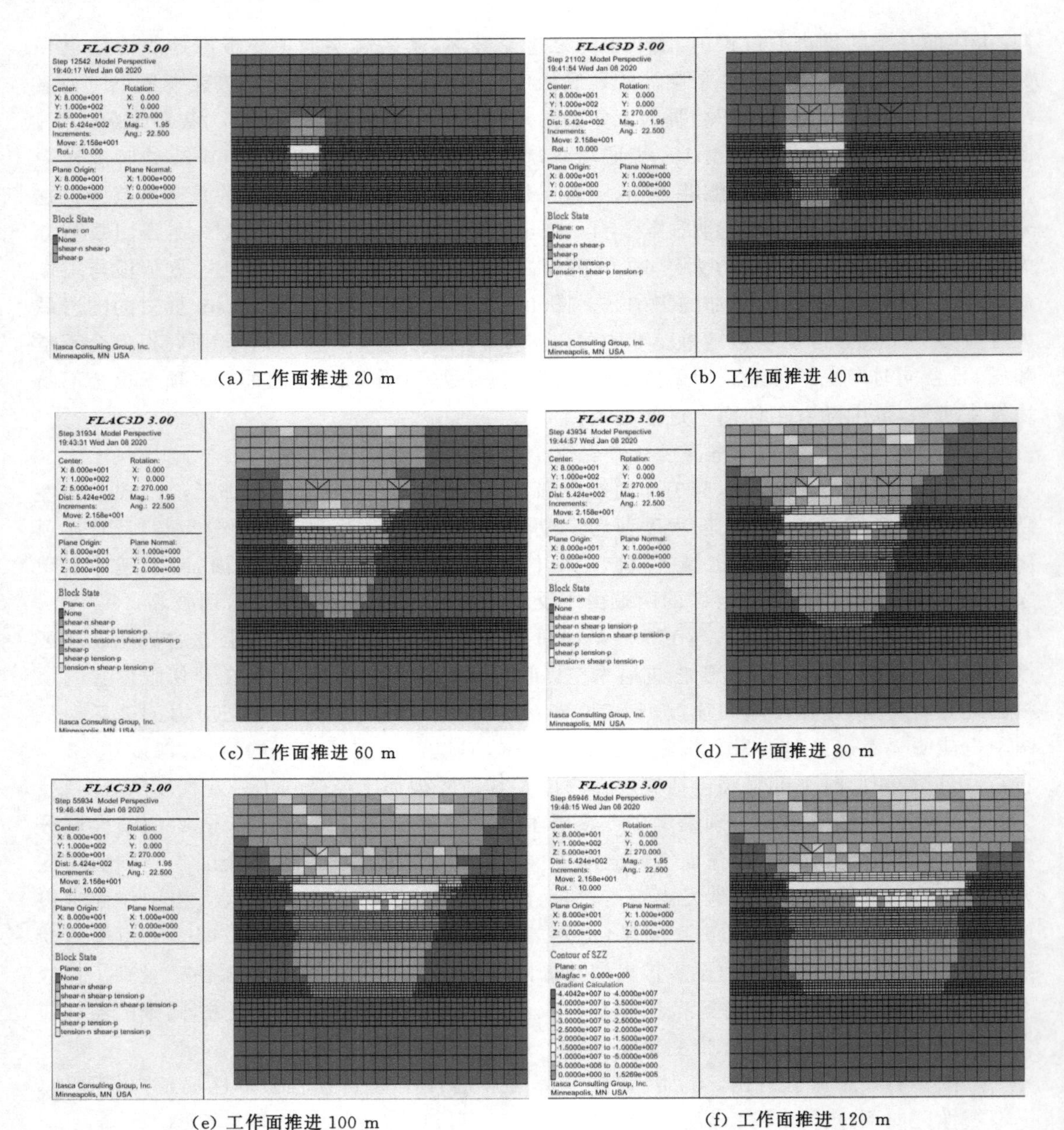

(a) 工作面推进 20 m　(b) 工作面推进 40 m

(c) 工作面推进 60 m　(d) 工作面推进 80 m

(e) 工作面推进 100 m　(f) 工作面推进 120 m

图 4-4　15# 煤层开采塑性区分布图

时，随着 6# 煤层的不断回采，采空区卸压范围不断增大，采空区底板卸压范围达到 20 m，且此时应力峰值不变，为 26 MPa。因此，上位煤层开采时，随着工作面回采范围的增大，采空区卸压效果更好，应力峰值也随着工作面的推进而增大，但随着开采范围的增大，采空区顶板发生大范围垮落时，在开切眼及煤壁侧形成的应力集中得到释放，应力峰值也增大到一定值而不再有大的变化。

2. 6# 煤层开采顶底板塑性区分布规律

图 4-6 为 6# 煤层工作面推进 20 m、40 m、60 m、80 m 时的塑性区分布。当工作面推进

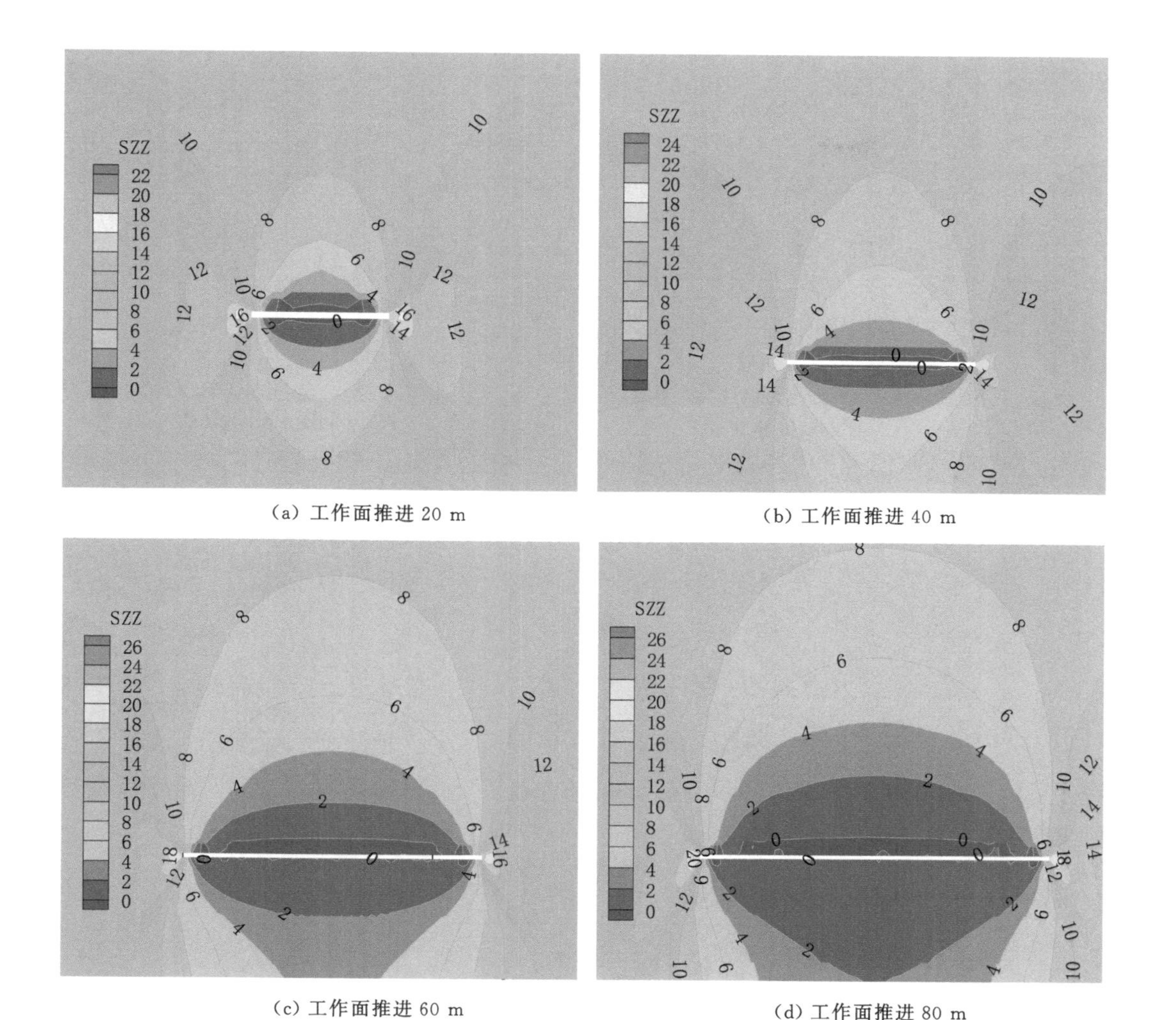

(a) 工作面推进 20 m　　(b) 工作面推进 40 m

(c) 工作面推进 60 m　　(d) 工作面推进 80 m

图 4-5　6# 煤层开采围岩应力分布图

20 m 时，工作面顶底板塑性发育范围较小，开切眼及煤壁处塑性区范围较大；当工作面推进至 80 m 时，开切眼及煤壁处顶底板塑性范围发育较大，两侧塑性范围有较大延伸，采空区顶底板塑性面积也随之增大。随着工作面推进距离的增加，采空区底板塑性区增大幅度较小，在开切眼及煤壁侧随着推进范围的增大塑性区范围变化较大，当工作面推进 80 m 时，采空区底板塑性范围达到 1～2 m，与现场实测及计算值相差不大。

二、下位煤层开采顶板来压规律

下位煤层开采顶板来压不同于单一煤层，上煤层开采后，基本顶破断岩块形成铰接结构，导致边界处顶板充填不实，对间隔岩层顶板的载荷不均。压实状态的岩块载荷较高，称为应力恢复区；靠近边界的岩块处于应力降低区，如图 4-7 所示，有 $q_1<q_2$，由此可建立浅埋煤层群下煤层基本顶关键层固支梁力学模型(黄庆享，2018)，如图 4-8 所示。

对于固支点 N，取 $\sum M_N=0$，可得：

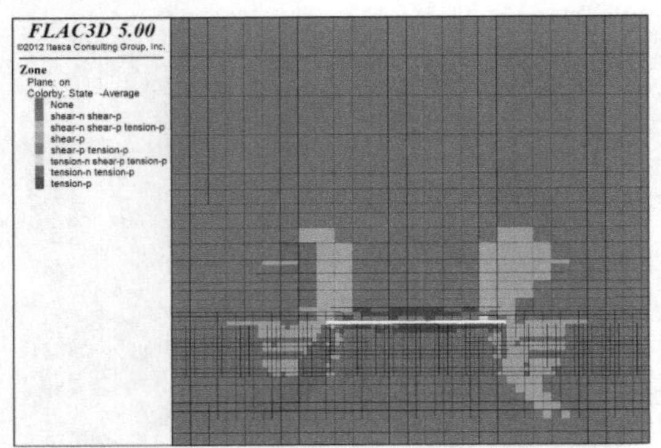

(a) 工作面推进 20 m

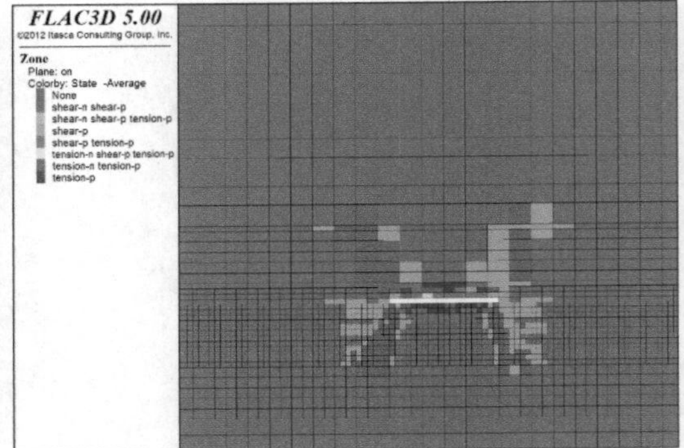

(b) 工作面推进 40 m

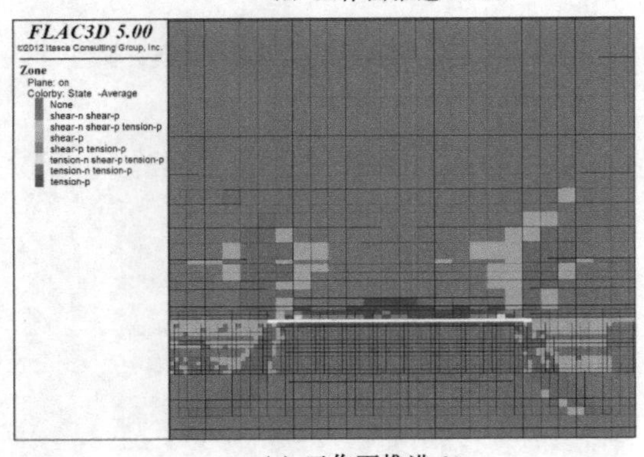

(c) 工作面推进 60 m

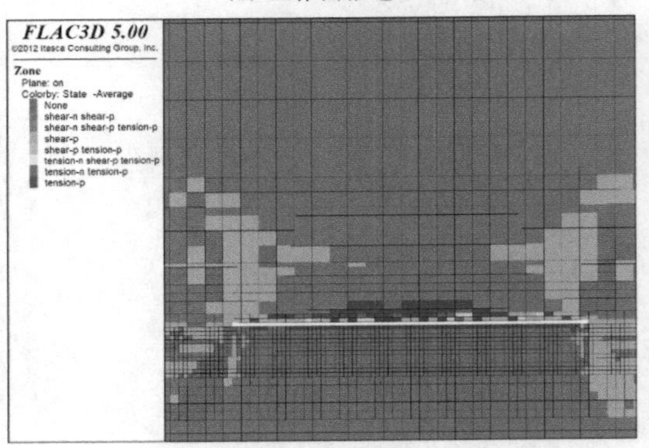

(d) 工作面推进 80 m

图 4-6　6# 煤层开采塑性区分布图

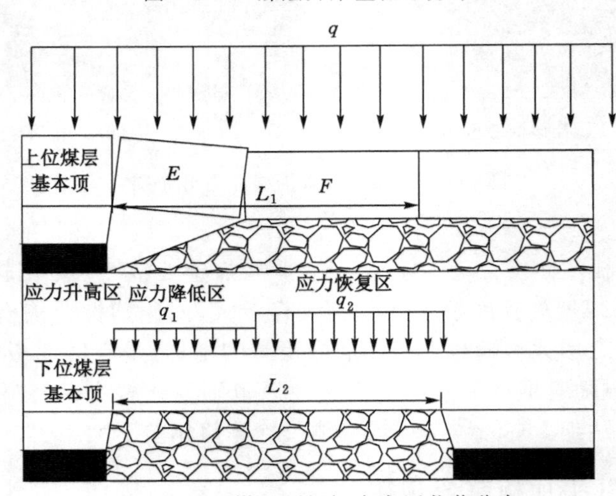

图 4-7　下煤层顶板初次来压载荷分布

$$\sum M_N = q_2 L_h \frac{L_h}{2} + q_1 L_q \left(\frac{L_q}{2} + L_h\right) - F_{RM}(L_h + L_q) = 0 \tag{4-11}$$

$$F_{RM} = \left(\frac{1}{2} q_2 L_h^2 + \frac{1}{2} q_1 L_q^2 + q_1 L_q L_h\right) \Big/ (L_q + L_h) \tag{4-12}$$

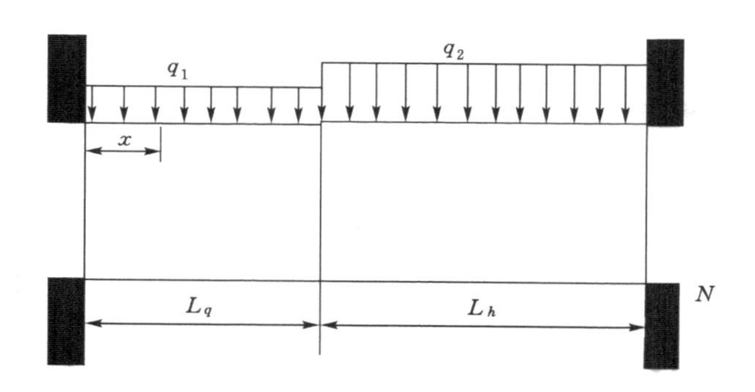

图 4-8　下煤层关键层固支梁力学模型

$$M_x = F_{RM}x - q_1 L_q \left(x - \frac{L_q}{2}\right) - q_2 (x - L_q) \frac{x - L_q}{2} \tag{4-13}$$

最大弯矩位置为：

$$x_{\max} = \frac{F_{RM}}{q_2} - \frac{q_1}{q_2} L_q + L_q \tag{4-14}$$

将式(4-12)代入式(4-11)，可得顶板最大弯矩：

$$M_{\max} = \frac{1}{q_2}\left[\frac{1}{2}F_{RA}^2 + (q_2 - q_1) F_{RA} L_q + \frac{1}{2}(q_1 - q_2) q_1 L_q^2\right] \tag{4-15}$$

最大载荷为：

$$\sigma_{\max} = \frac{12 M_{\max} y}{h^3} = \frac{6}{h^2} M_{\max} \tag{4-16}$$

根据物理模拟，间隔岩层破断岩块长度比为：

$$K = \frac{L_h}{L_q} = 1.3 \tag{4-17}$$

根据拉破坏准则，可得岩梁的极限跨距：

$$L_T = h\sqrt{\frac{2R_T}{q}} \tag{4-18}$$

式中，R_T 为岩石抗拉强度，MPa；h 为间隔岩层厚度，m。

根据间隔岩层受不均匀载荷的作用，可得：

$$L = h\sqrt{\frac{2(L_q + L_h) R_T}{q_1 L_q + q_2 L_h}} \tag{4-19}$$

结合上式，可得出近距离煤层群下煤层开采初次极限垮落步距：

$$L = h\sqrt{\frac{R_T}{0.2 q_1 + 0.3 q_2}} \tag{4-20}$$

（一）土城矿近距离煤层群开采顶板来压规律

1. 16# 煤层开采围岩应力演化规律

在 15# 煤层开采完毕后对 16# 煤层进行开采模拟，分别选取工作面推进 20 m、40 m、60 m、80 m、100 m、120 m 时的情况进行分析，垂向应力分布如图 4-9 所示，由图 4-9 可以看出，随着工作面的推进上覆岩层应力变化不大，但 16# 煤层直接顶及下位煤层应力变化较大。在工作面推进 30 m 时直接顶垮落，下位煤岩层随着工作面的推进受到的影响越来越严重。当 16# 煤层回采完毕后，由于采空区逐步压实，所以 16# 煤层采空区中部表现为应力逐步减小，采空区两侧表现为较为明显的应力降低，无应力集中显现，下位岩层在中间部分的应力降低现象较两侧明显，呈现“驼峰”状。此时 16# 煤层底板即 17# 煤层顶板因受了两次采动影响已变得比较破碎。

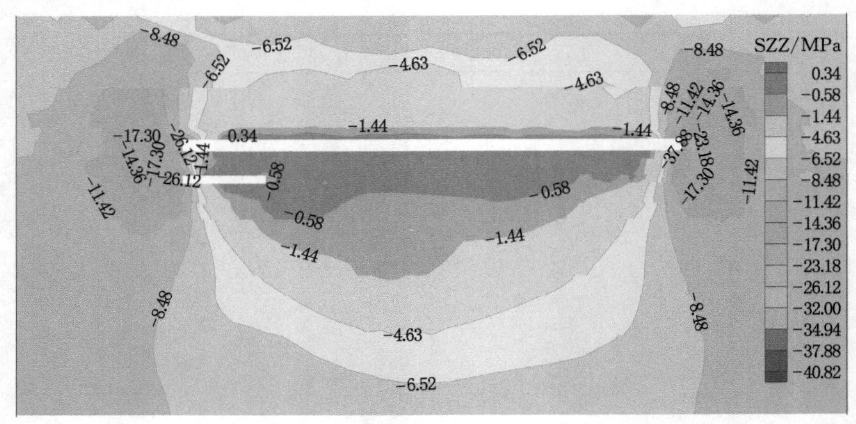

(a) 工作面推进 20 m

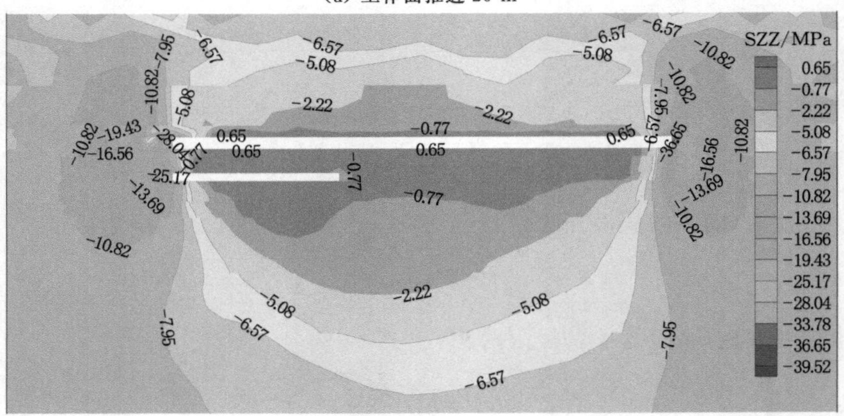

(b) 工作面推进 40 m

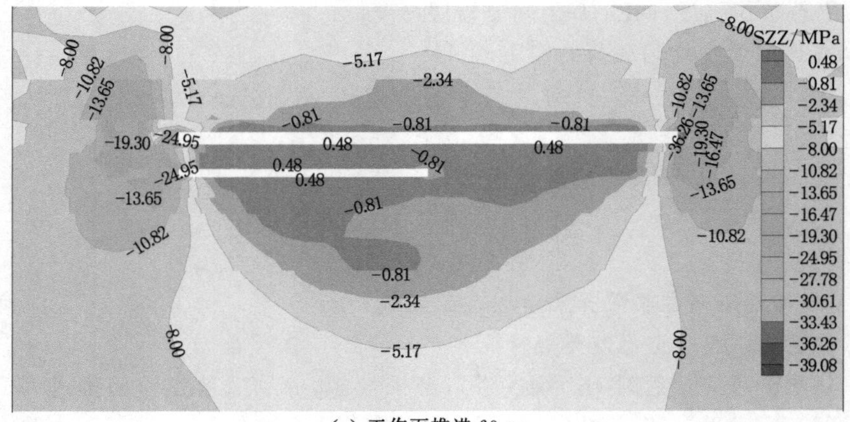

(c) 工作面推进 60 m

图 4-9　16# 煤层开采垂向应力分布

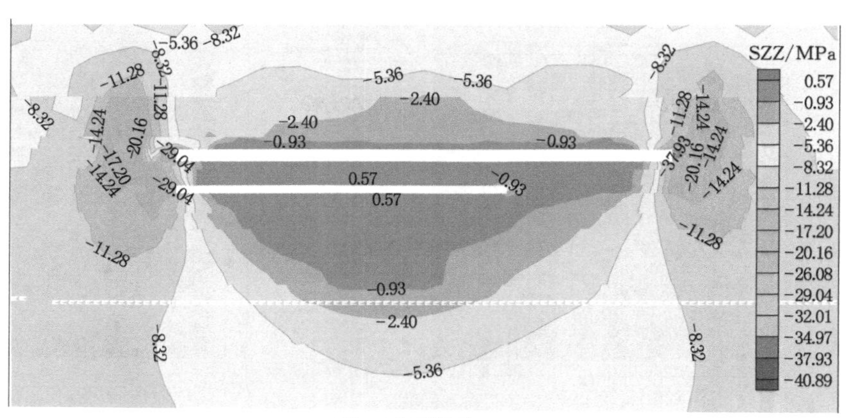

(d) 工作面推进 80 m

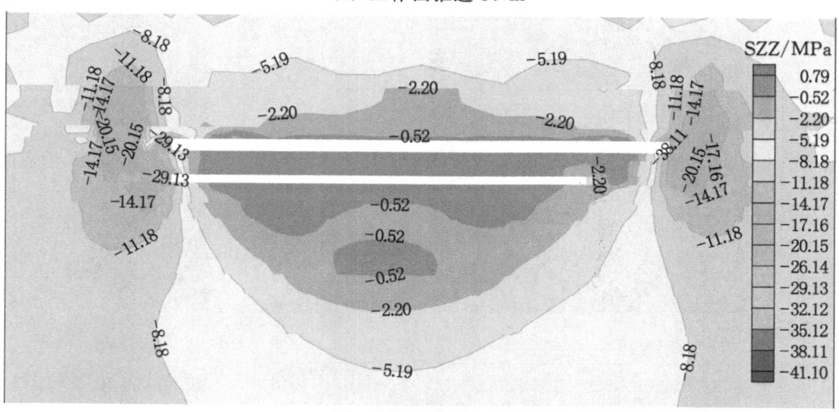

(e) 工作面推进 100 m

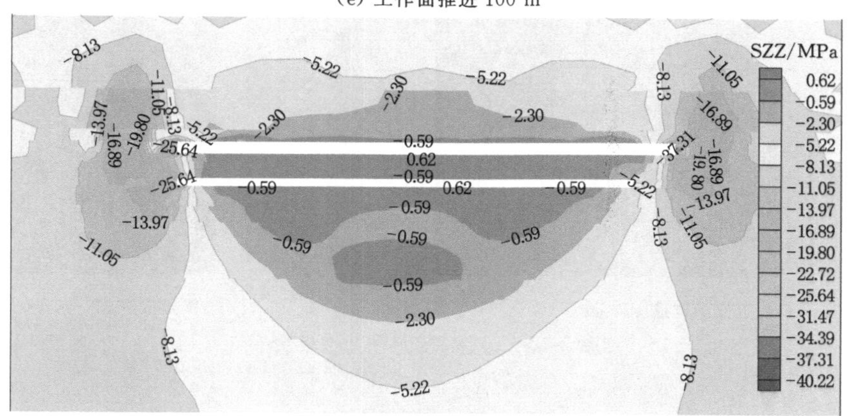

(f) 工作面推进 120 m

图 4-9(续)

2. 16# 煤层开采顶底板塑性区分布规律

如图 4-10 所示，随着工作面的推进，塑性区向四周扩散但扩散范围不大。16# 煤层在全部回采完毕后，其底板及下部煤层区域由于受到重复采动影响，塑性区快速向四周扩散，剪切破坏区在采空区中部和端部都持续增大，15# 煤层和 16# 煤层采空区两端的拉伸破坏区增大，17# 煤层因 15#、16# 煤层的开采而完全被塑性区覆盖。

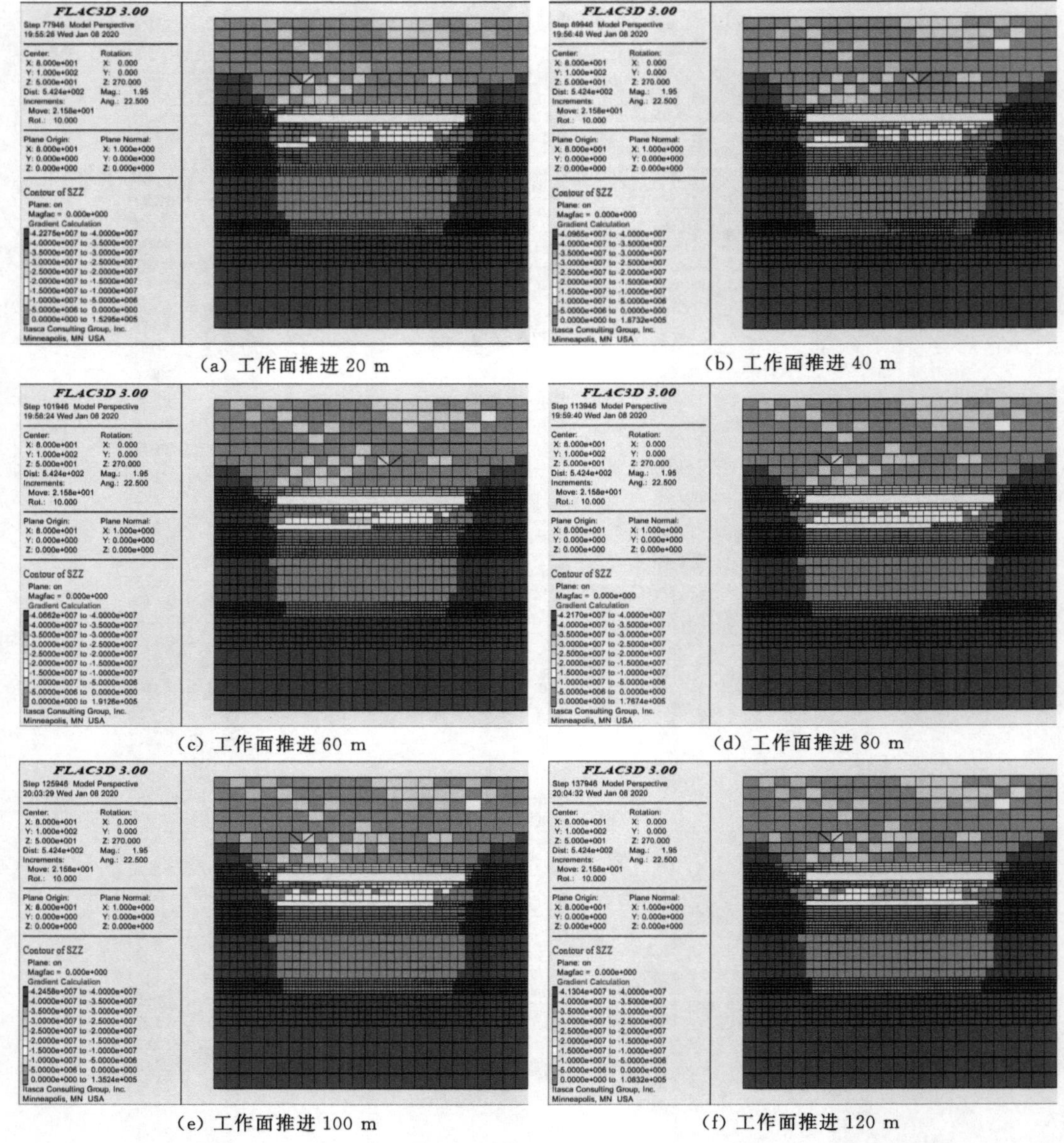

(a) 工作面推进 20 m　(b) 工作面推进 40 m

(c) 工作面推进 60 m　(d) 工作面推进 80 m

(e) 工作面推进 100 m　(f) 工作面推进 120 m

图 4-10　16[#]煤层开采塑性区分布

从图 4-10(a)至图 4-10(c)中可看出，随着采煤工作面的不断推进，采空区下部一直处于塑性破坏区内，且随着推进距离的增加塑性破坏区域也变得越来越大，与此同时采空区顶板中部也出现了拉伸破坏。当推进到 60 m 时，回采煤层底板的塑性破坏区也变得越来越大，顶板出现了十分明显的拉伸破坏，煤壁前方的剪切破坏程度有所加强，而塑性破坏程度变小。图 4-10(d)和图 4-10(e)分别显示了工作推进 80 m 时及工作面推进 100 m 时的塑性区分布，从两张图片中的塑性区变化中能够看出整个模型的塑性区变化已经变得不再明显，且 16[#]煤层采空区下部的塑性破坏区逐步消失，转而开始表现为大范围的剪切破坏。由图 4-10(f)可知，16[#]煤层全部回采完毕时，15[#]、16[#]煤层采空区两端均出现拉伸破坏区。

3. 17# 煤层开采围岩应力演化规律

由图 4-11 可以看出，由于受到重复采动影响，当工作面推进 20 m 时，顶板发生了应力集中现象。随着工作面的不断推进，上部采空区向下压实，基本顶来压明显。工作面推进到 80 m 时，直接顶基本失去了支撑力，上部采空区被完全压实，此时 17# 煤层工作面所承受的压力来自基本顶以及上部两个采空区，对 17# 煤层采场的支护变得极为困难，应当加强顶板管理，防止上部采空区落石垮落造成人员伤亡及设备损坏。

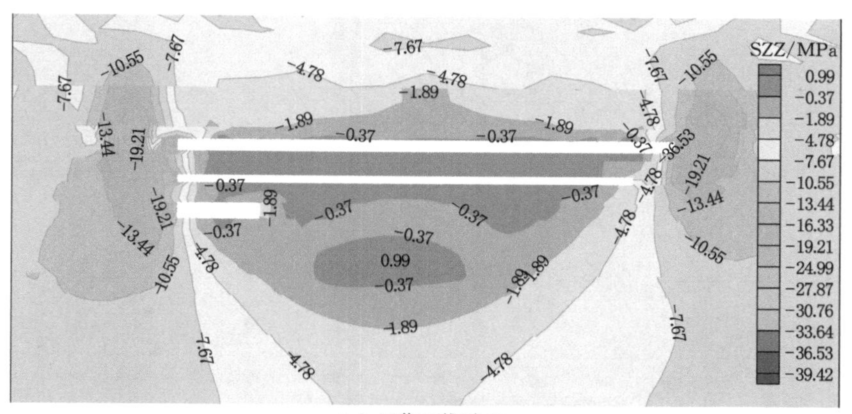

(a) 工作面推进 20 m

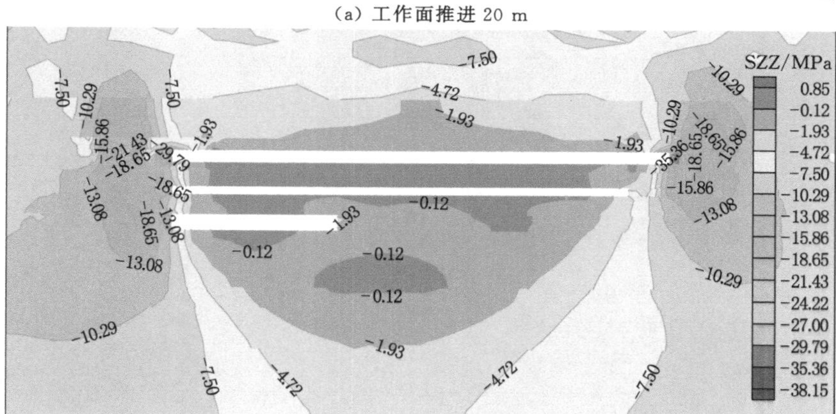

(b) 工作面推进 40 m

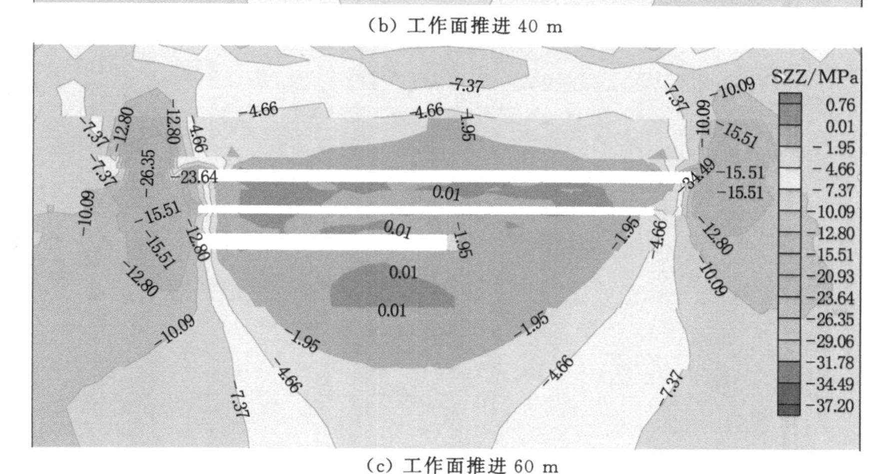

(c) 工作面推进 60 m

图 4-11　17# 煤层开采垂直应力分布

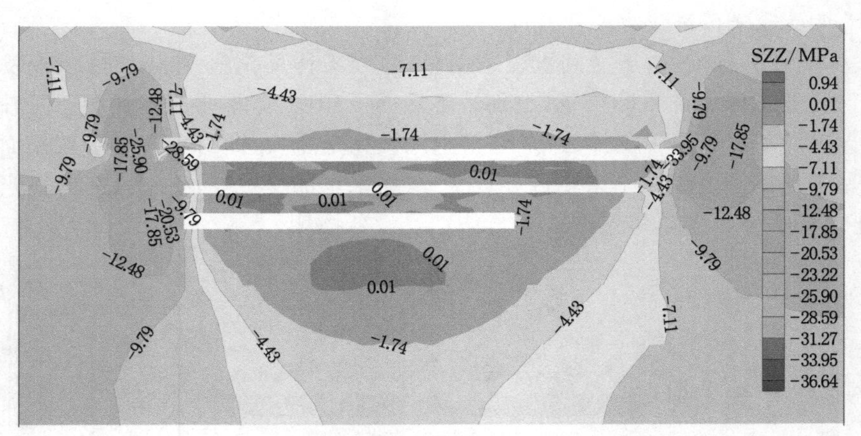

(d) 工作面推进 80 m

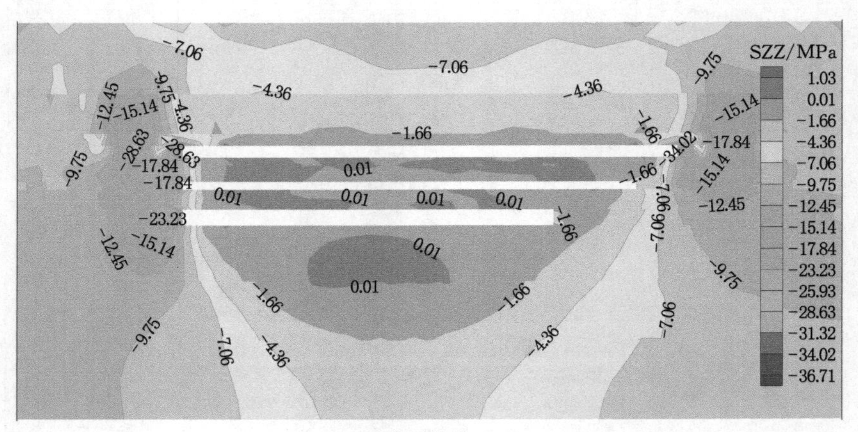

(e) 工作面推进 100 m

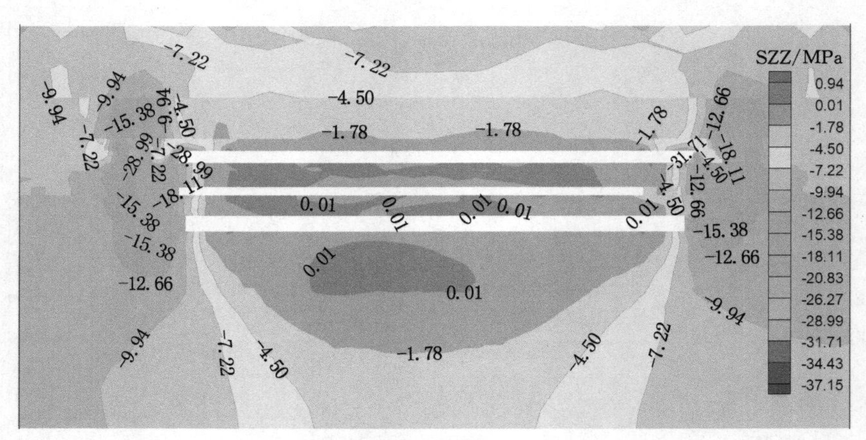

(f) 工作面推进 120 m

图 4-11(续)

4. 17# 煤层开采顶底板塑性区分布规律

图 4-12 所示为随着 17# 煤层工作面的不断推进其顶底板塑性区的分布情况，能够看出，由于之前受上部煤层开采的采动影响，在对 17# 煤层进行回采的过程中，其顶底板塑性区发育变化变得不是很明显，塑性破坏区域基本保持不变，一直到工作面推进 120 m 时，塑性破坏区域才出现了比较明显的向下发育。由图可知，随着 17# 煤层全部回采完毕，采空区底板出现了拱形剪切破坏区，中间存在一定范围的拉-剪破坏区。

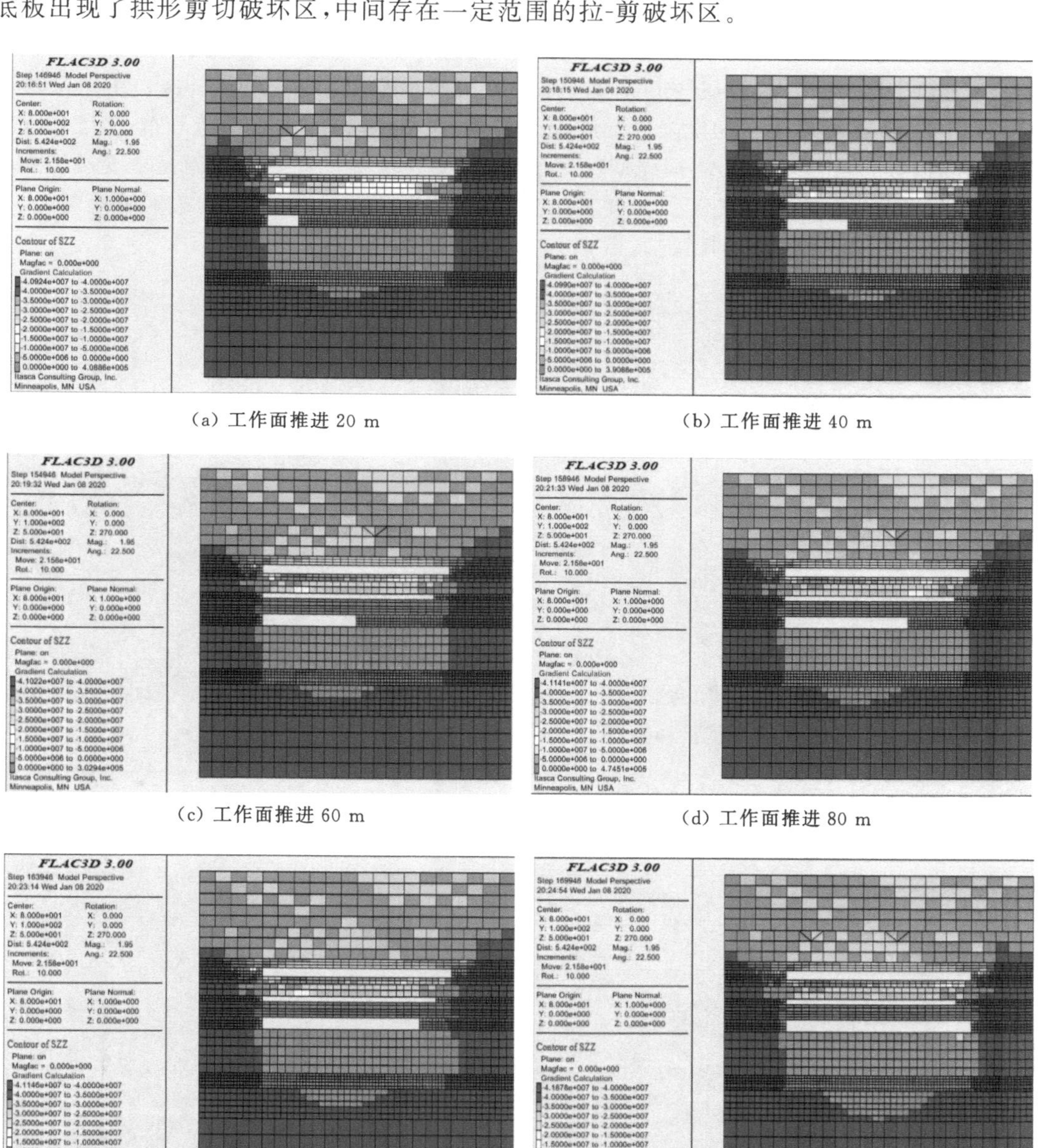

(a) 工作面推进 20 m

(b) 工作面推进 40 m

(c) 工作面推进 60 m

(d) 工作面推进 80 m

(e) 工作面推进 100 m

(f) 工作面推进 120 m

图 4-12 17# 煤层开采塑性区分布

（二）盛安煤矿近距离煤层群开采顶板来压规律

1. 9# 煤层开采围岩应力演化规律

图 4-13 所示为下位煤层开采时采场围岩应力分布，通过分析工作面推进 20 m、40 m、60 m、80 m 时的围岩应力分布规律，分析巷道留设位置及支护参数的选取方案。如图 4-13 所示，当 9# 煤层工作面推进 20 m 时，在 6# 煤层开采的卸压作用下，9# 煤层顶底板所受的垂直应力相对 6# 煤层推进时的较小，开切眼及工作面煤壁处应力集中系数也明显下降；当工作面推进 40 m 时，9# 煤层顶底板应力值较小，已扩展到大范围，工作面煤壁前方出现小范围应力集中区；当工作面推进 60 m 时，部分卸压减小范围已连接成片，这是由于随着工作面的推进，工作面发生了初次来压及周期来压，顶板发生垮落，应力重新分布；当工作面推进 80 m 时，连接成片的卸压范围周期性增加，这说明在推进过程中工作面又出现过周期来压，但卸压范围增加效果在上下方向并不明显，说明随着工作面的推进，覆岩充分垮落，工作面后方被压实，卸压范围达到稳定。

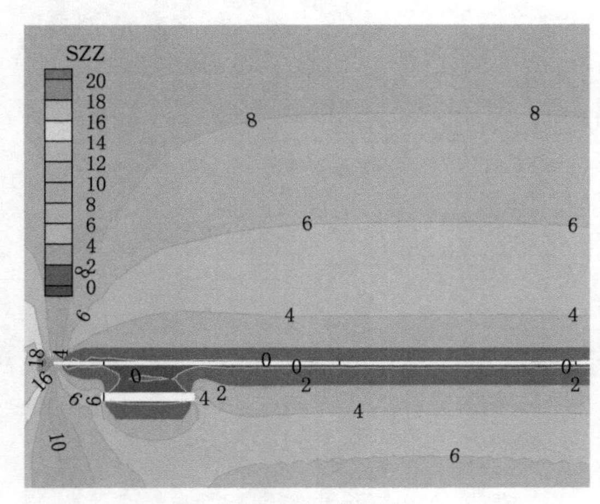

(a) 工作面推进 20 m

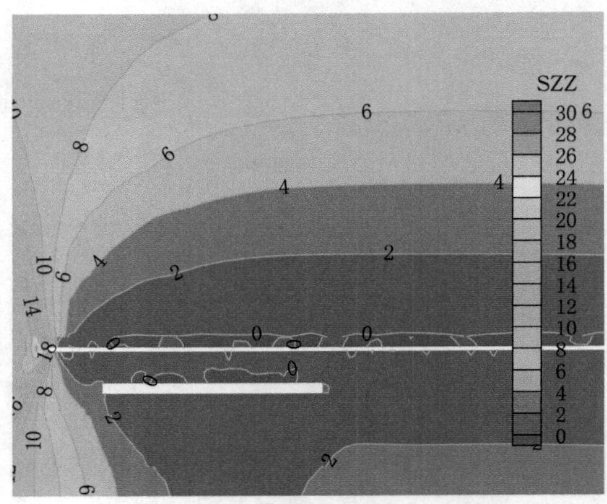

(b) 工作面推进 40 m

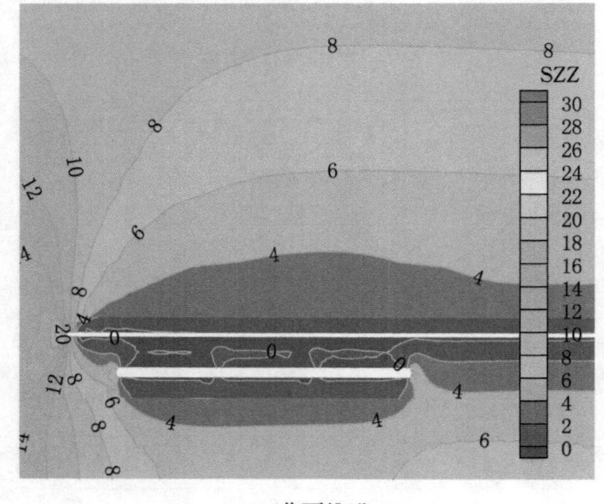

(c) 工作面推进 60 m

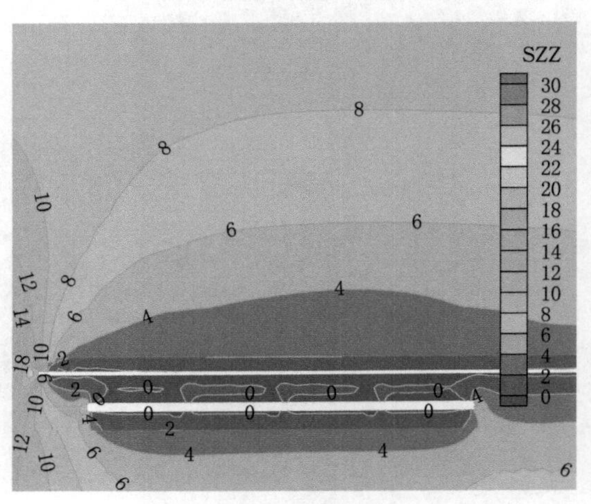

(d) 工作面推进 80 m

图 4-13　9# 煤层开采垂直应力分布

2. 9$^{\#}$煤层开采顶底板塑性区分布规律

图 4-14 所示为 9$^{\#}$煤层开采时的塑性区分布，通过分析 9$^{\#}$煤层工作面推进 20 m、40 m、60 m、80 m 时的围岩塑性区分布，探究下位煤层开采时围岩的塑性发育情况，为巷道布置及支护参数设置提供参考。由图 4-14 可以看出，当工作面推进 20 m 时，工作面开切眼处由于离 6$^{\#}$煤上方开切眼较近，出现了大范围的塑性区域，工作面煤壁处塑性区较少，采空区顶板上方仍有部分弹性区域，大约有 3 m 塑性范围；当工作面推进 40 m 时，采空区顶板仍有岩层处于弹性区域，底板塑性范围增大，工作面前方塑性区也逐渐增多；当工作面推进 60 m 时，顶底板塑性区域显著增加，工作面前方顶板处塑性区增多，此时开切眼处的煤岩体已全部破坏；当工作面推进 80 m 时，工作面底板已全部处于塑性区，顶板弹性区域已较少，此时塑性区分布规律与推进 60 m 时的相差不大，说明当工作面推进长度达到一定值时，工作面前方塑性区发育范围将增大，下位煤层顶底板塑性区域发育较多。

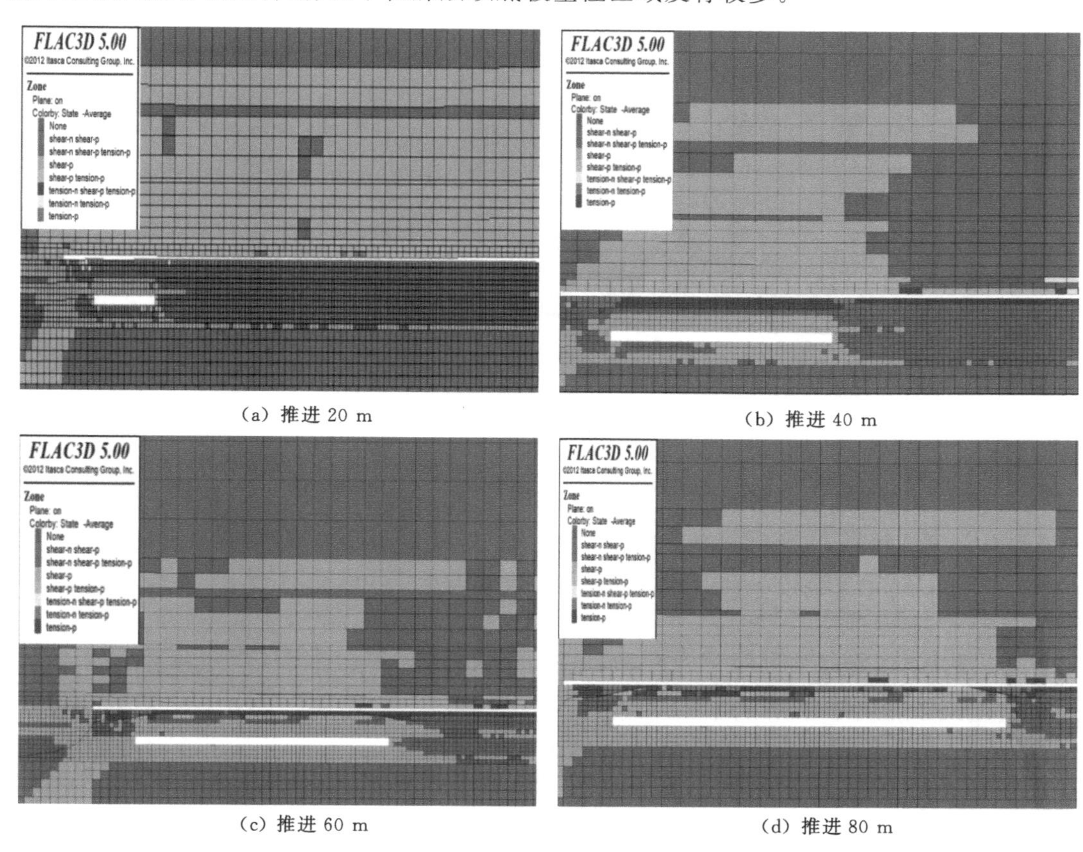

(a) 推进 20 m　(b) 推进 40 m

(c) 推进 60 m　(d) 推进 80 m

图 4-14　9$^{\#}$煤层开采塑性区分布

第三节　近距离煤层群采场支架与围岩关系

在近距离煤层群开采过程中，上位煤层开采对下位煤层的顶板造成损伤破坏，导致在下位煤层开采过程中容易出现端面冒顶、煤壁片帮与支架压架等灾害，严重威胁着人员生命安全，制约着工作面安全快速推进，影响着矿井的正常生产。因此，以土城矿 17101 工作面为背景，研究近距离煤层群支架与围岩关系，为近距离煤层群高效开采提供依据（魏臻，2018；郭彦科，2019）。

一、支架工作阻力确定依据

近距离煤层群在开采过程中出现不同的顶板结构，重复采动下的顶板岩层破碎，处于不稳定状态。因此，支架受力形式按照层间结构的不同而有所区别，不同顶板结构下支架工作阻力的确定也不同（张可斌，2020）。

（一）砌体梁结构下支架工作阻力确定

煤层间基本顶破断岩块由于回转下沉量较小，可在岩块间铰接作用下形成砌体梁结构。17#煤层顶板在液压支架的作用下，支架后方的顶板部分破碎，此时支架阻力的计算模型如图4-15所示。

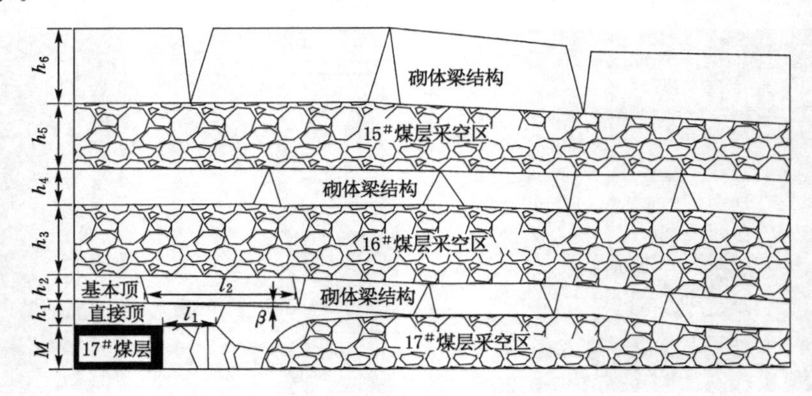

图4-15 砌体梁结构下支架工作阻力计算模型

17#煤层工作面支架要及时控制控顶范围内的直接顶岩层，同时要给基本顶砌体梁铰接结构以一定的作用力，平衡其部分载荷，维持基本顶岩块A的稳定性，防止发生滑落失稳（袁永，2011）。因此，当17#煤层开采后基本顶以砌体梁结构形态出现时，液压支架阻力应分为两部分进行计算，第一部分为液压支架控顶范围内直接顶岩层的重力 Q_1；第二部分为平衡基本顶砌体梁结构岩块A所需的平衡力 P_H，避免沿工作面形成切顶及大量的台阶下沉，因此支架工作阻力计算公式为：

$$P = Q_1 + P_H \tag{4-21}$$

其中：

$$Q_1 = B l_1 h_1 \gamma \tag{4-22}$$

$$P_H = \left[2 - \frac{l_2 \tan(\varphi - \beta)}{2(h_1 - \sigma)}\right](Q_2 - Q_3)B \tag{4-23}$$

$$Q_2 = B l_2 h_2 \gamma \tag{4-24}$$

$$Q_3 = B l_2 h_3 \gamma \tag{4-25}$$

式中，B 为支架宽度，m；l_1 为17#煤层控顶范围，m；h_1 为17#煤层直接顶厚度，m；h_2 为岩块A的厚度，m；Q_2 为基本顶砌体梁结构岩块A的重力，kN；Q_3 为直接顶上方采空区内垮落岩层的重力，kN；σ 为岩块A回转下沉量，m；φ 为岩块A的内摩擦角，(°)；β 为岩块A的破断角,(°)。

（二）悬臂梁结构下液压支架工作阻力

当煤层间基本顶结构为悬臂梁形式时,垮落带高度较大,基本顶破断岩块经过较大范围的回转下沉后将处于覆岩垮落带中,此时支架阻力的计算模型如图 4-16 所示(孔令海,2010)。工作面支架应能承受 16# 煤层上覆岩层中稳定的铰接砌体梁结构下的岩层重力。

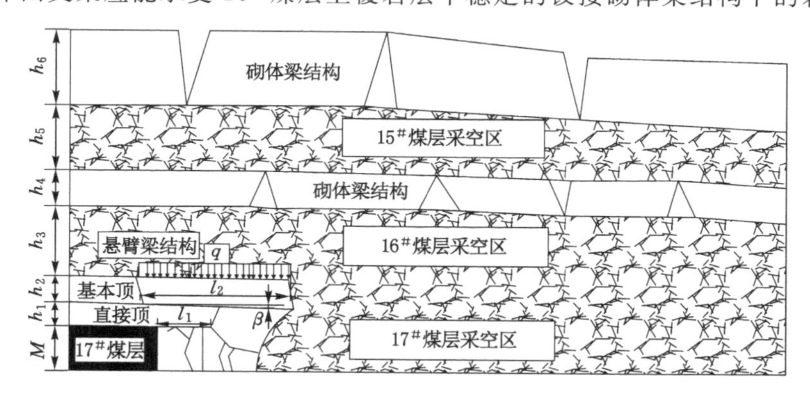

图 4-16 悬臂梁结构下支架阻力计算模型

因此,当煤层间基本顶以悬臂梁结构形态出现时,基本顶破断在煤壁前方,支架承担上层垮落带岩层的重力,由三部分组成,包括控顶区内直接顶岩层的重力 Q_1、基本顶悬臂梁岩块 A 的重力 Q_2,以及 16# 煤层采空区垮落岩石重力 Q_3。该载荷由岩块 A 的长度进行计算,因此支架工作阻力计算公式为:

$$P = Q_1 + Q_2 + Q_3 \tag{4-26}$$

其中:

$$Q_1 = Bl_1h_1\gamma \tag{4-27}$$

$$Q_2 = Bl_2h_2\gamma \tag{4-28}$$

$$Q_3 = Bl_2h_3\gamma \tag{4-29}$$

式中,B 为 17# 煤层液压支架宽度,m;l_1 为 17# 煤层控顶范围,m;l_2 为岩块 A 的长度,m;h_1 为直接顶厚度,m; h_3 为垮落带厚度,m;h_2 为岩块 A 的厚度,m。

（三）无基本顶下液压支架工作阻力确定

当煤层间顶板受损严重全部垮落时,不存在基本顶结构,17# 煤层顶板在上层煤采动应力和 17101 工作面液压支架先后作用后,在顶梁上全部破碎。此时液压支架的载荷为上层全部已垮落岩石的重力,液压支架的受载特性类似于破碎顶板下的普通工作面。此时的液压支架载荷计算模型如图 4-17 所示。

此时,支架阻力为支架与上层煤覆岩砌体梁结构下方垮落岩体的重力,包括两部分,即液压支架控顶范围内直接顶岩层的重力 Q_1 和直接顶上方采空区内垮落岩层的重力 Q_3,因此支架工作阻力可由以下公式计算:

$$P = Q_1 + Q_3 \tag{4-30}$$

$$Q_1 = Bl_1h_1\gamma \tag{4-31}$$

$$Q_3 = Bl_1h_3\gamma \tag{4-32}$$

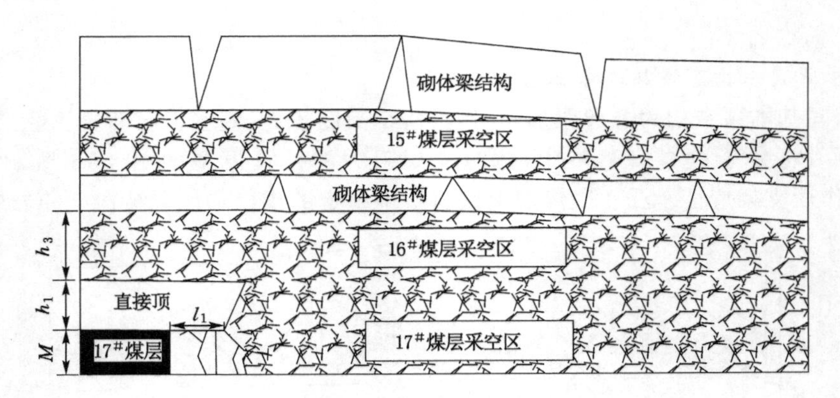

图 4-17　无基本顶结构下支架阻力计算模型

式中，B 为液压支架宽度，m；l_1为 17# 煤层控顶范围，m；h_1为下层煤直接顶厚度，m；h_3为上层煤垮落带厚度，m。

（四）上位砌体梁结构失稳下液压支架工作阻力确定

当 17# 煤层工作面推进时，16# 煤层顶板形成的砌体梁结构随着跨度的增加，出现再次垮落，由于与 17# 煤层的距离较小，再次断裂会对 17# 煤层开采端面顶板冒落造成影响。上位砌体梁结构失稳之后，17# 煤层顶板在 15#、16# 煤层重复采动应力和下层位工作面液压支架先后作用后，端面顶板产生冒落。此时液压支架的载荷为上层全部已垮落岩石的重力。此时的液压支架载荷计算模型如图 4-18 所示（王沉，2015）。

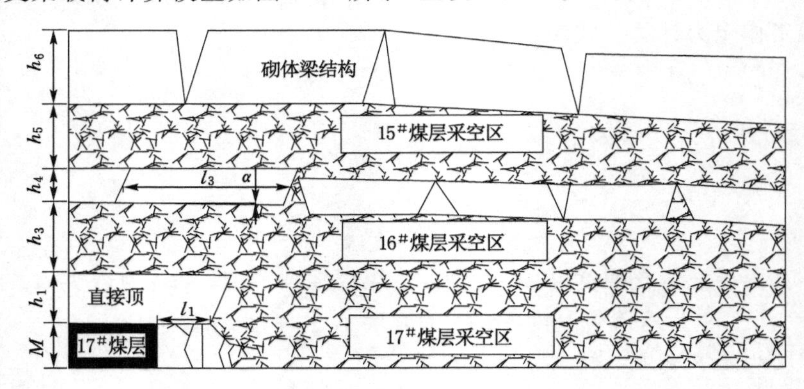

图 4-18　上位“砌体梁”结构失稳下支架阻力计算模型

此时，支架阻力为上层煤覆岩砌体梁结构下方垮落岩体的重力，包括四部分，即液压支架控顶范围内直接顶岩层的重力 Q_1、直接顶范围内 16# 煤层采空区内垮落岩层的重力 Q_3、砌体梁结构岩块重力 Q_4 与 15# 煤层采空区内垮落岩层的重力 Q_5，因此支架工作阻力可由以下公式计算：

$$P = Q_1 + Q_3 + Q_4 + Q_5 \tag{4-33}$$

$$Q_1 = Bl_1h_1\gamma \tag{4-34}$$

$$Q_3 = Bl_1h_3\gamma \tag{4-35}$$

$$Q_4 = Bl_3h_4\gamma \tag{4-36}$$

$$Q_5 = Bl_3 h_5 \gamma \tag{4-37}$$

式中，B 为液压支架宽度，m；l_1 为 17# 煤层控顶范围，m；h_1 为 17# 煤层直接顶厚度，m；h_3 为 16# 煤层垮落带厚度，m；l_3 为砌体梁结构岩块长度，m；h_4 为 15# 煤层垮落岩层厚度。

综上分析可知，重复采动下液压支架工作阻力确定分为以上四种情况，对液压支架的选取需要满足四种结构下端面顶板稳定要求，保证工作面正常开采。

二、支架工作阻力理论计算

由前述 17# 煤层开采覆岩活动规律及结构特点研究结果可以得出：由于受到 15#、16# 煤层重复开采的影响，16# 煤层的上位直接顶是平均厚度为 4 m 细砂岩，垮落后形成规则垮落带，呈拱式结构，该拱式结构会出现周期性的再次失稳使工作面产生来压增载现象，但岩块块度较小，步距小，来压强度低、不明显；15# 煤层上方 10 m 厚的粉砂岩顶板垮落后形成规则垮落带，也会形成拱式结构，该拱式结构失稳时由于块度较大，来压强度相对较大；10 m 厚的细砂岩基本顶将形成砌体梁结构，该结构距离煤壁较远，加之回转空间较小，结构失稳时，无动载冲击现象。

通过以上分析可知，虽然 17# 煤层开采时顶板来压不强烈，但由于上覆岩层中不同层位将出现三种来压现象，来压较为频繁，并且覆岩的作用力将通过基本顶、直接顶施加在煤壁和支架上。为获得合理的支架阻力，需要明确支架-围岩关系。基于此，构建“煤壁-支架-顶板”力学模型，如图 4-19 所示。

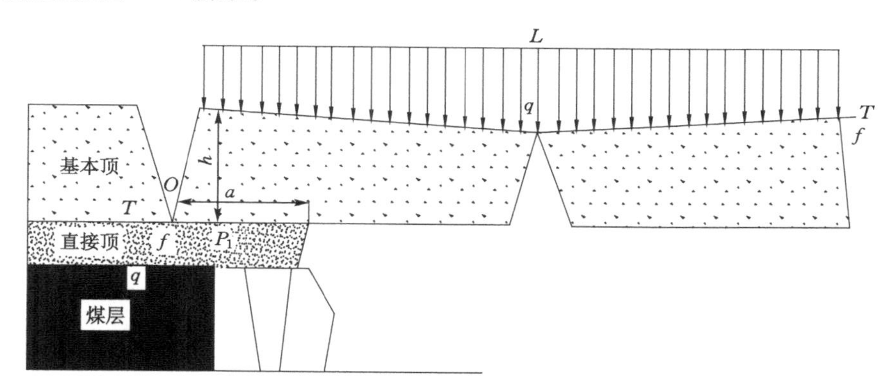

图 4-19　“煤壁-支架-顶板”力学模型

从图 4-19 中可以知道，基本顶及其上方随动岩层作用力通过直接顶传递到支架和煤壁上，由于 17# 煤层上方已经对 15#、16# 煤层进行了开采，此时将 17# 煤层上方粉砂岩到 15# 煤层上方粉砂岩视为 17# 煤层的直接顶。可以先求出基本顶及其上方载荷作用在直接顶上的力 P_1，支架和煤壁所承担的压力即为 P_1 加上直接顶的重力 Q_1。对模型进行受力分析得到：

$$\begin{cases} \dfrac{a}{2}p_1 + Lf + hT = \dfrac{L}{2}qLB_0 \\ f = \mu T \\ p_1 + 2f = qLB_0 \end{cases} \tag{4-38}$$

式中，L 为周期来压步距；f 为岩块间的摩擦力；μ 为摩擦系数，取 0.7～1；T 为岩块间的水平推力；q 为基本顶及其上方顶板载荷集度；B_0 为支架宽度；a 为基本顶断裂点到支架尾梁的距离。

联立上述方程可求得基本顶对直接顶压力为：

$$p_1 = \frac{qB_0hL}{h + (L - a)\mu} \tag{4-39}$$

因此，支架和煤壁共同承担的顶板压力为：

$$P + Q = P_1 + Q_1 \tag{4-40}$$

式中，Q 为煤壁所承受的压力；Q_1 为直接顶的重力，$Q_1 = \gamma_0 h_1 a B_0$，其中，γ_0 为直接顶重度，h_1 为直接顶厚度。

由于所求的是一个临界状态，所以煤壁压力为 0，顶板压力全部作用在支架上，即支架阻力确定为：

$$P = \frac{qB_0hL}{h + (L - a)\mu} + \gamma_0 h_1 a B_0 \tag{4-41}$$

由式(4-41)能够得到理论支架阻力，考虑其安全性取安全系数为 1.2，有：

$$P = 1.2 \times \left(\frac{qB_0hL}{h + (L - a)\mu} + \gamma_0 h_1 a B_0\right) \tag{4-42}$$

将现场实测的工作面基本参数 $q = 140$ kPa，$B_0 = 1.5$ m，$h = 10$ m，$L = 24$ m，$h_1 = 16$ m，$a = 6.5$ m，$l = 0.8$，$\gamma_0 = 25$ kN/m^3 代入式(4-42)，可以得出支架阻力为 7 200 kN。此外，从式(4-42)来看，与单煤层开采相比，在重复开采条件下，断岩 l 的长度较小，动荷载系数较小，因此获得的支撑工作阻力相对较小。

三、支架工作阻力现场监测

为了掌握工作面支架工作条件，采用 KJ216 型综采支架工作阻力监测子系统对液压支架工作阻力进行在线监测。支架是一组由前立柱和一组后立柱组成的四立柱支撑掩护式液压支架，每一个矿用支架数字压力计可以同时采集两通道即前后两立柱的工作阻力。选定两组液压支架进行工作阻力在线监测，采用支架前后柱的均值来进行分析，液压支架工作阻力随工作面推进距离间的实测结果如图 4-20 所示。

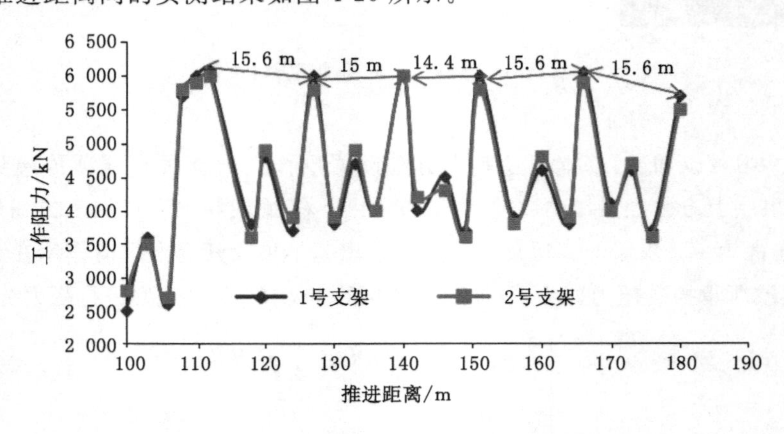

图 4-20　工作面推进距离与支架阻力监测曲线

根据图4-20可知，工作面周期来压步距为14.4～15.6 m，平均为15.24 m。一般情况下，支架平均工作阻力为5 000 kN，占最大工作阻力的69.4%，现场观测与理论分析数值模拟结果吻合较好。

第五章 近距离煤层群开采采场稳定性分析与控制

第一节 近距离煤层群开采端面顶板稳定性分析与控制

一、端面顶板受力分析

当工作面顶板岩性一定、面长确定、倾角不变时，重复采动影响下易发生端面冒顶，且端面冒顶与煤壁破坏相伴而生，煤壁破坏后增大了端面无支护空间，诱发端面冒顶；端面冒顶恶化了采场支架-围岩关系，进一步加剧煤壁破坏（孔德中，2019）。因此，保证“煤壁-顶板-支架”支护系统的稳定性，才能控制端面冒顶。建立如图 5-1 所示的力学模型，分析直接顶冒顶机理。

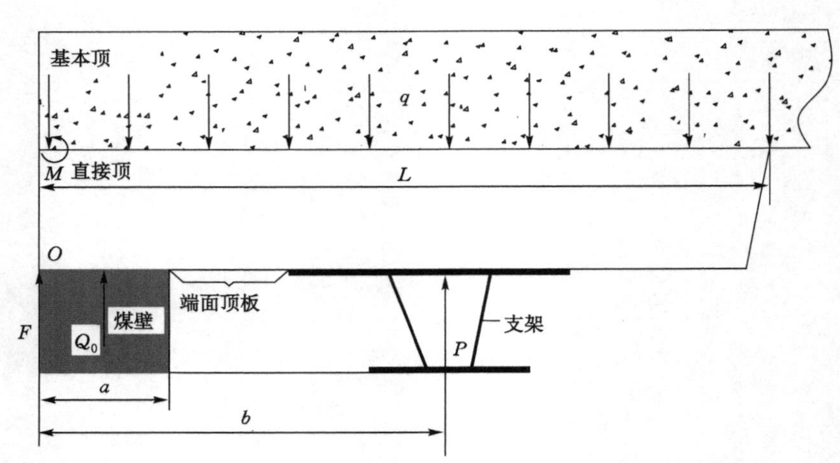

q—基本顶及上方荷载作用在直接顶上的均布荷载；P—支架工作阻力；M—悬臂梁固定端受的弯矩；F—固定端的支撑力；L—直接顶的悬露长度；a—煤壁边沿距固定端长度；b—支架合力作用点与固定端的距离；Q_0—煤壁极限承载力。

图 5-1 直接顶受力力学模型

煤壁极限承载力 Q_0 为：

$$Q_0 = q_{\max} a = \frac{2aC\cos\varphi}{1-\sin\varphi} \tag{5-1}$$

式中，q_{max}为煤壁稳定时所能承受的极限载荷集度；C 为煤体内聚力，一般为 0.5 ～1 MPa；φ 为煤体内摩擦角，介于 30°～38°之间。

将直接顶简化为悬臂梁，如图 5-2 所示，对直接顶进行受力分析，有：

$$\begin{cases} qL = F + Q_0 + P \\ \dfrac{qL^2}{2} - M = \dfrac{Q_0 a}{2} + Pb \end{cases} \tag{5-2}$$

求解得到：

$$\begin{cases} F = qL - Q_0 - P \\ M = \dfrac{qL^2}{2} - Q_0 a - Pb \end{cases} \tag{5-3}$$

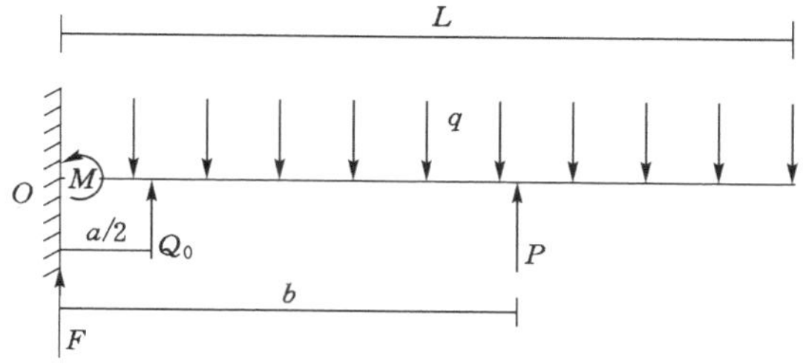

图 5-2　直接顶受力悬臂梁模型

以固定端为原点，则端前顶板上任一点处的弯矩为：

$$M(x) = -\frac{q}{2}x^2 + (qL - P)x + \frac{qL^2}{2} - Pb - \frac{3a}{2}Q_0 \quad (a \leqslant x \leqslant a + d) \tag{5-4}$$

式中，d 为工作面端前顶板悬露长度。

端前顶板上弯曲正应力为：

$$\sigma(x) = \frac{M(x)}{\omega} = \frac{3[-qx^2 + 2(qL - P)x + qL^2 - 2Pb - 3qQ_0]}{b_0 h^2} \quad (a \leqslant x \leqslant a + d) \tag{5-5}$$

式中，ω 为梁的弯曲截面系数，$\omega = b_0 h^2/6$。

取端前顶板稳定系数 $S(x)=\sigma_t/\sigma(x)$，σ_t为直接顶的抗拉强度。$S(x)<1$ 时顶板受拉破坏，$S(x)>1$ 时顶板保持稳定。显然，$S(x)$越大，越有利于端前顶板稳定。将式(5-1)代入式(5-5)，则端前顶板稳定系数

$$S(x) = \frac{\sigma_t}{\sigma(x)} = \frac{\sigma_t b_0 h^2}{3\left[-qx^2 + 2(qL - P)x + qL^2 - 2Pb - 3a^2 \dfrac{2C\cos\varphi}{1 - \sin\varphi}\right]}, \quad (a \leqslant x \leqslant a + d) \tag{5-6}$$

将式(5-6)中影响 $S(x)$大小的参数分为如下两类：

(1) 不可控参数。q、L、a、b、b_0、h 等参数由矿井地质条件决定，在特定开采条件下为

常数。

(2) 可控参数。P、C、φ、σ_t等参数可人为调控，其中，支架工作阻力 P 可通过液压控制调整大小，煤体强度参数 C、φ 和直接顶抗拉强度σ_t可通过注浆加固等方法进行改善。

二、端面顶板稳定性影响因素

由现场数据，取 $q=0.95$ MPa，$L=10$ m，$a=2$ m，$b=5$ m。梁的宽度取单位宽度，即 $b_0=1$；h 为直接顶厚度，$h=2$ m。分别改变 P、σ_t，则在端前顶板上 $x_0=2$ m 处的稳定系数随 P、C、φ、σ_t的变化曲线如图 5-3 所示。

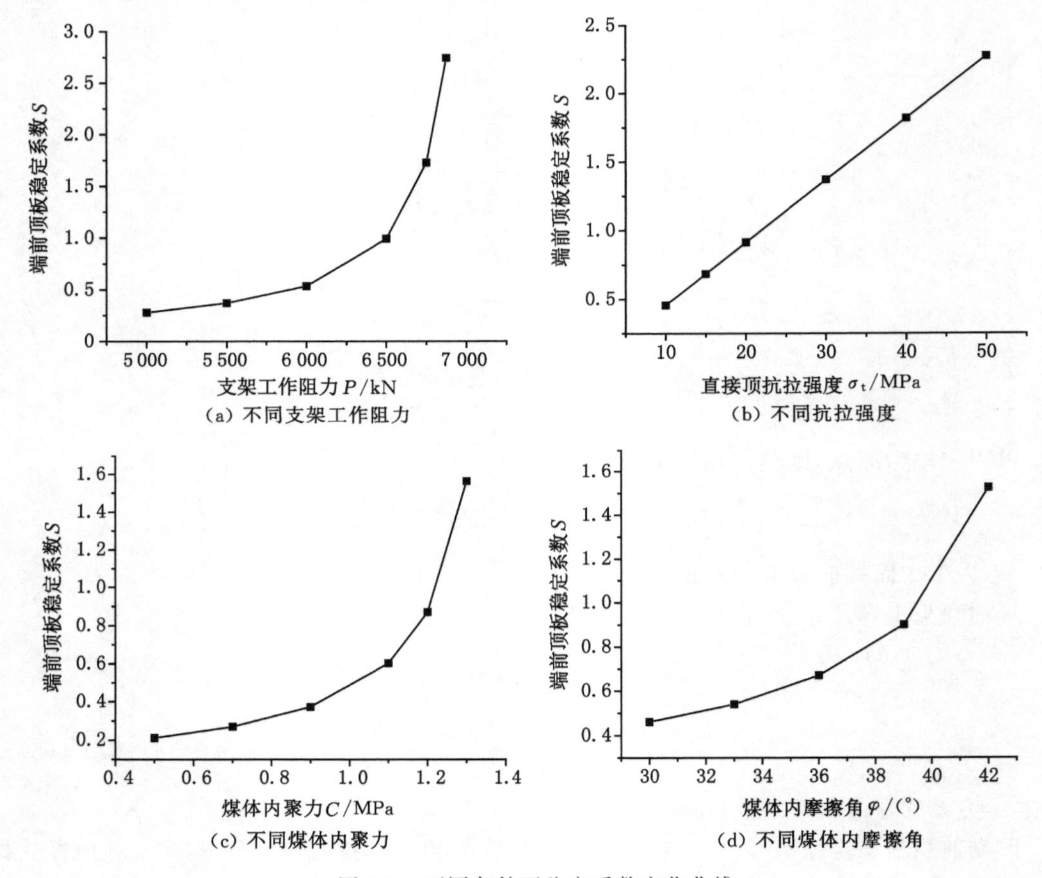

图 5-3　不同条件下稳定系数变化曲线

在图 5-3(a)中，$C=0.7$ MPa、$\varphi=30°$、$\sigma_t=6.1$ MPa。在支架工作阻力达到 6 500 kN 左右之前，稳定系数小于 1，随支架工作阻力的增加而增大，但增长较为缓慢；在支架工作阻力达到 6 500 kN 之后，随支架工作阻力的增加稳定系数大幅增长。

在图 5-3(b)中，$C=0.7$ MPa、$\varphi=30°$、$P=5\ 000$ kN。端前顶板稳定系数随直接顶抗拉强度的提升而线性增加，在直接顶抗拉强度大于 23 MPa 后，稳定系数大于 1。

在图 5-3(c)中，$\varphi=30°$、$P=5\ 000$ kN、$\sigma_{t_j}=6.1$ MPa。端前顶板稳定系数 S 随煤体内聚力 C 的增加而增加。在煤体内聚力 C 达到 1.25 左右之前，端前顶板稳定系数小于 1 且增长

速率缓慢；在煤体内聚力 C 达到 1.25 之后，S 大于 1，且 C 的小量增加可大幅提升 S 值。

在图 5-3(d)中，$C=0.7$ MPa、$P=5\ 000$ kN、$\sigma_t=6.1$ MPa。端前顶板稳定系数 S 随煤体内摩擦角 φ 的增加而增加，且增长速率也随 φ 的增加而增加。φ 在 40°左右时，$S=1$。

综上，端前顶板稳定系数 S 随着支架工作阻力 P、煤体内聚力 C、煤体内摩擦角 φ 的增加呈指数增长，随着 P、C、φ 的增加，稳定系数的增长速率也在不断增加；稳定系数 S 和直接顶抗拉强度 σ_t 之间存在线性关系，随 σ_t 的增加 S 线性增大。总体上，P、C、φ、σ_t 等增加都会提高端前顶板稳定性。

三、端面顶板稳定性数值模拟

利用 UDEC 数值模拟软件研究不同影响因素下端面顶板稳定性的情况，能够非常直观地观察到端面顶板的破坏过程，具有十分良好的适用性、可靠性以及科学性。

（一）模型建立

为了获得重复采动下不同影响因素对端面顶板的影响，以实际 17101 工作面的地质与开采条件为背景，采用 UDEC 软件模拟不同影响因素下端面顶板破坏情况。将模型视为二维问题，建立平面应变力学模型，模型长度为 100 m，宽度为 120 m，模拟工作面采深 500 m，模型煤层厚度为 4 m。模型计算边界条件：两边为固定边界条件，速率为零。初始模型如图 5-4 所示，煤岩体力学参数如表 5-1 所示，节理物理力学参数如表 5-2 所示。

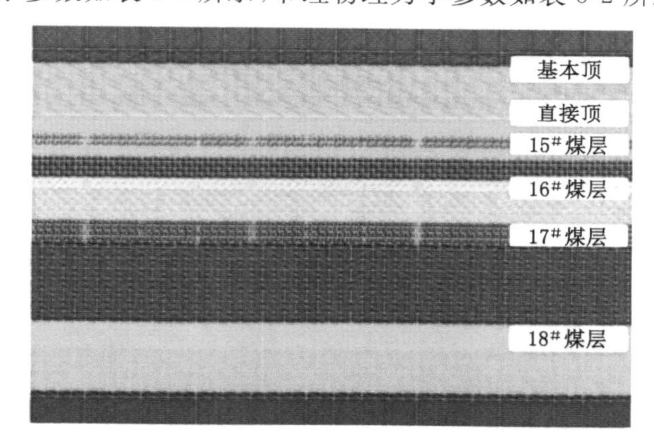

图 5-4　初始模型

表 5-1　煤岩体力学参数

岩性	密度 /(kg/m³)	内聚力 /MPa	内摩擦角 /(°)	体积模量 /GPa	剪切模量 /GPa	抗拉强度 /MPa
粗砂岩	2 368	5.84	43	10.12	9.65	5.08
中砂岩	2 500	5.9	42	7.38	6.96	4.56
粉砂岩	2 540	5.2	40	6.85	5.47	3.86
细砂岩	2 600	4.38	39	5.27	4.69	3.35
泥岩	2 550	1.24	37	4.16	2.83	3.02
煤层	1 350	0.5	30	3.95	2.2	1.04

表 5-2　节理物理力学参数

岩性	法向刚度/MPa	切向刚度/MPa	内摩擦角/(°)	内聚力/MPa	抗拉强度/MPa
粗砂岩	6 368	5 840	25	3.12	2.08
中砂岩	5 500	5 960	22	2.38	1.56
粉砂岩	4 540	4 800	19	1.85	0.86
细砂岩	3 600	4 380	18	1.27	0.75
泥岩	2 550	2 240	17	0.86	0.22
煤层	2 350	2 320	15	0.45	0.04

（二）重复采动下顶板裂隙-塑性演化情况

受重复采动影响，下位煤层顶板裂隙发育情况与塑性破坏区域，严重影响端面顶板冒落。图 5-5 为重复采动下覆岩裂隙-塑性演化图。

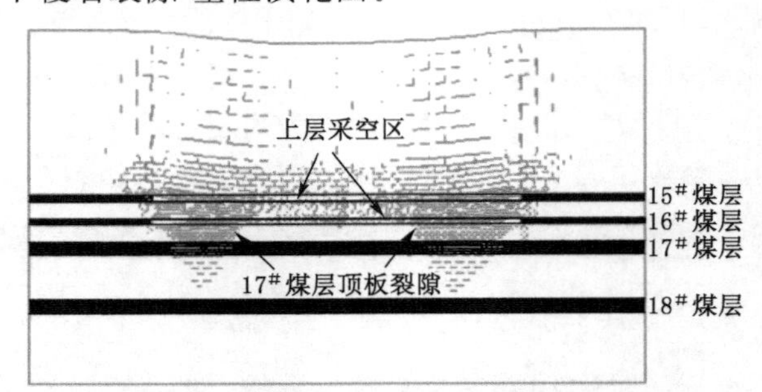

(a) 重复开采下覆岩裂隙图

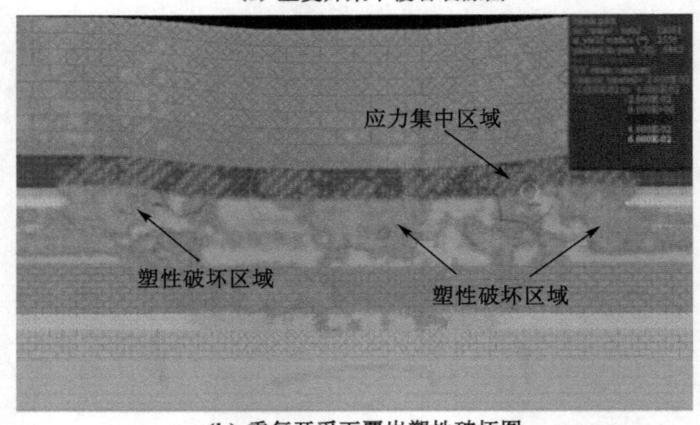

(b) 重复开采下覆岩塑性破坏图

图 5-5　重复采动下覆岩裂隙-塑性演化图

从图 5-5(a)中可以看出，近距离煤层群重复开采后，裂隙发育最大深度已经达到了 20 m左右，而且下位煤层的两端和顶板两端都出现了大量裂隙，在开采过程中既要防治端面破碎顶板的冒落，又要防治煤壁片帮引发的端面冒顶，从而保证工作面开采的顺利进行。从图 5-5(b)中可以看出，当上位煤层开采完毕后，塑性破坏区域明显增多，主要分布在采空区两端和中部位置，直接影响到下位煤层顶板，在开采下位煤层时，需要注意两端的顶板冒落，防止端面顶板的冒落影响工作面的正常开采。综上，上位煤层开采对下位煤层顶板造成

了损伤破坏，对于 17# 煤层开采过程，顶板控制尤为重要，特别是在上部采空区的两端，裂隙分布密集、塑性破坏区域集中，需要注意端面顶板冒落情况。因此，顶板-煤壁的力学性质，直接影响到二者的稳定性，需要对顶板-煤壁进行加固，增强岩体强度，防止重复采动下端面顶板失稳破坏。

（三）重复采动下顶板强度对端面冒顶的影响

受重复采动的影响，在 17# 煤层开采时，顶板和煤体都受到了不同程度的损伤，煤岩体裂隙扩展、节理发育，RQD 值变小，岩体抗拉、抗压强度都减小，在采动作用下容易引发煤壁片帮与端面冒顶事故。为了防止端面顶板冒落影响工作面正常开采，可采用注浆等手段来改变破碎顶板与围岩强度。图 5-6 所示为端面顶板加固前后的模拟情况。

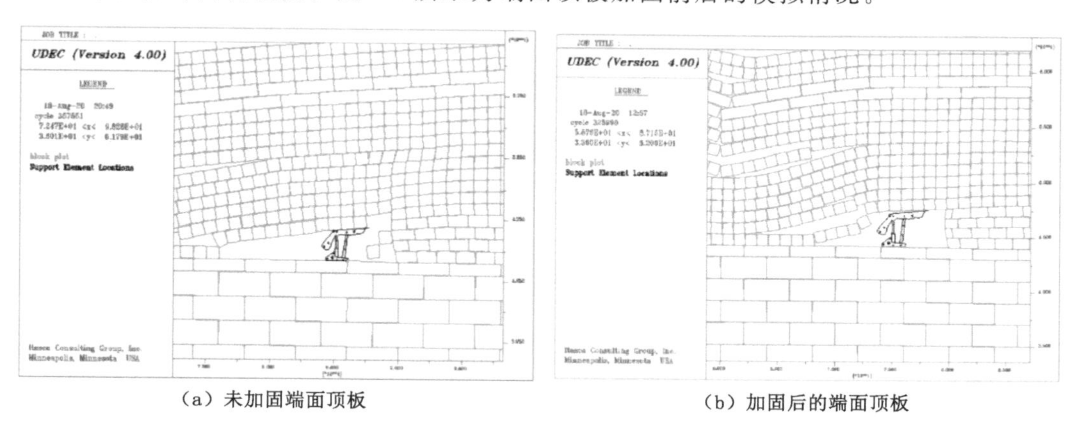

（a）未加固端面顶板　　（b）加固后的端面顶板

图 5-6　端面顶板加固前后的模拟情况图

从图 5-6(a)中可以看出，顶板未加固前，端面顶板发生局部冒落，顶板下沉量大，煤壁变形严重，发生顶板压架现象，严重影响工作面的正常开采；从图 5-6(b)中可以看出，顶板加固后端面顶板完整，顶板下沉量小，煤壁发生轻微变形，支架支护状态良好，工作面能正常生产。因此，针对局部的破碎端面顶板严重下沉，可以采用注浆等方式来提高破碎顶板的强度，从而预防端面冒顶事故发生，保证工作面安全、高效生产。

（四）不同支架工作阻力对端面冒顶的影响

对于重复开采来说，顶板已经受到了损伤破坏，而且顶板上部为破碎矸石，支架合理支护阻力既要能够支撑顶板、抵抗顶板来压和上部矸石重力，又要能够缓解煤壁压力，防止煤壁片帮与端面冒顶。在现场观测中，液压支架初撑力普遍偏低，这是造成工作面端面冒顶的重要原因之一。因此，需要确定合理的支架初撑力，防止端面顶板冒落影响工作面正常生产。图 5-7 所示为不同支架工作阻力下端面顶板冒落情况。

由图 5-7 可知，当液压支架工作阻力为 6 000 kN 时，端面冒顶高度和煤壁破坏深度均超过 0.7 m，端面顶板极易发生冒落，顶板变形严重，煤壁发生片帮，顶板控制效果很差，严重影响工作面的正常推进；当支架工作阻力为 8 000 kN 时，相对于支架工作阻力为 6 000 kN，端面冒顶和片帮程度有所降低，但由于顶板较为破碎，控制效果较差；当支架工作阻力为 10 000 kN 时，顶板相对稳定，下沉量很少，煤壁未出现片帮现象，端面冒顶和片帮得到基本控制；当支架工作阻力达到 12 000 kN 时，顶板稳定，顶板煤壁的位移变化量很小，可以看到顶板已经得到完整的控制。综上分析可知，根据本矿的实际情况，确定液压支架工作阻力

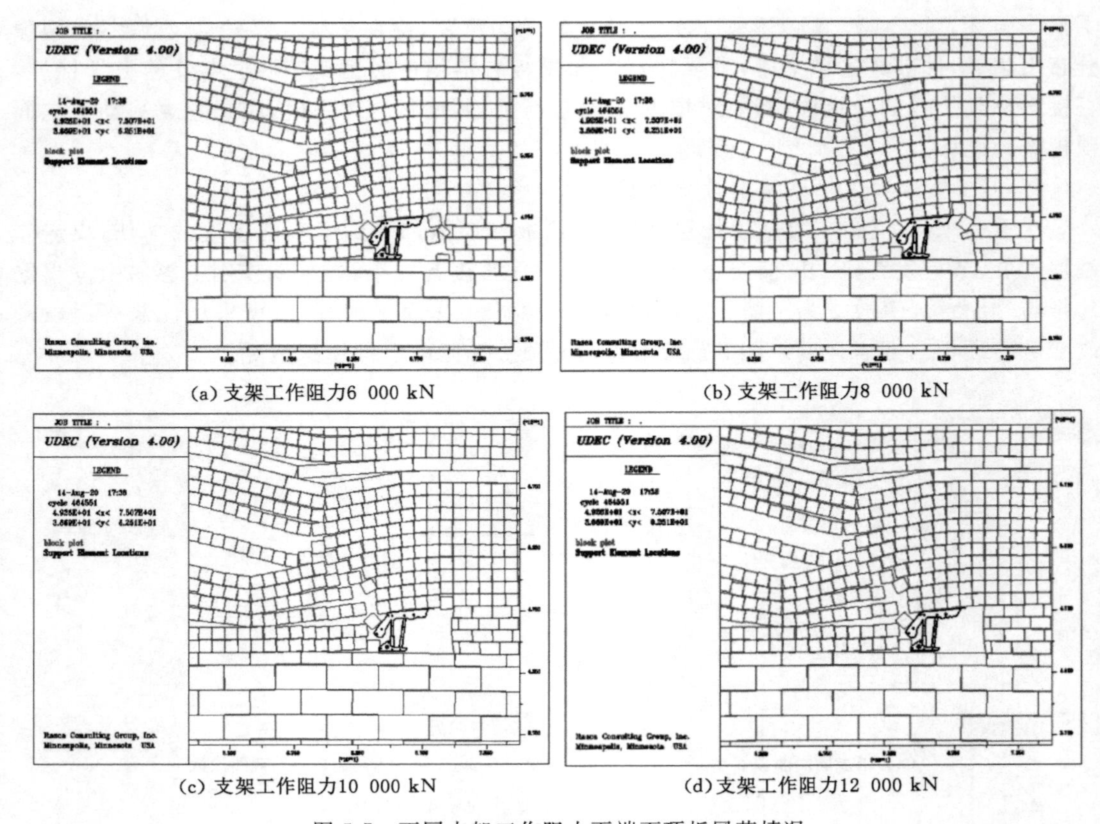

(a) 支架工作阻力6 000 kN (b) 支架工作阻力8 000 kN

(c) 支架工作阻力10 000 kN (d) 支架工作阻力12 000 kN

图 5-7 不同支架工作阻力下端面顶板冒落情况

为 10 000 kN。

（五）不同推进速度对端面冒顶的影响

工作面推进速度是影响重复采动下端面顶板稳定性的重要因素之一，掌握工作面推进速度与重复采动下端面顶板稳定性的关系，可采取合理的手段进行控制，预防端面冒顶。图 5-8 所示为不同时步对端面顶板稳定性的影响情况。

由图 5-8 和表 5-3 可知，当运算时步从 1 500 步到 2 000 步时，煤壁水平位移量和端面顶板下沉量是逐渐增加的，计算时步与煤壁水平位移量、端面顶板下沉量几乎呈线性关系。模拟过程中随着运算时步的增加，端面顶板下沉量和煤壁最大水平位移也随之增长，说明工作面煤壁片帮和端面冒顶的发生概率增加。由此说明，在工作面推进过程中，推进速度对现场施工有着极大影响，在保证施工安全的前提下，应使工作面推进速度尽可能快，尽量减少不必要的停产，从而保证端面顶板与煤壁的相对稳定，防止端面冒顶事故发生。

表 5-3 不同计算时步下端面顶板下沉量、煤壁水平位移量

时步/步	1 500	1 750	2 000
端面顶板下沉量/m	0.10	0.54	1.10
煤壁水平位移量/m	0.12	0.21	0.29

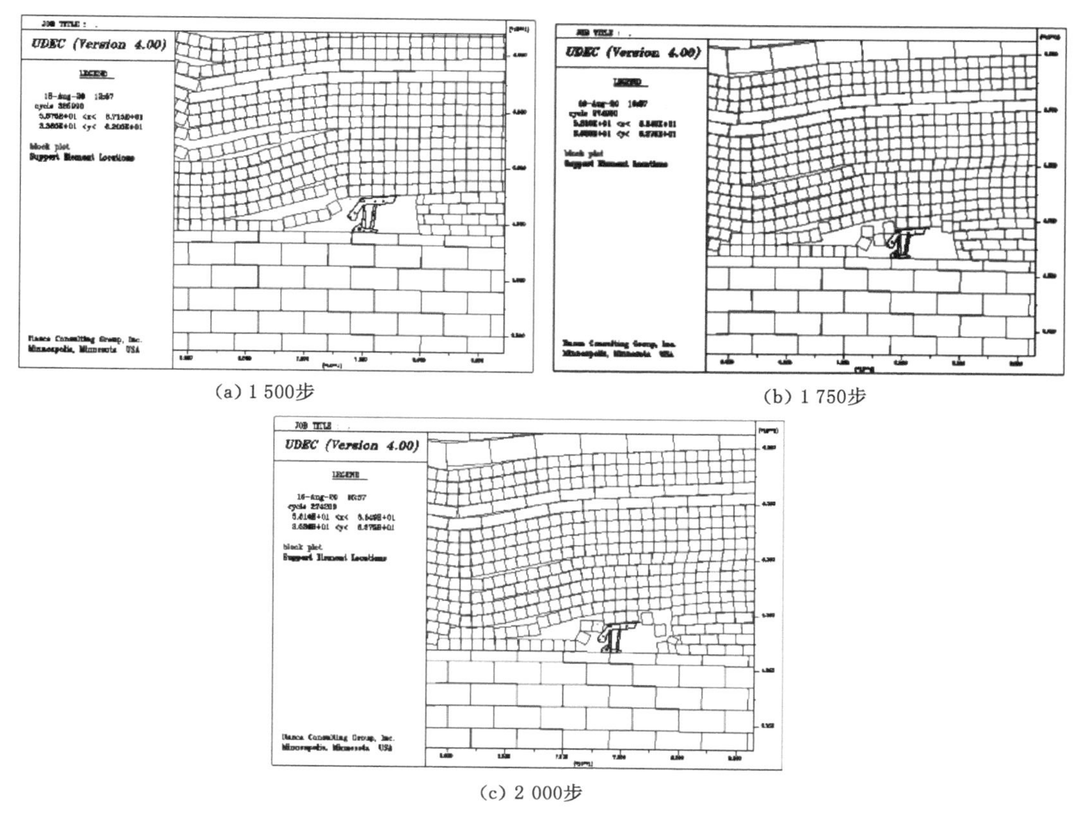

(a) 1 500步

(b) 1 750步

(c) 2 000步

图 5-8 不同时步对端面顶板稳定性的影响

（六）不同端面距对端面冒顶的影响

由前人的研究知，端面距为端面冒顶的重要影响因素，端面冒顶与端面距呈现线性相关，垮落高度随着端面距的增大而增加。在上述顶板分区中，端面顶板区域为工作面弱支护区，端面距直接影响工作面弱支护区的大小，端面距越大，工作面弱支护区越大，越容易造成煤壁片帮并引发端面顶板冒落。因此，分别模拟端面距为 0.5 m、1.0 m、1.5 m 和 2.0 m 四种条件下的支架上方端面顶板位移变化规律，分析不同端面距对重复采动下支架-围岩关系的影响。图 5-9 所示为不同端面距下端面顶板冒落情况。

由图 5-9 可知，当端面距为 0.5 m 时，端面顶板状况良好，基本没有出现顶板冒落和煤壁片帮，端面顶板控制效果较好。当端面距为 1.0 m 时，端面顶板出现略微下沉，煤壁变形量小。当端面距达到 1.5 m 时，顶板下沉量增加，煤壁变形严重，端面顶板开始出现顶煤冒落和煤壁片帮，冒高和片帮深度均为 0.75 m 左右，但是在端面形成了较好的垮落拱，且拱的两翼坡度较缓，端面控制开始出现一些困难。随着端面距逐渐增大，端面顶煤块体垮落越来越严重，煤壁片帮也进一步加大，形成的垮落拱结构也越来越不稳定。当端面距为 2.0 m 时，顶板出现大面积的垮落，煤壁片帮严重，造成顶板下沉急剧增加，端面已经难以控制，导致端面顶板冒落现象严重。因此，从不同端面距考虑，端面距越小，端面顶板越稳定，但是端面距太小也会影响到工作面的正常开采，根据本矿的地质条件考虑，为保证端面顶板的完整性和易控性，端面距应控制在小于 1.0 m。

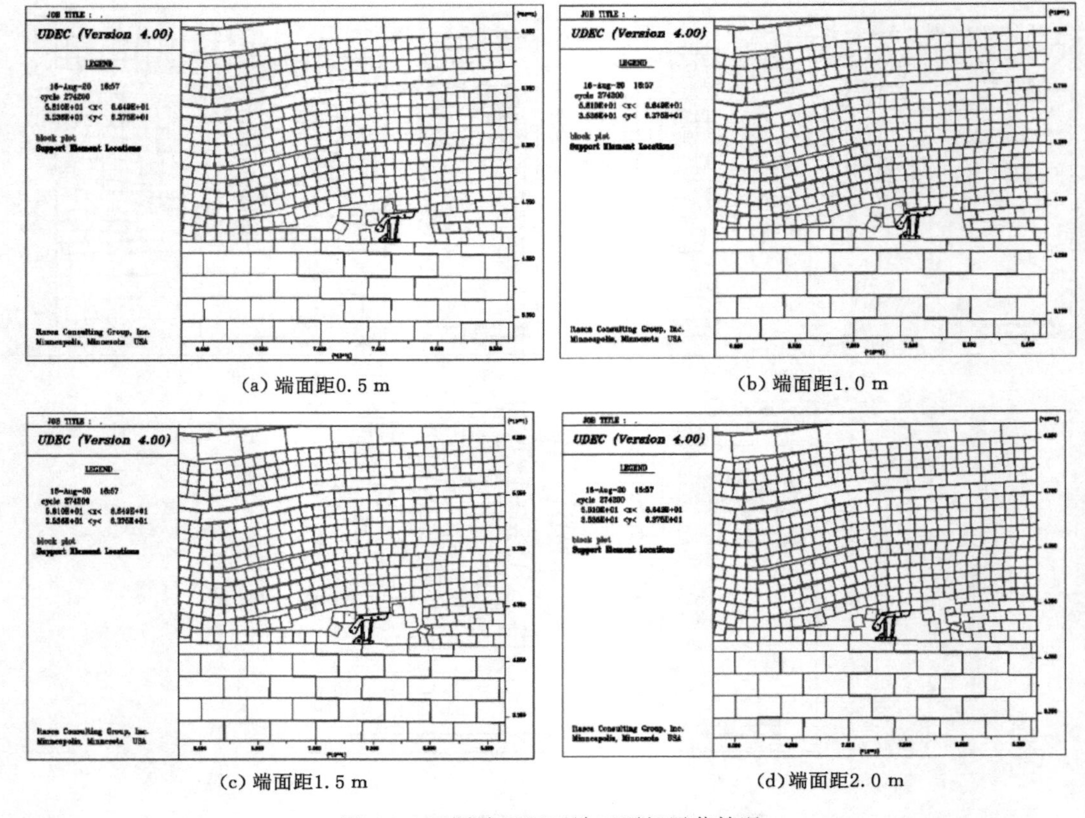

(a) 端面距0.5 m　　(b) 端面距1.0 m

(c) 端面距1.5 m　　(d) 端面距2.0 m

图 5-9　不同端面距下端面顶板冒落情况

四、基于多元线性回归的端面顶板稳定性分析

(一) 正交试验计算模型

1. 影响因素确定

对于近距离煤层群端面顶板稳定性，学者们进行了大量的研究分析，主要从以下三个方面进行：

(1) 先天因素——煤层埋深、煤层间距、煤层厚度、煤层倾角、煤体强度、原生节理裂隙、地质构造等。

(2) 可控因素——工作面长度、采高、端面距、推进速度、支架俯仰角、支架初撑力、支架梁端支护力等。

(3) 不可控因素——顶板来压、顶板压力影响、煤壁片帮、支架偏载、支架工作阻力、支架刚度等。

针对近距离煤层群端面顶板稳定性，依次分析众多的影响因素无疑是烦琐的过程，而且各因素相互之间千丝万缕的关系，使得分析结果变得模糊。所以，本书选取适当的影响因素作为指标。从端面顶板直接接触的范围来看，工作面煤壁和液压支架是端面顶板两侧的关键控制对象，通过分析煤壁、液压支架与端面顶板三者的关系，能够明确近距离煤层群端面

冒顶的影响因素，便于提出合理的控制措施。本书通过建立近距离煤层群重复采动下“端面顶板-煤壁-支架”的模型，如图 5-10 所示，结合现场观测数据，从多个方面考虑端面顶板的稳定性，选取的主要影响因素有采高、端面距、层间距、围岩强度、支架初撑力、推进速度等。总的来说，影响近距离煤层群重复采动下端面顶板稳定性的因素是多个方面的，它们之间既有相互联系，又有矛盾对立的冲突关系，而本书研究的目的就是探究如何降低不同影响因素对端面顶板稳定性的影响，通过设计合理的手段，改进其相关参数，使其相互协调，维持端面顶板稳定状态，防止受损顶板冒落，影响工作面正常生产。

对于对端面顶板弱支护区进行及时控制，本书主要从顶板围岩强度、端面距、采煤速度、支架工况等方面考虑。

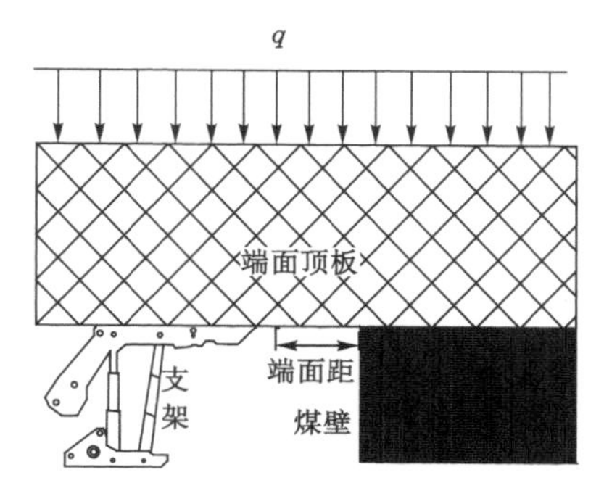

图 5-10 “端面顶板-煤壁-支架”模型

2. 正交试验设计方案

若全面考虑各种影响因素设计模拟方案，设计方案的数目将非常巨大，计算分析的工作量繁重。鉴于此，拟采用正交试验法对模拟方案中的可控因素对端面冒顶的影响进行研究。本方案考虑 6 个可控因素，每种因素取 5 个水平。试验指标为端面顶板下沉量，各因素水平值如表 5-4 所示。

表 5-4 各因素水平值

试验号	采高/m	端面距/m	层间距/m	围岩强度/MPa	支架初撑力/(10^3 kN)	推进速度/(m/d)
1	2	0.5	3	1.0	8	2
2	2.5	1.0	6	1.5	9	3
3	3.0	1.5	9	2.0	10	4
4	3.5	2	12	2.5	11	5
5	4.0	2.5	15	3.0	12	6

采用 L25(5^6) 正交试验表进行试验，计算方案如表 5-5 所示。

表 5-5　数值模拟方案

方案	采高/m	端面距/m	层间距/m	围岩强度/MPa	支架初撑力/(10^3kN)	推进速度/(m/d)
1	2.0	0.5	3	1.0	8	2
2	2.0	1.0	6	1.5	9	3
3	2.0	1.5	9	2.0	10	4
4	2.0	2.0	12	2.5	11	5
5	2.0	2.5	15	3.0	12	6
6	2.5	0.5	6	2.0	11	6
7	2.5	1.0	9	2.5	12	2
8	2.5	1.5	12	3.0	8	3
9	2.5	2.0	15	1.0	9	4
10	2.5	2.5	3	1.5	10	5
11	3.0	0.5	9	3.0	9	5
12	3.0	1.0	12	1.0	10	6
13	3.0	1.5	15	1.5	11	2
14	3.0	2.0	3	2.0	12	3
15	3.0	2.5	6	2.5	8	4
16	3.5	0.5	12	1.5	12	4
17	3.5	1.0	15	2.0	8	5
18	3.5	1.5	3	2.5	9	6
19	3.5	2.0	6	3.0	10	2
20	3.5	2.5	9	1.0	11	3
21	4.0	0.5	15	2.5	10	3
22	4.0	1.0	3	3.0	11	4
23	4.0	1.5	6	1.0	12	5
24	4.0	2.0	9	1.5	8	6
25	4.0	2.5	12	2.0	9	2

（二）数值模拟模型建立

现场观测样本的选取受到一定的限制，而且现场生产条件一般都是确定的，难以涵盖各种影响因素。为了得到更加普遍的结论，本书采用数值模拟的方法，这样可考虑各种因素的变化，从而可得出更加可靠的结论。

鉴于近距离煤层群下位煤层端面顶板在重复采动下顶板完整性已遭破坏，且裂隙较为发育，岩石强度降低，本书以研究 17101 工作面的地质条件和开采技术为背景，利用 UDEC 软件中莫尔-库仑模型建立数值模型。莫尔-库仑模型中是以剪切屈服来定义材料破坏的，而屈服应力只与最大和最小主应力有关，适用于采矿工程的地下推进等问题，所以模拟方案中选取的材料本构关系为莫尔-库仑模型。该模型所涉及的计算参数包括体积模量（K）、剪

切模量(G)、内聚力(C)、内摩擦角(φ)、密度(ρ)。

$$K=\frac{E}{3(1-2\mu)} \tag{5-7}$$

$$G=\frac{E}{2(1+\mu)} \tag{5-8}$$

式中,E 为岩体的弹性模量,GPa;μ 为岩体泊松比。

为获得有效的数值计算参数,从现场选取有代表性的围岩抽取岩样,在实验室进行系统测试。考虑岩石与岩体物理力学参数的不同,把岩石力学参数乘以相应的系数得到岩体力学参数,确定最终有效的岩体物理力学参数,并以此作为本次数值模拟的输入参数。岩体物理力学参数如表 5-1 所示。节理物理力学参数如表 5-2 所示。

(三)不同方案结果分析

1. 不同方案下的端面顶板稳定性分析

利用 UDEC 模拟软件研究不同方案下的端面顶板稳定性,如图 5-11 所示为不同方案的端面顶板稳定性情况。

根据上述设计的正交试验方案,采用 UDEC 模拟软件对各方案进行模拟,对不同方案的端面与各影响因素进行正交分析,如表 5-6 所示。

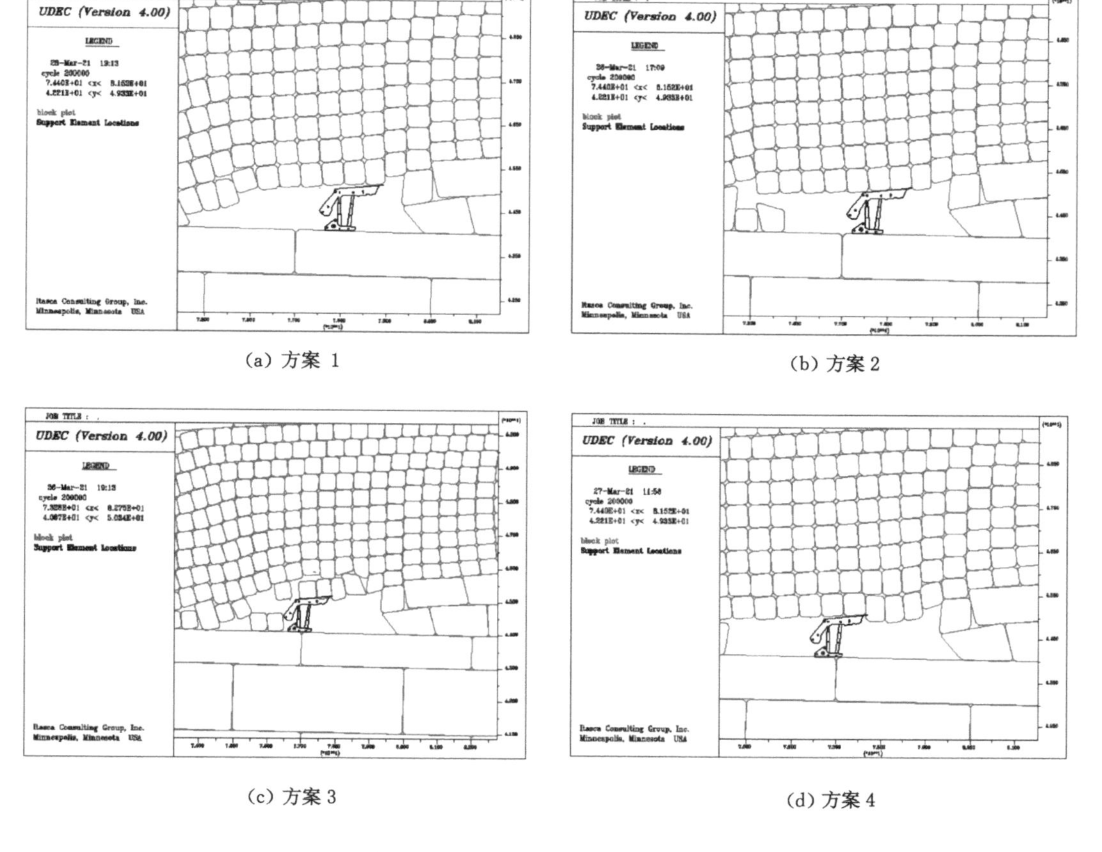

(a) 方案 1　(b) 方案 2

(c) 方案 3　(d) 方案 4

图 5-11　不同方案下端面顶板稳定性

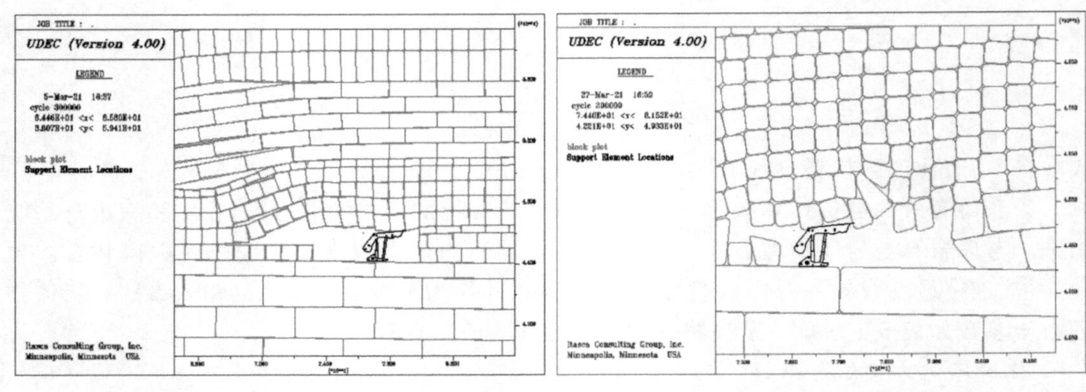

(e) 方案 5

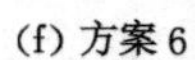

(f) 方案 6

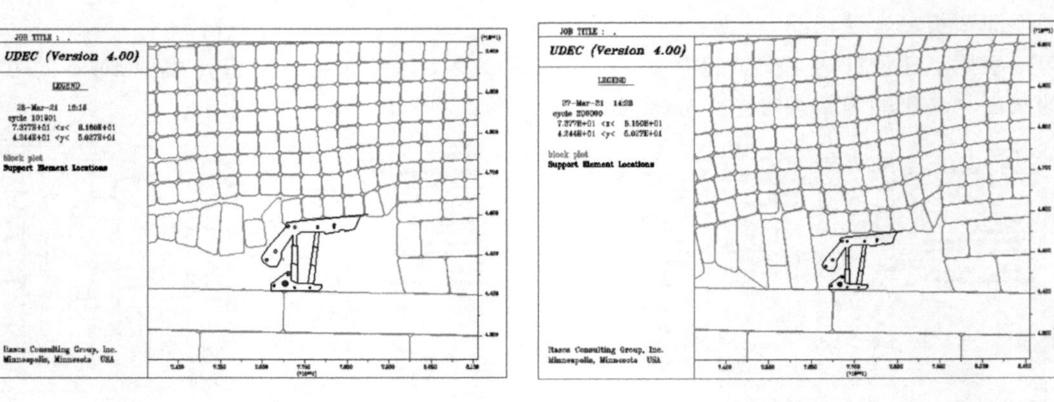

(g) 方案 7

(h) 方案 8

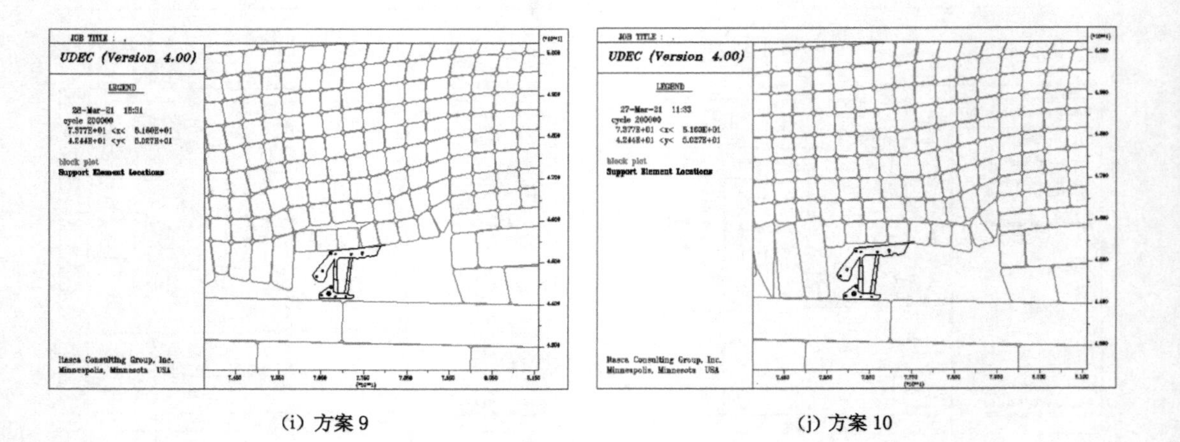

(i) 方案 9

(j) 方案 10

图 5-11(续)

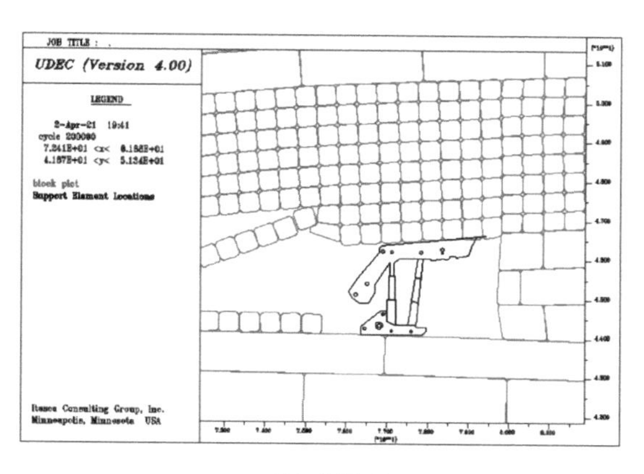

(k) 方案 11

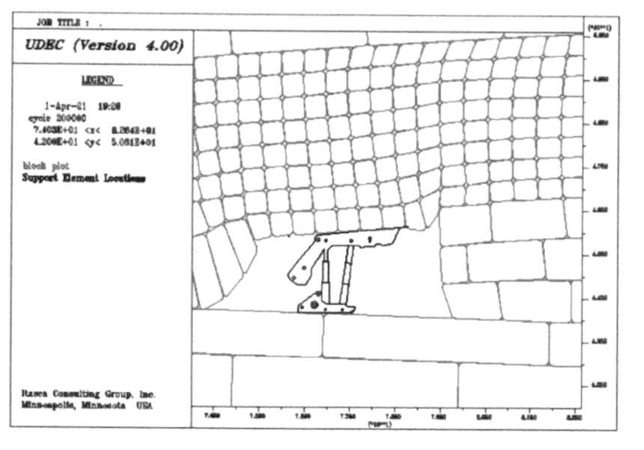

(l) 方案 12

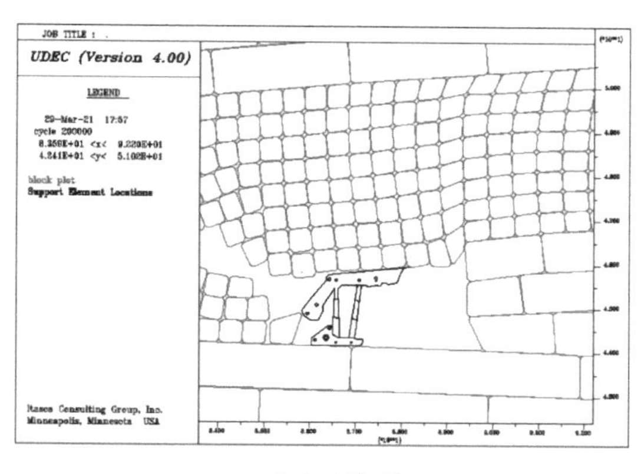

(m) 方案 13

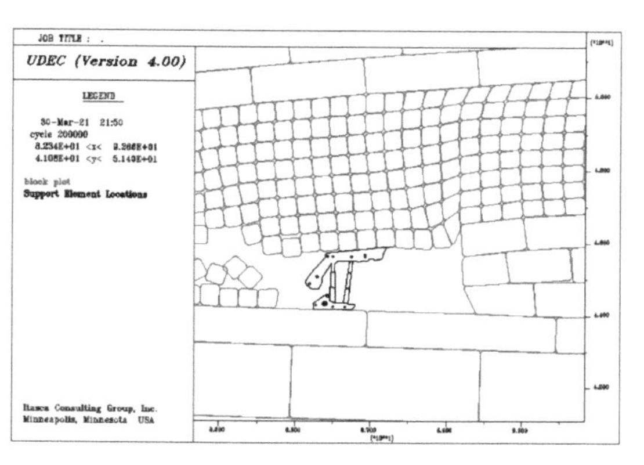

(n) 方案 14

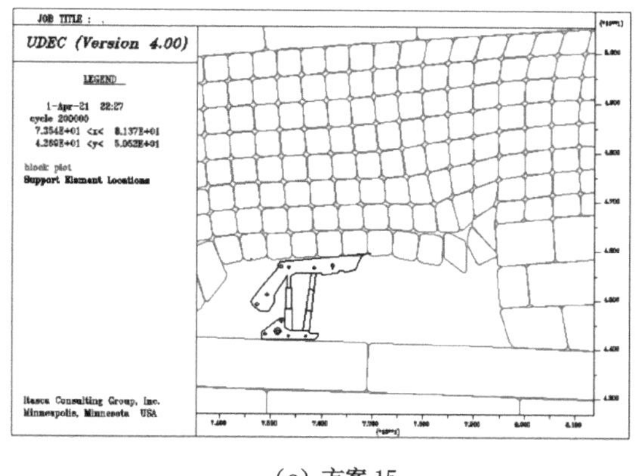

(o) 方案 15

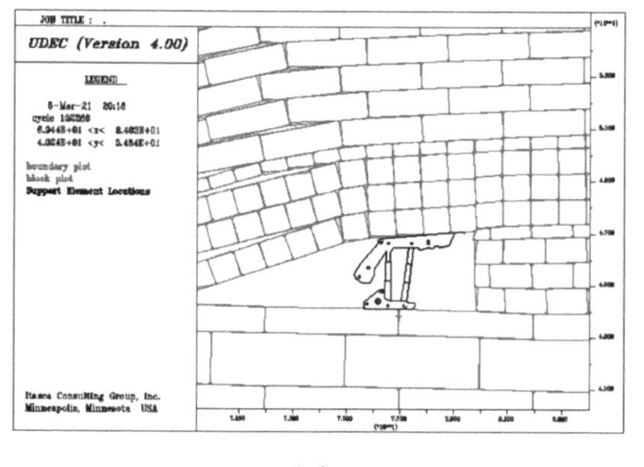

(p) 方案 16

图 5-11(续)

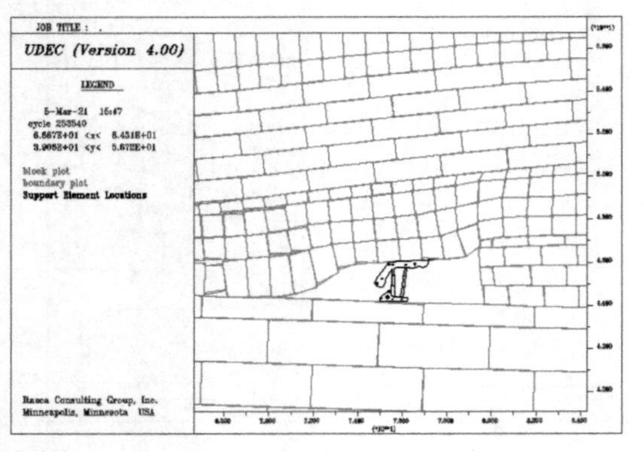

（q）方案 17

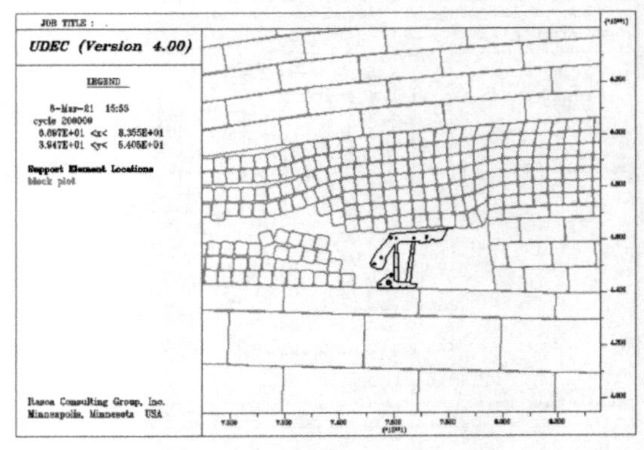

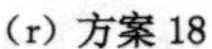
（r）方案 18

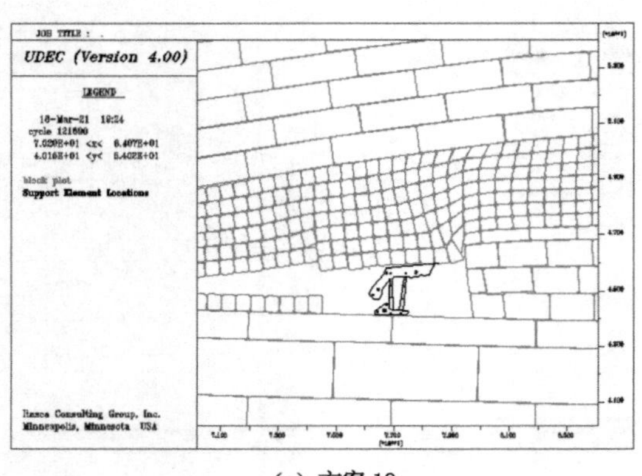

（s）方案 19

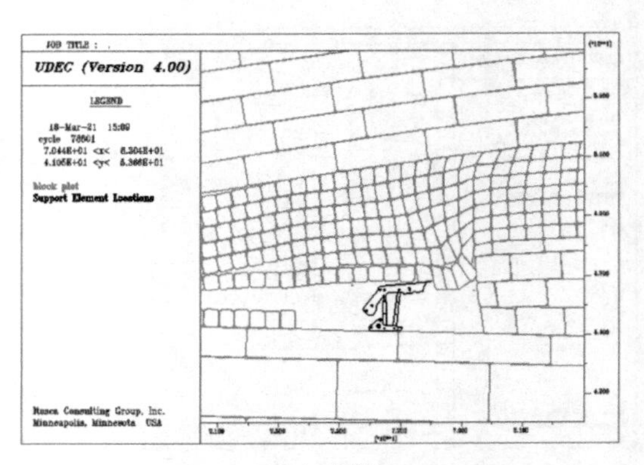

（t）方案 20

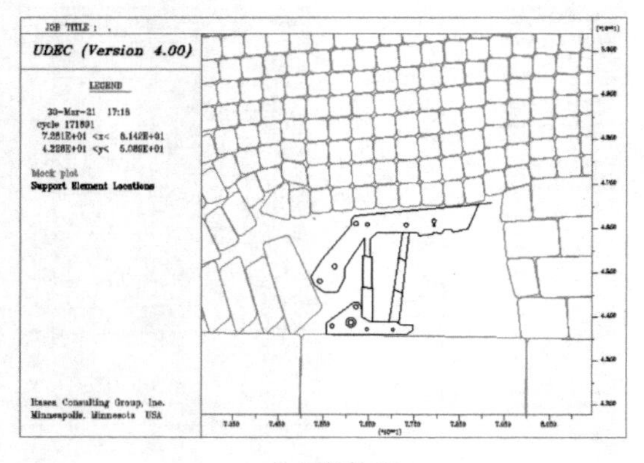

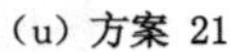
（u）方案 21

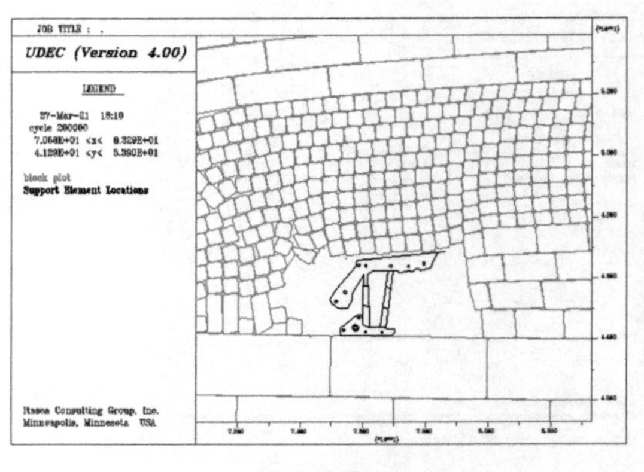

（v）方案 22

图 5-11(续)

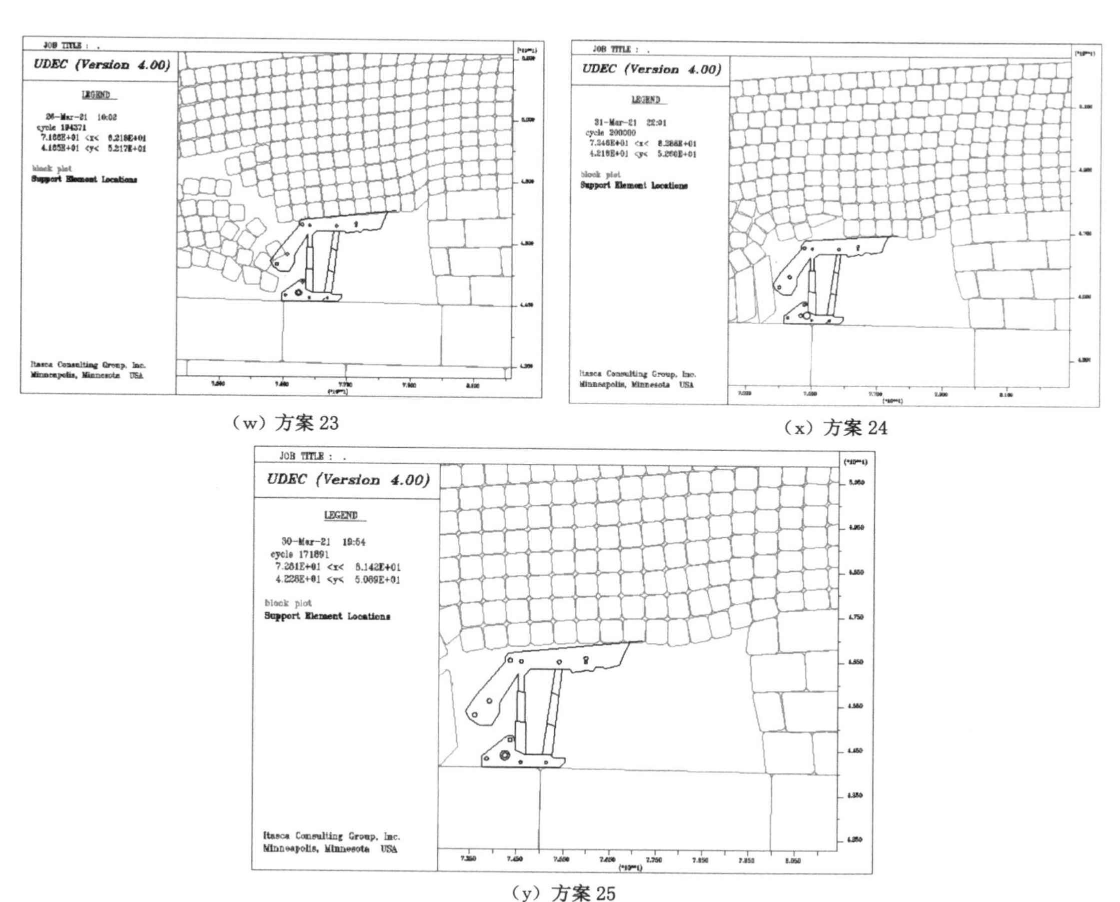

（w）方案 23

（x）方案 24

（y）方案 25

图 5-11(续)

表 5-6 不同方案下的端面顶板下沉情况

方案	采高 /m	端面距 /m	层间距 /m	围岩强度 /MPa	支架初撑力 /(10^3kN)	推进速度 /(m/d)	顶板下沉量 /m
1	2.0	0.5	3	1.0	8	2	0.5
2	2.0	1.0	6	1.5	9	3	0.4
3	2.0	1.5	9	2.0	10	4	0.4
4	2.0	2.0	12	2.5	11	5	0.6
5	2.0	2.5	15	3.0	12	6	0.7
6	2.5	0.5	6	2.0	11	6	0.4
7	2.5	1.0	9	2.5	12	2	0.4
8	2.5	1.5	12	3.0	8	3	0.6
9	2.5	2.0	15	1.0	9	4	0.6
10	2.5	2.5	3	1.5	10	5	0.8
11	3.0	0.5	9	3.0	9	5	0.3

表 5-6(续)

方案	采高/m	端面距/m	层间距/m	围岩强度/MPa	支架初撑力/(10^3 kN)	推进速度/(m/d)	顶板下沉量/m
12	3.0	1.0	12	1.0	10	6	0.5
13	3.0	1.5	15	1.5	11	2	0.7
14	3.0	2.0	3	2.0	12	3	0.7
15	3.0	2.5	6	2.5	8	4	1.0
16	3.5	0.5	12	1.5	12	4	0.5
17	3.5	1.0	15	2.0	8	5	0.6
18	3.5	1.5	3	2.5	9	6	0.7
19	3.5	2.0	6	3.0	10	2	0.8
20	3.5	2.5	9	1.0	11	3	1.1
21	4.0	0.5	15	2.5	10	3	0.8
22	4.0	1.0	3	3.0	11	4	1.1
23	4.0	1.5	6	1.0	12	5	1.1
24	4.0	2.0	9	1.5	8	6	0.9
25	4.0	2.5	12	2.0	9	2	1.3

由表 5-6 可知，随着采高的不断增加，端面顶板下沉量逐渐增大，故采高影响端面顶板下沉量；当端面距从 0.5 m 变为 1.0 m 时，端面顶板垮落高度增大，再由 2.5 m 变为 1.5 m 时，垮落高度又减小，根据模拟情况观测，端面距越小端面顶板越稳定；随着层间距增加，重复采动影响减小，顶板的损伤破坏减小，端面顶板的下沉量减小；工作面围岩强度增加，端面顶板下沉量减小，可知端面顶板下沉量与围岩强度基本呈反比，因此，必要时需强化顶板；支架初撑力越大，端面顶板垮落高度也越小，因此，在其他条件无法改变时，可适当增大支架初撑力，同时还需控制好支架的俯仰角，保证支架工况良好；工作面推进速度对端面顶板稳定性的影响为，推进速度越快，端面顶板的垮落高度越小，因此，在条件允许的情况下工作面推进速度越大越好。

一般情况下，不考虑因素间的交互作用，各影响因素水平的值变化越大，说明该因素的影响程度越大，通过极差分析可得到各因素的影响程度。R_j 代表第 j 列各方案试验指数的极差，k_{ij} 代表第 i 行第 j 列方案顶板下沉量，有：

$$R_j = \max(k_{1j}, k_{2j}, k_{3j}, k_{4j}, k_{5j}) - \min(k_{1j}, k_{2j}, k_{3j}, k_{4j}, k_{5j}) \tag{5-9}$$

对端面顶板垮落高度影响因素进行计算之后，可知每个影响因素的影响程度相差很小，最主要的影响因素是采高。然而，正交试验的因素之间可能存在有不可忽略的交互作用，或可能会忽略了对试验结果有重要影响的其他因素，因此，为得到更加准确、合理的结论，拟采用多元线性回归分析的方法，并分析各影响因素的回归系数。

2. 利用 SPSS 软件进行多元线性回归分析

回归分析(regression analysis)是探求现象之间统计关系的一种方法。现象涉及被解释变量、解释变量(因变量也叫被解释变量，自变量也叫解释变量)，通常用被解释变量、解释变量方程来表达某种相关关系。回归方程分为线性回归和非线性回归，且非线性可以化为线性来处理。本次研究采用多元线性回归分析方法，对正交试验数据进行分析，建立回归模型，对多元线性回归方程、回归系数、拟合优度进行显著性检验，判断各参数的显著与否，以及对回归模型的前提假设进行回归诊断，包括残差分析、自相关分析等。最终在样本数据范围内根据某一个或几个变量利用拟合的数学表达式预测、控制另一个变量，以及对预测、控制的精确度进行检验。

（1）回归模型建立

根据 UDEC 软件数值模拟结果，假定重复采动下端面冒顶的多元影响因素满足线性关系，可建立多元线性回归方程如下：

$$Y=b_0+b_1x_1+b_2x_2+b_3x_3+b_4x_4+\cdots+b_jx_j+\varepsilon \tag{5-10}$$

式中，Y 为因变量，代表端面顶板下沉量；$x_1,x_2,x_3,x_4,\cdots,x_j$ 为 j 个可控可测量的自变量；b_0 为回归常数；$b_1,b_2,\cdots,b_j$ 为回归系数；ε 为随机变量。

（2）回归模型分析

采用数学统计分析软件 SPSS，将模拟试验数据与结果代入 SPSS，对端面顶板稳定性数据进行处理研究，建立多元线性回归模型。回归模型的检验包括 3 个方面：对多元线性回归方程、回归系数、拟合优度进行显著性检验。表 5-7 所示为模型摘要，模型摘要表明模型拟合的大致情况。

表 5-7　模型摘要

模型	R	R^2	调整后 R^2	标准估算的误差	德宾-沃森检验值
1	0.906	0.822	0.762	0.129 06	1.570

① 拟合优度

拟合优度（R^2）用来表征回归方程对样本观测点的拟合效果，通常用样本决定系数来检验。R^2 在 0 和 1 闭区间内，其值越接近 1，拟合效果越好；越接近 0，拟合效果越差。由表 5-7 可以看出：$R^2=0.822$，调整后 $R^2=0.762$，说明回归方程对样本观测点的拟合效果好。

② 自相关分析

当构造回归方程时，有时会出现随机误差项自相关的现象，这将导致回归方程预测估计不准确、预测精度降低。本书采用德宾-沃森检验法来检验随机误差项的自相关。根据试验数据得到统计量（d）的取值范围为[0，5]。最后由临界值 d_L、d_U 对照德宾-沃森判定准则表得到随机误差项之间的关系。由表 5-7 可知，德宾-沃森检验值为 1.570，再由 $n=5$，$p=25$ 查询德宾-沃森统计量临界值表，得到 $d_L=0.756$，$d_U=1.675$ 测点的拟合效果，通常用样本决定系数来检验。$d=1.570$，且 $d_L<d\leqslant d_U$，根据德宾-沃森判定准则得出，不能判定随机误差项之间是否存在自相关。

③ 方差分析

拟合过程的方差分析结果见表 5-8。F 检验用于对回归方程的显著性检验，表示多个因素的综合影响程度，显著性值小于 0.05 时，才具有意义。利用 SPSS 软件对该模型做 F 检验，且显著性值为 0.000，小于 0.05，表明采高、端面距、层间距、围岩强度、支架初撑力、推进速度从整体上对因变量端面顶板下沉量有显著影响，存在线性关系，具有统计学意义，但不能反映每个自变量对整体的影响强弱。模型有统计学意义不等于模型内所有的变量都有统计学意义，还需要进一步对各自变量进行检验。

表 5-8 模型 1 方差分析

	平方和	自由度	均方	F	显著性
回归	0.600	6	0.230	13.811	0.000
残差	0.080	18	0.017		
总计	1.680	24			

④ 回归系数的估计

模型回归系数的估值见表 5-9，因此多元线性回归方程为：

$$Y=-0.208+0.244x_1+0.216x_2-0.007x_3-0.016x_4+0.004x_5-0.024x_6 \tag{5-11}$$

式中，Y 为因变量代表端面顶板下沉量；x_1 为采高对顶板变形量的影响；x_2 为端面距对顶板变形量的影响；x_3 为层间距对顶板变形量的影响；x_4 为围岩抗拉强度对顶板变形量的影响；x_5 为支架初撑力对顶板变形量的影响；x_6 为推进速度对顶板变形量的影响。

表 5-9 重复采动下端面顶板下沉量回归系数

模型	非标准化系数		标准化系数	t	显著性	容差	VIF
	B	标准误差					
常量	−0.208	0.250		−0.831	0.417	1.000	1.000
采高/m	0.244	0.037	0.666	6.684	0.000	1.000	1.000
端面距/m	0.216	0.037	0.589	5.917	0.000	1.000	1.000
层间距/m	−0.007	0.006	−0.109	−1.096	0.288	1.000	1.000
围岩强度/MPa	−0.016	0.037	−0.044	−0.438	0.666	1.000	1.000
支架初撑力/(10^3 kN)	0.004	0.000	0.022	0.219	0.829	1.000	1.000
推进速度/(m/d)	−0.024	0.018	−0.131	−1.315	0.205	1.000	1.000

⑤ 回归系数以及显著性检验

t 检验用于对单个自变量的显著性检验。经过 t 检验，采高、端面距、层间距、围岩强度、支架初撑力、推进速度的显著性 p 值均未超过 1，表明对回归方程有显著性影响，具有统计学意义，不能从回归方程中剔除。

⑥ 方差膨胀因子(VIF)

该数值为容忍度的倒数，VIF 的数值越大，则共线性问题越严重，当 VIF>10 时，存在较强的共线性问题。由于采高、端面距、层间距、围岩强度、支架初撑力、推进速度的 VIF 都是 1.000，则模型自变量之间不存在共线性。

⑦ 残差分析

残差分析的目的是检验试验数据的质量，诊断回归效果。在回归分析中，会有一类试验值为异常值，它们远离其他数值，表现为残差偏大，影响回归方程拟合的效果。由表 5-10 可知：标准残差<3，标准预测值<3，表明观测数据都不是异常值，不会影响回归方程拟合效果。

表 5-10 残差统计

最小值	最大值	平均值	标准偏差	个案数	
预测值	0.336 0	1.184 0	0.700	0.239 8	25
残差	−0.182 0	0.236 0	0.000	0.111 7	25
标准预测值	−1.518 0	2.018 0	0.000	1.000 0	25
标准残差	−1.410 0	1.829 0	0.000	0.866 6	25

⑧ 回归残差的散点图

回归标准化残差的散点图如图 5-12 所示。由图 5-12 可以看出：残差基本符合正态分布，多元线性回归方程拟合效果良好。

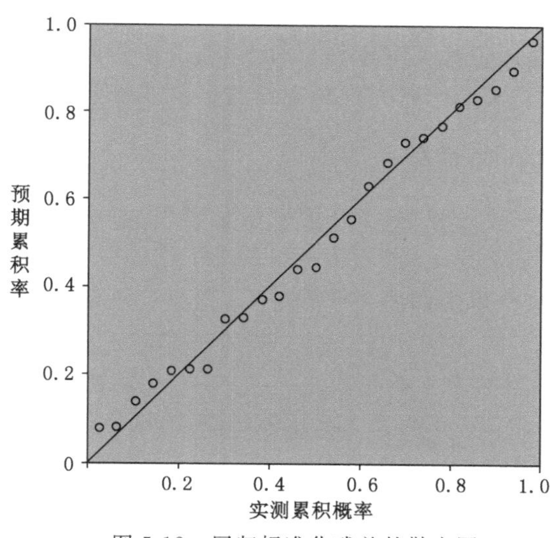

图 5-12 回归标准化残差的散点图

因此，通过多元线性回归模型分析得出的结论为：影响端面顶板稳定性的主要因素有 6 个，分别是采高、端面距、层间距、围岩强度、支架初撑力、推进速度。因为标准回归系数的绝对值反映了影响垮落的程度，绝对值越大，则表现出越大的影响程度，由表 5-9 可以看出，影响程度从大到小依次为采高、端面距、推进速度、层间距、围岩强度、支架初撑力。可认为，重复采动下端面顶板下沉量的主要影响因素是采高和端面距，次要影响因素是推进速度、层间距、围岩强度和支架初撑力。要加强各个影响因素的协调，应首先考虑从主要影响因素加以控制，如采用合理的采高、减小端面距、加快推进速度和提高支架初撑力等综合措施，其次考虑采用注浆加固端面顶板、喷浆加强围岩强度等技术，综合控制重复采动下端面顶板的稳定性，防治重复采动下端面冒顶。

(3) 模型误差分析及应用

根据重复采动下端面顶板下沉的实际值，再结合回归分析后的预测值，得出两者之间的相对误差，见表5-11。

表5-11 重复采动下顶板下沉量随机误差检验

方案	实际值	预测值	相对误差
5	0.7	0.671	4.1%
10	0.8	0.817	2.1%
15	1.0	0.918	8.2%
20	1.1	1.079	1.2%
25	1.3	1.180	9.2%

通过对重复采动下端面顶板的实际值与预测值之间相对误差的比较可知，该回归模型的最 大误差为9.2%，最小误差为1.2%，平均误差为4.96%。因此，该SPSS线性回归模型具有较高的精确度，可以用来预测重复采动下端面顶板下沉量。

通过查找现场数据资料，将其代入上述得出的回归方程求解得出顶板下沉量，经过对比可以发现，此结果与实际端面顶板下沉量差距很小，在可接受的误差范围之内，这就说明此次通过多元线性回归模型得出的回归方程具备预测重复采动下端面冒顶的实际意义。

五、端面顶板失稳防治措施

在近距离煤层群重复采动过程中，工作面顶板冒落事故的主要影响因素为顶板围岩强度、支架初撑力、端面距和推进速度，预防顶板冒落是工作面围岩控制的关键(杨培举，2009；刘长友，2008)。因此，通过对以上四个方面的研究，提出合理的防治措施，对重复采动下端面顶板的冒落进行防治。

(一) 提高液压支架初撑力与支护阻力

本矿井工作面前期选用ZY8000/22/48型液压支架，额定初撑力为7 752 kN，额定工作阻力为8 000 kN，支护强度为1.0～1.35 MPa。对17101工作面支架阻力进行观测，观测记录频率为每天一次。在现场观测中发现，液压支架初撑力普遍偏低，这是17101工作面煤壁片帮和端面冒顶的重要原因。因此，为了有效地控制工作面端面冒顶事故，要提高支架的初撑力与支护的工作阻力，应从以下几个方面加以改进：

(1) 在液压支架设计时，将前柱工作阻力设计得比后柱大。在工作阻力不变的情况下，提高支架前柱的支撑能力，可以提高支架的支护效率，进而改进支护效果。

(2) 加强支护质量监测，提高乳化液泵站的工作阻力，及时对液压支架进行二次注液，保证工作面的液压支架达到足够的初撑力和合理的支护阻力，提高支架-顶板的整体稳定性，减小煤壁压力，以提高支架-顶板-煤壁体系的整体刚度，确保良好的支架位态，防止端面冒顶引发灾害。

(3) 正确操作支架。在移架伸柱之后，不要立即把伸柱手把打回零位，支架操作人员应观察支架的压力表，保证充足的作业时间，达到正常的初撑力，或者采用电液阀控制，保证支架达到足够的初撑力，充分利用支架的初撑力，及时有效地支护顶板，防止端面冒顶的发生。

（二）增加顶板与围岩的强度

重复采动过程中顶板与煤体都受到损伤破坏，顶板与煤壁强度降低，容易出现支架前端顶板失稳，引发顶板垮落与煤壁片帮等灾害，造成采场无法正常生产。因此，需要增加顶板与煤体的强度。针对小范围的局部端面冒顶事故，采用注浆进行控制，利用罗克休和马丽散等快速膨胀材料充填垮落顶板，可以大大增强顶板的完整性和强度，起到控制重复采动下的工作面端面顶板破碎作用。图 5-13 所示为注浆增加顶板与围岩强度示意图。

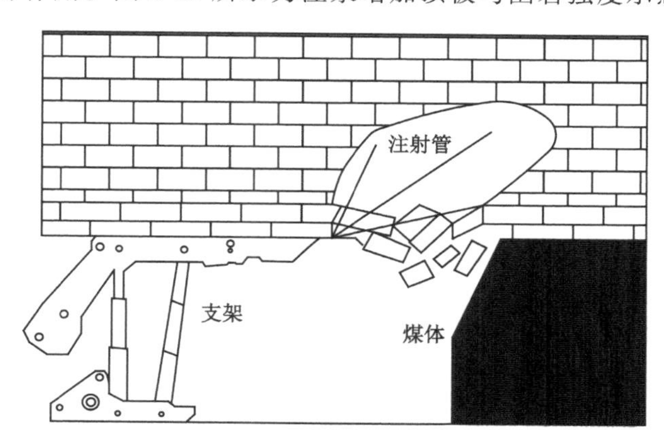

图 5-13　增加围岩强度示意图

然而，对于端面冒顶区域大、范围广，顶板破碎严重的情况，上述方法效果不佳且成本高。如果冒顶范围大、顶板受损严重，主要采用钢丝网和浆液共同作用实现加固破碎顶板，浆液能够通过渗透作用充填破碎围岩体中裂隙，从而加固煤岩体强度；钢丝网固定在煤岩体中，形成了一个具有一定承载能力的空间网格结构，作为破碎顶板新的加固层。图5-14所示为重复采动下破碎顶板加固平面示意图。

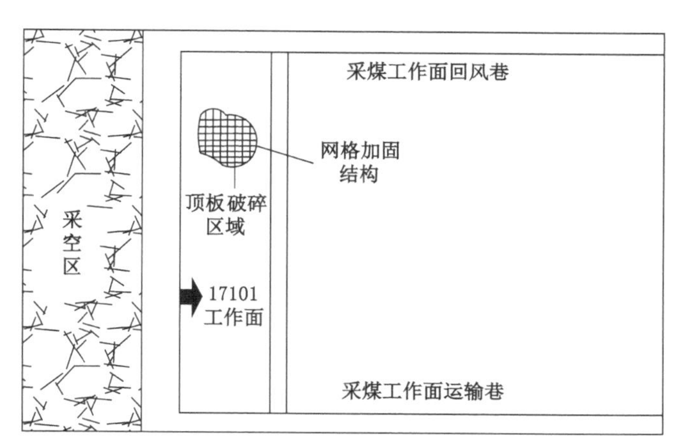

图 5-14　重复采动下破碎顶板加固平面示意图

（三）减小端面距

模拟结果发现，减小液压支架前端的空顶区域，有利于增强采场端面顶板的稳定性，从而防止采场发生煤壁片帮和端面冒顶等灾害。依据现场实际观测情况，应从以下几个方面来控制端面距，以保证端面顶板、煤壁的稳定性：

(1) 控制采煤机截割深度。根据数值模拟结果采煤机的截深应控制在 1.0 m 以内。

(2) 及时支护新暴露出来的端面顶板。

(3) 保证采煤机开采出来的顶板平整，液压支架应该处于微仰状态，从而减小空顶面积。

(4) 采用柔性恒阻锚索棚支护，解决工作面端面距加大，造成端面破碎严重，极易发生端面冒顶的难题。

（四）控制推进速度

模拟结果表明，工作面推进速度对端面顶板稳定性具有明显的影响，工作面推进速度越慢，采场顶板下沉现象越严重。因此，控制工作面推进速度可以有效减小端面冒顶事故发生的概率。采场生产应该严格按照正规循环作业图表进行，并且采取合理有效的防治措施，保证工作面快速顺利回采，确保端面顶板的稳定可靠。在工作面的实际开采中，应加强对工作面推进速度的控制，合理安排工作面推进，从而防止出现端面冒顶及煤壁片帮，减少各种采场事故造成的停产。

通过以上措施在现场的应用，17101 工作面的端面冒顶得到了有效的遏制，工作面可以进行正常开采，但这些措施还不尽完善，有待改进，仍需继续研究，为现场提供方便快捷的端面顶板控制手段，为近距离煤层群安全、高效开采提供技术保障。

第二节 近距离煤层群开采煤壁稳定性分析与控制

一、煤壁破坏特征

许多学者从不同角度对大采高开采工作面煤壁片帮的机理进行了研究，认为煤层一般是有节理、裂隙的损伤体，当煤体受到较大的顶板压力作用时，不但会使煤层原有的裂隙扩大，而且会使相邻裂隙互相连接，引起片帮。王家臣教授分析了极软厚煤层煤壁片帮与防治机理，他认为煤壁的破坏主要表现出两种形式：拉裂破坏与剪切破坏（王家臣，2007），如图 5-15 所示。

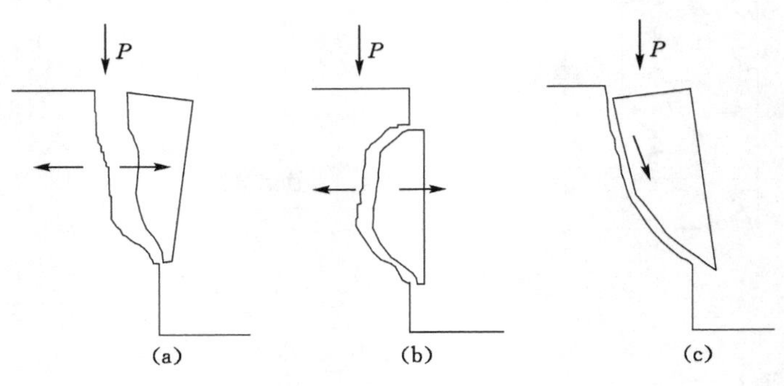

图 5-15 煤壁片帮破坏形式

该理论认为，对于软煤层而言，在煤体自重及顶板压力作用下，煤壁内会产生横向的拉应力，但是软煤层的横向及蠕动变形会释放或缓解由于压缩而产生的横向拉应力，最终由于煤壁内的剪应力大于抗剪强度而发生剪切滑动破坏。通过简化滑移的曲面为平面，按照莫尔-库仑强度理论，建立了煤壁剪切破坏力学模型，并建立了相应的煤壁剪切破坏准则：

$$G = Ch\sec\alpha + (qh + h^2\gamma/2)(\sin\alpha\tan\varphi - \cos\alpha)\tan\alpha \leqslant 0 \tag{5-12}$$

式中，C 为煤体内聚力；φ 为煤体内摩擦角；N 为剪切面上的法向力；S 为剪切面上的剪力；h 为剪切面破坏高度；q 为顶板载荷集度；α 为剪切面与煤壁的夹角。

由第二章的研究可知，17# 煤层煤样在单轴压缩状态下破坏形式主要表现为剪切破坏，从顶部直接贯穿到底部，整个试件高度上都发生破坏，且主破坏面周围有很多次生裂纹，试件破坏过程中，次生裂纹会进一步扩展、发育。受重复开采扰动的影响，煤壁煤体裂隙比较发育，煤体强度变得更低，在相同顶板压力作用下煤壁更容易发生破坏，破坏形式表现为软煤的剪切破坏。

二、煤壁稳定性影响因素

影响 17# 煤层工作面煤壁片帮的影响因素很多，下面分别从煤质特性、地质因素、采煤工艺等方面分别论述。

（一）煤质特性

煤层松软时，顶板稍有压力就能压垮煤壁，发生煤壁片帮现象。如果煤层硬度大，在顶板完整性较好的情况下，也容易发生煤壁片帮现象，尤其是在节理裂隙发育的情况下更是如此。由第二章的研究可知，17# 煤层为软弱煤层，在 17101 大采高工作面开采过程中，煤壁片帮破坏与端面冒顶现象严重。

（二）地质因素

煤层中节理、裂隙发育时，容易发生煤壁片帮现象。这是由于节理、裂隙在煤层中形成了弱面，降低了煤层强度，使煤体结构变得相对松散，容易从煤层上脱落。尤其是大量横向节理的存在，在支承压力作用下使裂隙贯通，往往形成煤体片落的自由面。该矿所在井田内地质构造复杂，断层、褶曲分布广泛，在开采过程中煤层片帮事故时有发生。

（三）采煤工艺

该矿煤层开采属于近距离煤层群开采。目前，15# 与 16# 煤层已经开采殆尽，正在回采 17# 煤层，17101 是 17# 煤层首采工作面，采深约 500 m，采用综合机械化大采高一次采全高后退式开采。工作面长度 150 m，推进长度 1 000 m。上位 15# 和 16# 煤层开采时便已经对下位 17# 煤层顶板造成了一定程度的破坏，所以在进行开采的过程中来压规律不明确，导致支架工况不清，超前支护范围难以确定。由第三章的研究发现，虽然 17# 煤层开采时顶板来压不强烈，但由于上覆岩层中不同层位出现三种来压现象，来压较为频繁，这也是近距离煤层群重复采动下煤壁容易发生片帮的一个原因。

（四）顶板垮落

煤壁片帮在综采工作面不是孤立存在的，往往是与梁端顶板垮落一起发生。实践证明，片帮往往引起冒顶，冒顶扩大又会引起片帮加剧，两者相互影响形成恶性循环，严重影响安全生产。在 17# 煤层开采过程中，由于反复扰动，工作面端面顶板比较破碎，容易出现端面冒落，端面冒顶增大了无支护空间，进一步诱发煤壁片帮。

（五）支架支设

采煤机运行速度较快，可超过 10 m/min，而移架速度较慢，跟不上采煤机的运行，造成移架滞后，不能及时打开护帮板，保护新暴露的煤壁，这也加剧了煤壁的片帮现象。通常，在采煤机通过后易发生片帮现象，也易发生架前冒顶事故。若顶板在架前冒落，导致支架对直接顶控制变差，就会加剧煤壁片帮。

三、煤壁片帮数值模拟

为了获得重复采动下大采高工作面煤壁破坏情况，以近距离煤层群地质与开采条件为背景，采用 UDEC 软件模拟不同推进距离下煤壁破坏情况。数值模型如图 5-16 所示，煤岩体力学参数及节理物理力学参数分别见表 5-1 和表 5-2。

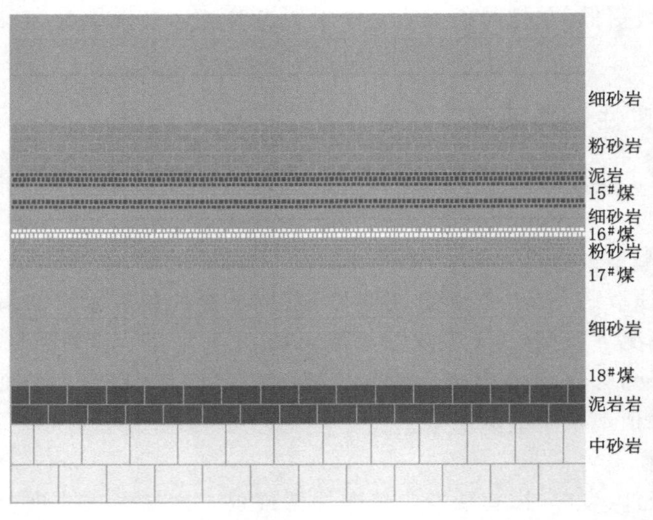

图 5-16 数值模型

（一）17# 煤层单层开采

15#、16# 煤层未开采，仅开采 17# 煤层，不同推进距离下工作面煤壁稳定性如图 5-17 所示。

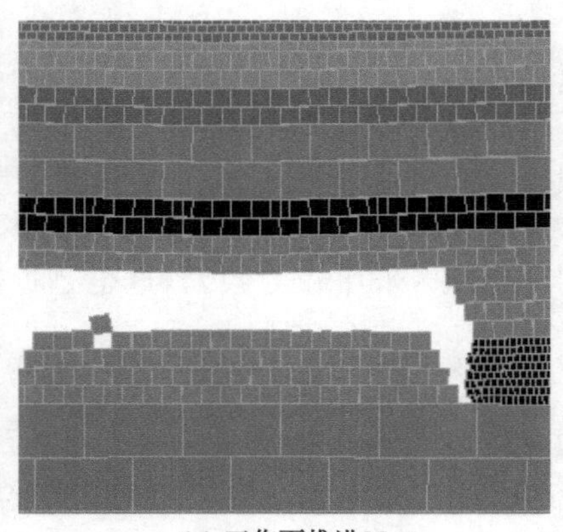

(a) 工作面推进25 m

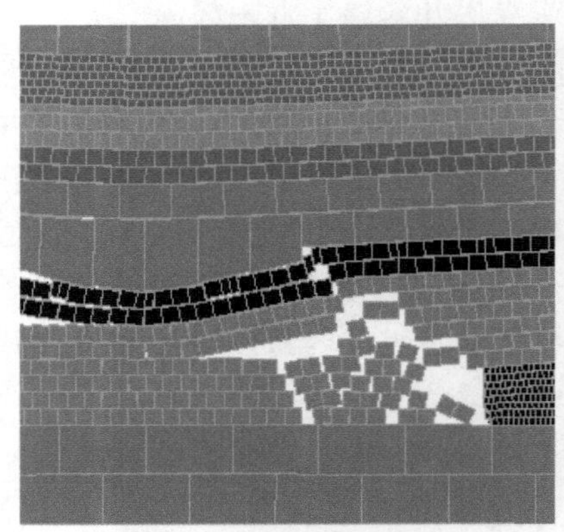

(b) 工作面推进40 m

图 5-17 不同推进距离下煤壁稳定性

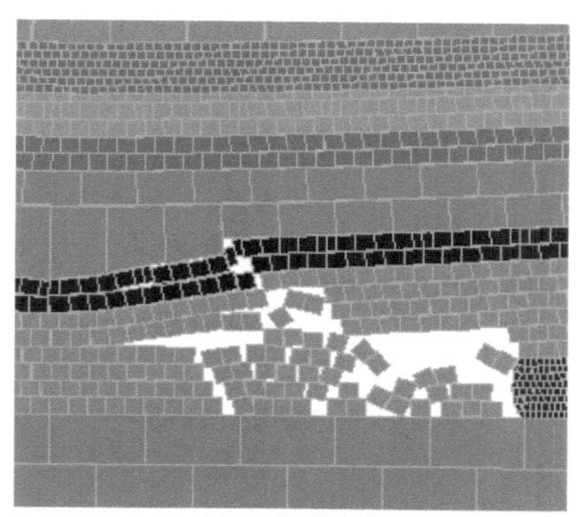

(c) 工作面推进55 m

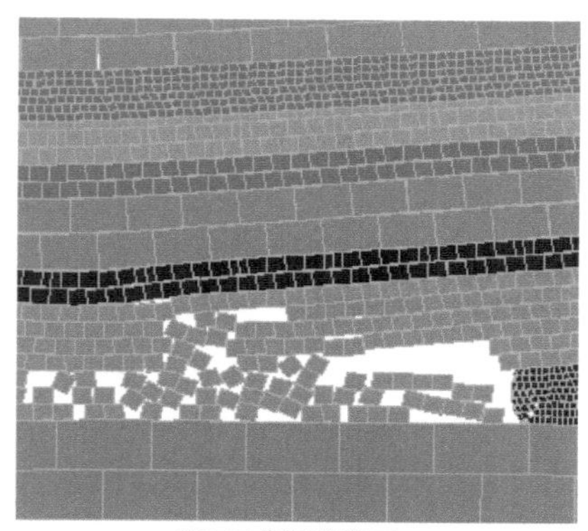

(d) 工作面推进70 m

图 5-17(续)

由图 5-17 可以看出，当工作面推进 30 m 时，直接顶大范围垮落，煤壁虽然有一定变形，但仍保持稳定；当工作面推进 40 m 时，基本顶产生初次来压，此时煤壁依然保持稳定；当工作面推进 55 m 时，基本顶产生第一次周期来压，煤壁变形有所增加，但仍未发生破坏；当工作面推进 70 m 时，在靠近底板附近，煤壁出现了小范围破坏，但整体高度上仍然保持稳定。因此，只进行 17# 单一煤层开采，煤壁不会出现片帮事故。

（二）15# 煤层已采、16# 煤层未开采

15# 煤层已采、16# 煤层未开采，开采 17# 煤层，不同推进距离下工作面煤壁稳定性如图 5-18 所示。

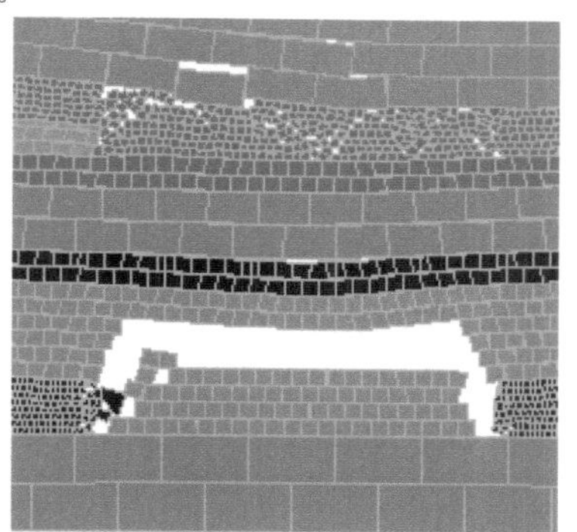

(a) 工作面推进25 m

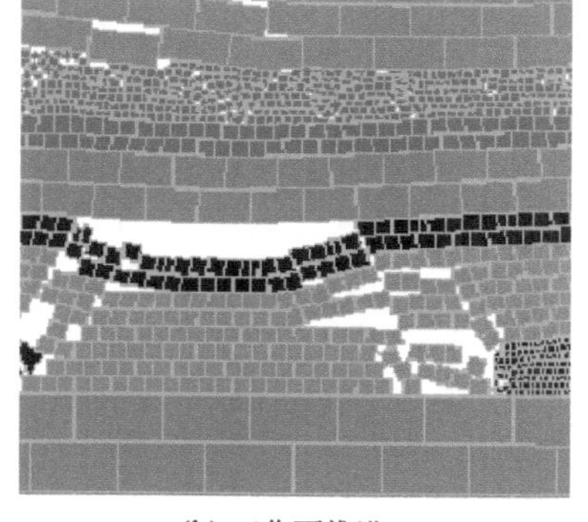

(b) 工作面推进35 m

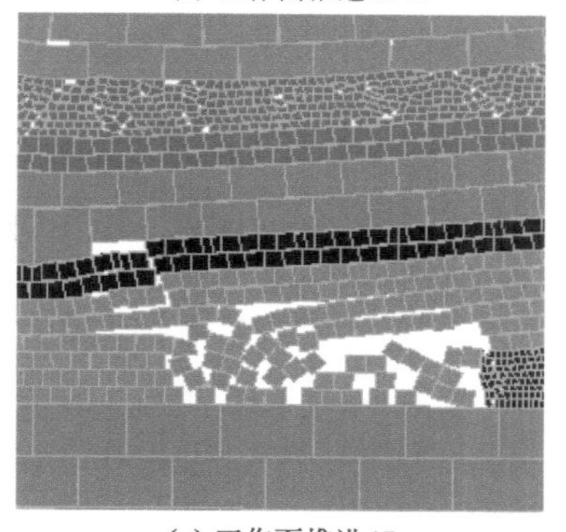

(c) 工作面推进45 m

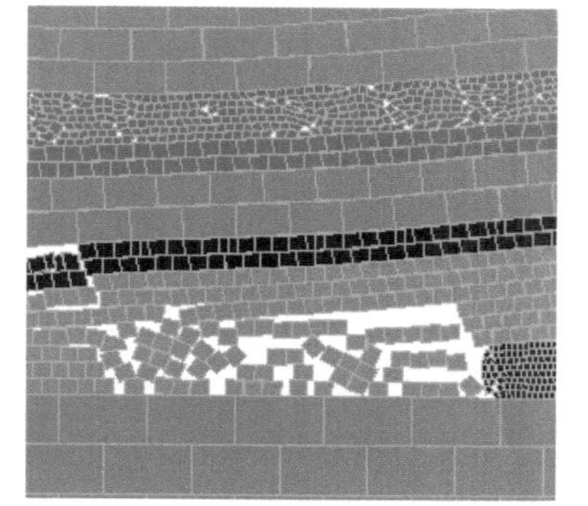

(d) 工作面推进60 m

图 5-18　仅受 15# 煤层采动作用下煤壁稳定性特征

由图 5-18 可知，受 15# 煤层采动影响，当工作面推进 25 m 时，直接顶发生大范围垮落，煤壁虽然保持稳定，但变形较大；工作面推进 35 m 时，基本顶产生了初次来压，此时煤壁出现小范围破坏；当工作面推进 45 m 时，煤壁中上部出现一定程度破坏；当工作面推进 60 m 时，煤壁整体高度上出现一定程度片帮，最大片帮深度 0.9 m。因此，受 15# 煤层采动影响，17# 煤层开采过程中，工作面推进一定距离后，有煤壁会出现片帮，但片帮程度不是很严重。

（三）15#、16# 煤层已采

15#、16# 煤层已采，开采 17# 煤层，不同推进距离下工作面煤壁稳定性如图 5-19 所示。

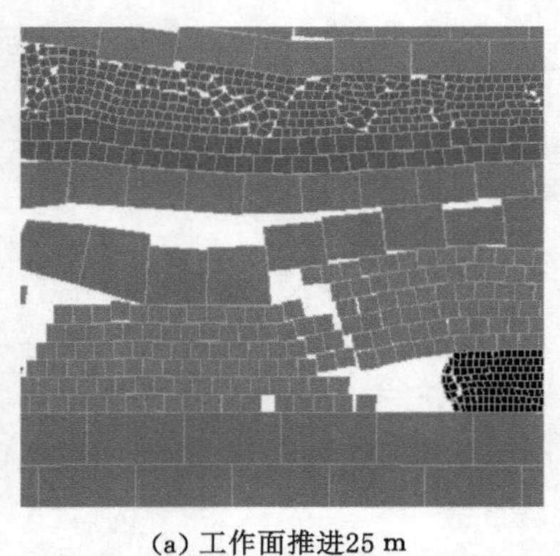

(a) 工作面推进25 m

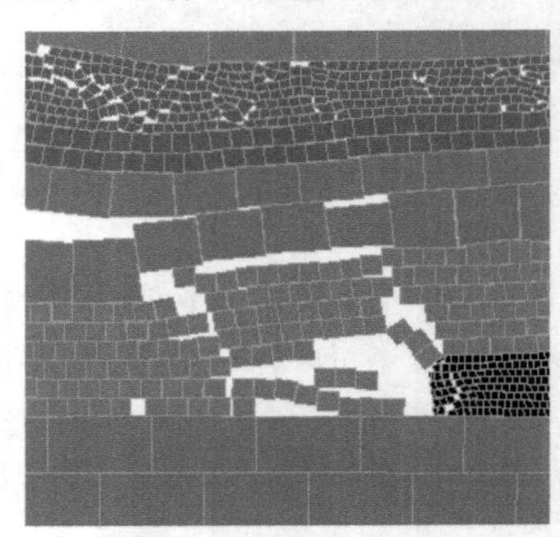

(b) 工作面推进30 m

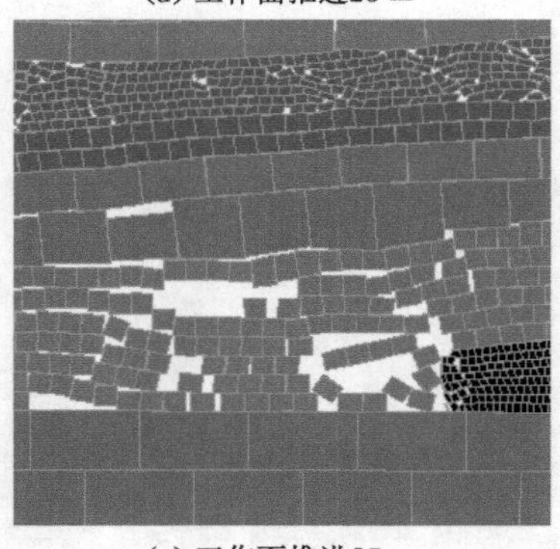

(c) 工作面推进35 m

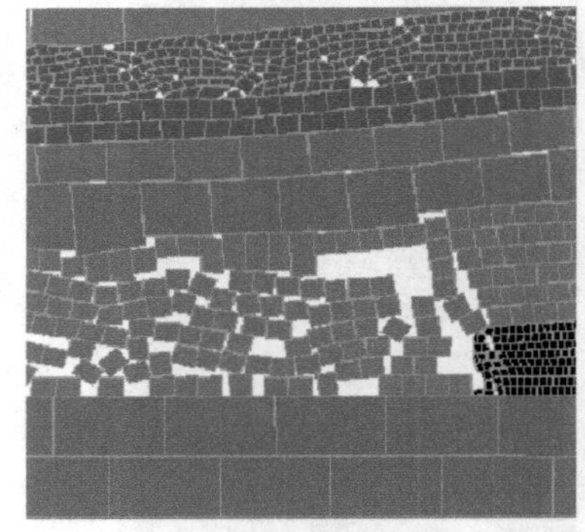

(d) 工作面推进40 m

图 5-19　15#、16# 煤层已采情况下不同推进距离下煤壁稳定性

由图 5-19 可知，受 15#、16# 煤层重复采动影响，覆岩裂隙比较发育，当工作面仅推进 25 m 时，直接顶就发生大范围垮落，垮落高度与垮落面积都较前两者大很多，煤壁发生破坏，最大破坏深度 0.6 m；工作面推进 30 m 时，基本顶产生初次来压，煤壁整体高度上都出现了破坏，最大破坏深度为 1.5 m；当工作面推进 35 m 时，基本顶产生第一次周期来压，煤壁同样出现了破坏，最大破坏深度为 1.2 m；随着工作面推进，工作面每推进 5 m，出现一次来压现象，煤壁片帮与端面冒顶随之发生。因此，受 15#、16# 煤层重复采动影响，顶板来压比较频繁，加之煤体裂隙比较发育，煤壁片帮现象频繁发生，且片帮程度较为严重，表现为整体高度上的剪切破坏。

四、煤壁片帮防治措施

通过对煤壁稳定性影响因素和煤壁片帮的数值模拟分析，可以归纳得出煤壁片帮的影响因素是作用在煤壁上的顶板压力、围压以及煤体本身的强度，而作用在煤壁处的顶板压力与采高、支架支护强度、开采角度、推进速度等因素有关。因此缓解煤壁压力、提高煤体强度、提高护帮板的使用效率、及时支护以及优化工作面开采工艺等是防止煤壁片帮的关键，基于此，可从煤壁发生破坏及煤壁破坏体发生失稳的内部与外部影响因素方面对煤壁片帮进行综合防治（弓培林，2006；王家臣，2015；宁宇，2009）。

（一）煤壁片帮综合防治措施

1. 提高煤体强度

通过提高煤体物理力学性质，能从根本上降低煤壁破坏深度及煤壁破坏体发生失稳的概率。主要采用向煤壁进行柔性加固（棕绳＋注浆）、超前预注浆（注入高水材料或水泥-水玻璃等材料）等支护技术（杨胜利，2015；王兆会，2015），提高煤体的物理力学性质，降低煤壁的破坏深度及煤壁破坏体发生片帮失稳的概率；针对极软松散厚煤层，通过煤壁注水，能够提高煤壁塑性区煤体内聚力和抗剪强度，降低抗压强度，降低工作面前方煤体的破坏深度。

2. 提高液压支架工作阻力及护帮板使用效率

液压支架既要能支承顶板、抵抗住顶板来压，又要能够有效缓解煤壁压力，从而减少煤壁片帮和端面顶板冒落的发生，保证工作面能够安全高效推进。通过提高液压支架的初撑力与工作阻力可以在一定程度上降低顶板岩层对煤壁的压力，从而降低煤壁片帮的概率；采取合理的液压支架护帮结构及参数可以有效降低煤壁破坏体的滑落位移，从而降低煤壁发生片帮的概率。

3. 优化工作面开采工艺参数

应合理控制工作面采高、长度及推进速度。增大工作面采高、长度，不仅导致工作面矿山压力显现加剧，而且降低了煤壁的自稳定性及工作面推进速度，增大了煤壁的暴露时间，导致煤壁发生片帮的概率增加。因此，合理地控制工作面采高、长度及推进速度，可以有效降低煤壁受到的外部载荷，降低煤壁发生片帮的概率。

4. 加强工作面端面冒顶及煤壁片帮管理

规范工作面支护设备操作流程，采煤机割煤后及时打开液压支架护帮板对煤壁进行防护；液压支架采用带压擦顶移架；加强工作面液压支架供液系统管理，杜绝跑、冒、滴、漏现象；采用高压升柱系统提高液压支架的初撑力；当煤壁发生片帮后及时伸出液压支架的伸缩梁与护帮板，这些都是防止诱发顶板冒顶事故的有效措施。

（二）煤壁片帮柔性加固技术

1. 煤壁变形特征与柔性加固机理

从空间上讲，随着回采工作的进行，工作面煤壁逐渐暴露，因此“煤壁”是一个动态的概念。煤壁稳定性受煤层赋存特征、开采条件等多种因素影响，其变形具有逐渐暴露、无支护、大变形的特点。通过调查与研究发现，煤壁破坏内在形式表现为剪切破坏和拉伸破坏，而外在表现为中上部劈裂式、压剪滑落式和中部横拱式片帮三种形式，如图 5-20 所示。传统煤壁加固技术，如竹锚杆等加固煤壁存在延伸量较小、支护强度低、支护效果差等问题；玻璃钢锚杆加固煤壁存在成本高、抗剪能力差等问题；单纯化学注浆加固存在强度低、浆液流动不可控、成本高、影响煤质等问题，因此，急需开发一种效率高、成本低、效果好的煤壁片帮防治技术。

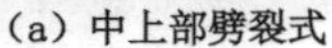

(a) 中上部劈裂式　　(b) 压剪滑落式　　(c) 中部横拱式

图 5-20　煤壁主要片帮形式

鉴于棕绳具有一定的刚度，又呈现柔性，这里定义棕绳等一类材料为柔性加固材料。煤壁柔性加固机理是通过浆液使具有一定刚度和伸长率的棕绳很好地附着在煤体内，形成全长锚固，实现对煤体加固，同时柔性材料能够适应采动引起的煤壁大变形，还能阻止破碎煤体的片落。因此，笔者提出了一种煤壁柔性加固新技术，如图 5-21 所示。这种“棕绳＋注浆”柔性加固技术能否防治煤壁片帮，需要研究柔性材料棕绳的力学性质、棕绳和浆液的耦合作用以及“煤壁＋棕绳”的协调变形机理，为煤壁柔性支护设计提供依据。

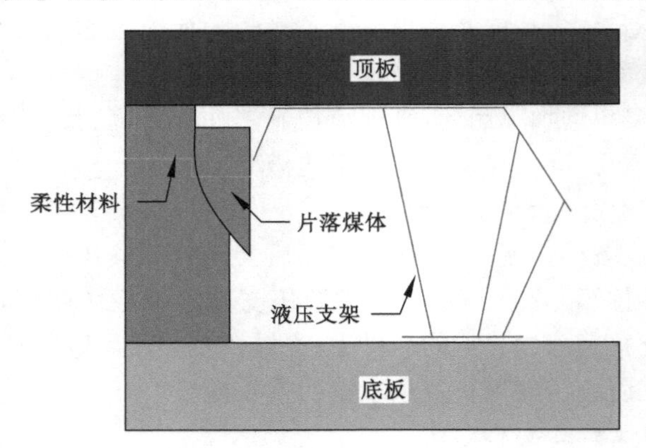

图 5-21　煤壁柔性加固技术

2. 煤壁柔性加固本构模型

(1) 柔性加固材料本构模型

棕绳具有抗拉强度较高、延伸率大、成本低等特点。柔性材料一般具有如下变形特征：在受到较小拉力时处于弹性阶段，变形很小，弹性阶段作用的时间较长；当柔性材料受到的拉力超过强度极限时，有较大变形量且具有变形不可恢复的特征，此时柔性材料处于塑性阶

段，即使突然受到较大的拉力，柔性材料也能够通过变形缓解掉，从而保证不被拉断。因此，确定柔性支护材料的本构模型为类似硬化作用的弹塑性模型，如图 5-22 所示。

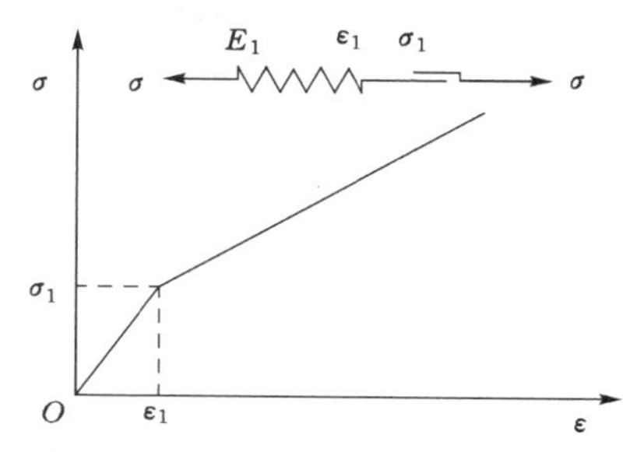

图 5-22　柔性棕绳材料的弹塑性模型

(2) 煤壁本构模型

无支护煤壁片帮过程可以表述为，已经处于某种塑形状态的煤体，由于采煤机推进卸荷作用，瞬时产生弹性变形和引起弹性后效变形。煤壁的本构模型可以用加入莫尔-库仑塑性屈服准则的修正广义开尔文模型表示(图 5-23)。

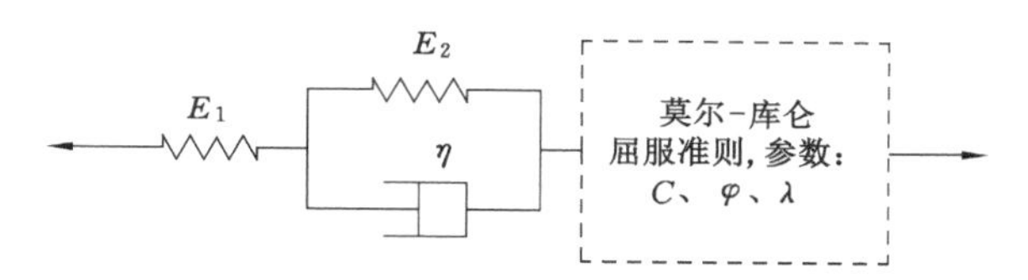

图 5-23　煤壁修正的广义开尔文模型

如图 5-23 所示，煤壁塑性状态受超前支承压力、顶板压力、煤体强度、裂隙和构造影响显著，进入塑性状态的煤壁并不一定会发生片帮，受到采煤机扰动或随着时间增加，煤壁的稳定性会显著降低。采煤机割煤使近似“三向”受力的煤体因推进卸荷作用而变成“双向”受力，新暴露的煤体会产生较强烈的瞬时的弹性回弹，该变形量较大，如果支护体的允许变形量小，强烈回弹易导致支护体发生破断。弹性后效表现为：如果工作面推进速度慢或者工作面停滞，煤壁变形增加进而进入塑性状态，工作面煤壁片帮发生概率增加。削弱煤壁弹性后效可以通过加快工作面推进速度来实现，按正规循环进行实际生产煤壁片帮发生概率会降低。因此，由煤壁的本构模型可知，煤壁片帮防治既要限制煤壁因推进卸荷作用所产生的弹性变形，也要改变处于塑性状态煤体的应力。当煤壁发生片帮时，即使片帮的煤体没有滑落，上述本构模型不再适用，也可以通过煤体的受力与变形描述煤壁的稳定性。

(3)“柔性棕绳-煤壁”支护系统分析

对煤壁采用“柔性棕绳＋注浆”进行柔性加固，一方面浆液可以密实充填塑形破裂区煤体，改善煤壁完整性，使裂隙煤体恢复到近似弹性状态，消除煤体塑形变形影响；另一方面，棕绳在浆液的黏性作用下处于全长锚固状态，提高了煤壁整体性。因此，在煤壁修正的广义开尔文模型中，可将遵循莫尔-库仑准则的塑性变形进行简化，结合棕绳的作用，建立“柔性棕绳-浆液-煤壁”本构模型，该模型如图 5-24 所示。

组合体总应变等于并联各元件的应变，组合体总应力等于并联所有元件应力之和；组合体总应力等于串联各元件的应力，组合体总应变等于串联所有元件应变之和。假设柔性支

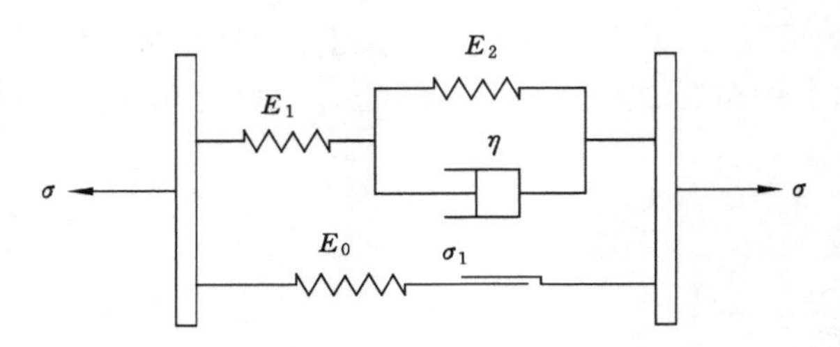

图 5-24 “柔性棕绳-注浆-煤壁”支护系统的本构模型

护体所受的应变为 ε_r，煤壁的总应变为 ε_z，根据广义的开尔文模型的表达式，得到煤壁柔性加固体系总应变为：

$$\varepsilon_z(t)=(\sigma_0+\sigma_1)\left[\frac{1}{E_1}+\frac{1}{E_2}\right]-\frac{\sigma_0+\sigma_1 e^{\frac{E_2}{\eta}t_0}}{E_2}e^{-\frac{E_2}{\eta}t} \tag{5-13}$$

式中，t_0 为历史流变的时间；t 为后续的流变时间；σ_0 为推进卸荷前的应力；σ_1 为推进卸荷产生的岩体应力；E_1 为发生瞬时弹性变形的煤体弹性模量；E_2 为发生弹性后效时煤体弹性模量；η 为牛顿黏滞性系数。

煤壁柔性加固体系总应变受历史和后续流变时间、推进卸荷、煤体弹性模量以及黏滞性等多个因素影响，其值的确定困难且复杂。另外，式(5-13)描述的主要是煤壁在达到强度极限前的总应变量，现场实测发现，煤壁进入塑性状态后和煤体滑落前，其变形会显著增加，该值较进入塑性状态前要大得多。因此，用煤壁的延伸率描述煤壁的稳定性更恰当，延伸率即煤壁向采空区方向的延伸率。煤壁柔性加固体系总延伸率可以用下式进行描述：

$$\delta_z=\delta_0+\delta_1+\delta_2 \tag{5-14}$$

式中，δ_0 为历史延伸率；δ_1 为推进卸荷时的瞬时延伸率；δ_2 为随时间发生的延伸率。

鉴于“煤壁”是个动态概念，煤壁前方有 4～6 m 的塑性区，可以超前煤壁 10 m 打深基点，然后紧贴煤体，顺着煤壁方向埋入位移计，测量煤壁延伸率。根据现场观测，并考虑煤层赋存和开采条件的差别，预计 δ_0、δ_1、δ_2 可分别达到 3%～4%、2%～3%、3%～5%。通过估算求解，得到煤壁柔性加固体系总延伸率 δ_z =8%～12%，小于柔性棕绳伸长率[δ_r]=15%，因此，棕绳伸长率能够适应煤壁大变形特征，并且足够的抗拉强度能够保证片帮的煤体不滑落。另外，浆液沿着裂隙流动改变了处于塑性状态的煤体，使其恢复到近似弹性状态，煤壁整体稳定性提高，可实现工作面安全回采。

第三节　近距离煤层群开采工作面顶板事故风险等级评价

一、顶板风险评价指标体系

根据煤矿顶板事故案例分析事故的起因和影响顶板灾变的因素，并进行归纳总结，从支护状况、顶板状况、人员工作状况和煤体状况 4 个层面出发，选取支架间隙、支架接顶程度、支架初撑力、单体支柱支护有效率、初采初放前悬顶面积、初采初放后基本顶悬顶面积、回撤期间悬顶面积、顶板离层总量、地质构造情况、顶板来压程度、盲目拉架、及时移架、及时处理

悬顶、回撤支柱检查单体支柱完好情况、煤壁片帮、煤层松软、煤体应力集中等 17 个顶板事故影响因素，各风险因素和特征描述如表 5-12 所示，并由此构建综采工作面顶板事故风险评价指标体系（图 5-25），以 4 个层面 17 个指标对顶板事故风险进行评估。

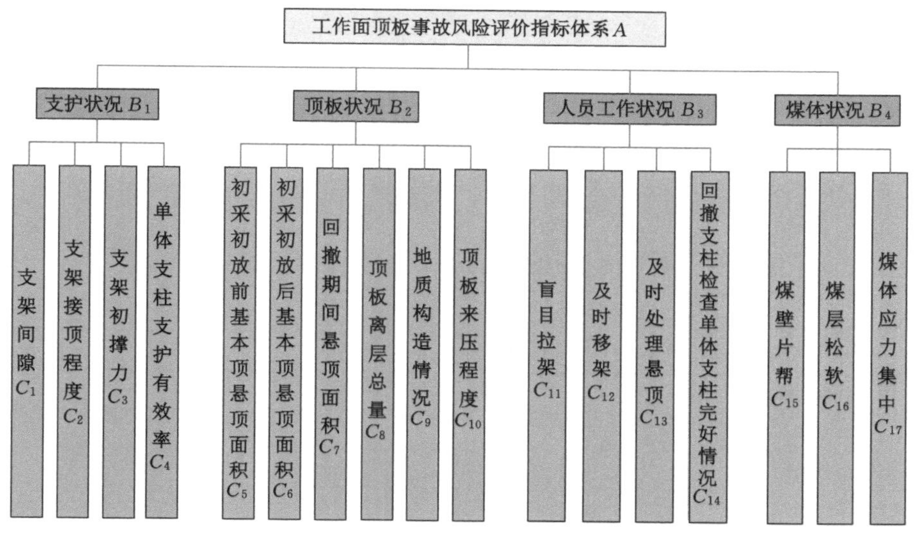

图 5-25 工作面顶板事故风险评价指标体系

表 5-12 顶板事故影响因素和特征描述

事故影响因素	风险特征描述
支架间隙	液压支架检修时，间隙过大，架间漏矸
支架接顶程度	液压支架接顶不严实，导致漏顶、冒顶
支架初撑力	支架初撑力不达标，导致漏顶、冒顶
单体支柱支护有效率	超前支护单体液压支柱不完好，不能有效支护，易发生冒顶伤人
初采初放前基本顶悬顶面积	初采初放前基本顶悬顶面积较大，可能突然垮落造成顶板事故
初采初放后基本顶悬顶面积	初次放顶后基本顶不能及时垮落，悬顶面积较大，可能突然垮落造成顶板事故
回撤期间悬顶面积	回撤期间顶板悬顶面积过大，易造成冒顶
顶板离层总量	工作面出现顶板离层，易造成冒顶、片帮
地质构造情况	过地质构造，顶板破碎，易发生顶板事故
顶板来压程度	顶板来压强烈，易造成顶板破坏加剧
盲目拉架	拉架时有人通过，未及时撤离，盲目拉架，可能造成顶板漏矸伤人
及时移架	割煤后未及时打护帮板、未及时移架至最小控顶距，可能导致漏矸
及时处理悬顶	两端头悬顶面积超过规定，未及时采取措施进行处理，可能导致冒顶
回撤支柱检查单体支柱完好情况	回撤单体支柱前未检查单体支柱及上方顶板情况，可能出现柱帽脱落、高压液体射出或顶板垮落，造成人员伤害。

表 5-12(续)

事故影响因素	风险特征描述
煤壁片帮	煤壁发生片帮,可能导致端面顶板冒顶
煤层松软	煤层松软易导致煤体破坏,顶板随之下沉破坏
煤体应力集中	煤体应力集中易发生片帮和煤柱破坏,顶板下沉破坏

根据工作面顶板事故风险评价指标体系,将风险等级划分为Ⅰ级(低风险)、Ⅱ级(一般风险)、Ⅲ级(较大风险)、Ⅳ级(重大风险)4 个等级,各评价指标分级标准见表 5-13。

表 5-13　顶板事故风险评价指标分级标准

风险评价指标	评价等级			
	Ⅰ	Ⅱ	Ⅲ	Ⅳ
支架间隙/mm	<200	200～400	400～600	>600
支架接顶程度/%	85～100	70～85	55～70	<55
支架初撑力达标率/%	85～100	70～85	55～70	<55
单体支柱支护有效率/%	85～100	70～85	55～70	<55
初采初放前基本顶悬顶面积/m^2	<10	10～20	20～30	>30
初采初放后基本顶悬顶面积/m^2	<5	5～10	10～15	>15
回撤期间悬顶面积/m^2	<10	10～20	20～30	>30
顶板离层总量/cm	<20	20～40	40～60	>60
地质构造情况/(个/条)	0～5	5～10	10～15	>15
顶板来压程度(0～100 等级)	<25	25～50	50～75	>75
盲目拉架(0～100 等级)	<25	25～50	50～75	>75
及时移架(0～100 等级)	>75	50～75	25～50	<25
及时处理悬顶(0～100 等级)	>85	55～85	25～55	<25
回撤支柱检查单体支柱完好情况(0～100 等级)	>80	50～80	20～50	<20
煤壁片帮率/%	<15	15～30	30～45	>45
煤层松软程度(0～100 等级)	<25	25～50	50～75	>75
煤体应力集中程度(0～100 等级)	<20	20～45	45～70	>70

二、确定顶板事故风险指标权重

层次分析法(AHP)是将决策问题的各元素分解成三个层次(目标、准则和方案)进行的一种定性、定量分析评价方法。运用层次分析法进行评价主要包括层次结构模型的构建、判断矩阵群的建立、指标权重的计算等步骤,而对计算的权重结果是否具有可信性,还需进行一致性检验。从第二层(准则层)开始至第三层(方案层),对各个相关元素进行两两对比,按其重要性进行等级评定。本书采用 1～9 重要性等级赋值法,按两两比较的结果构成判断矩阵,分别为准则层对目标层的判断矩阵、方案层对每一个准则层的判断矩阵。根据判断矩阵确定最大特征值 λ_m,并计算其对应的特征向量 $\boldsymbol{U}_j$:

$$\boldsymbol{U}_j=(U_1,U_2,U_3,\cdots,U_n) \tag{5-15}$$

由此，根据式(5-16)计算指标权重 $\tilde{\boldsymbol{\omega}}_j$：

$$\tilde{\boldsymbol{\omega}}_j=\frac{U_j}{\sum_{j=1}^{n}U_j},\quad (j=1,2,\cdots,n) \tag{5-16}$$

即得到权重向量：$[\tilde{\boldsymbol{\omega}}_1,\tilde{\boldsymbol{\omega}}_2,\cdots,\tilde{\boldsymbol{\omega}}_n]^{\mathrm{T}}$。

在此基础上，为保证权重结果可信性需进行一致性检验，根据判断矩阵最大特征值 λ_{m}，结合式(5-17)计算一致性指标 CI 值：

$$\mathrm{CI}=-1+\frac{\lambda_{\mathrm{m}}-1}{n-1} \tag{5-17}$$

并由式(5-18)计算一致性比率 CR 值：

$$\mathrm{CR}=\frac{\mathrm{CI}}{\mathrm{RI}} \tag{5-18}$$

式中，RI 为随机一致性指标。

经计算，若 CR<0.1，则检验通过，否则检验不通过，需对判断矩阵进一步调整，直至一致性检验通过。

1. 判断矩阵群的建立和指标权重的计算

基于对工作面顶板事故风险评价指标分析，综合考虑各指标对工作面顶板事故的影响情况，本书通过特尔斐法构建准则层和方案层各指标的判断矩阵。

首先，准则层对目标层的判断矩阵如下：

A	B_1	B_2	B_3	B_4
B_1	1	1/3	2	1/2
B_2	3	1	4	2
B_3	1/2	1/4	1	1/4
B_4	2	1/2	4	1

由该判断矩阵计算得到的特征值为 4.045 8，特征向量为(0.156 4，0.462 13，0.087 717，0.293 76)。由式(5-16)计算得到一级指标权重向量 $\boldsymbol{\omega}_A(B)_i$：

$$\boldsymbol{\omega}_A(\mathrm{B}_1)=[0.156\ 4,0.462\ 1,0.087\ 7,0.293\ 8]^{\mathrm{T}}$$

一致性指标 CI 为 0.015 273，由式(5-18)计算一致性比率 CR 为 0.016 97，由此经检验有 CR=0.016 97<0.1，一致性检验结果通过。

其次，方案层对每一个准则层的判断矩阵如下：

(1) 支护状况 B_1

B_1	C_1	C_2	C_3	C_4
C_1	1	1/4	1/5	1/2
C_2	4	1	1/2	3
C_3	5	2	1	4
C_4	2	1/3	1/4	1

由该判断矩阵计算得到特征值为 4.048 4，特征向量为(0.077 798，0.305 57，0.491 84，0.124 79)。由式(5-16)计算得到支护状况下各指标权重向量 $\boldsymbol{\omega}_{B_1}$：

$$\boldsymbol{\omega}_{B_1}=[0.077\ 8,0.305\ 6,0.491\ 8,0.124\ 8]^T$$

一致性指标 CI 为 0.017 911，由式(5-18)计算一致性比率 CR 为 0.017 911，由此经检验有 CR=0.017 911<0.1，一致性检验结果通过。

(2) 顶板状况 B_2

B_2	C_5	C_6	C_7	C_8	C_9	C_{10}
C_5	1	1/2	3	1/6	1/4	1/5
C_6	2	1	3	1/5	1/3	1/4
C_7	1/3	1/3	1	1/7	1/5	1/6
C_8	6	5	7	1	3	2
C_9	4	3	5	1/3	1	1/3
C_{10}	5	4	6	1/2	3	1

由该判断矩阵计算得到特征值为 6.282，特征向量为(0.057 375，0.079 261，0.034 083，0.384 58，0.162 79，0.281 91)。由式(5-16)得到顶板状况下各指标权重向量 $\boldsymbol{\omega}_{B_2}$：

$$\boldsymbol{\omega}_{B_2}=[0.057\ 4,0.079\ 2,0.034\ 1,0.384\ 6,0.162\ 8,0.281\ 9]^T$$

一致性指标 CI 为 0.056 404，由式(5-18)计算一致性比率 CR 为 0.045 487，由此经检验有 CR=0.045 487<0.1，一致性检验结果通过。

(3) 人员工作状况 B_3

B_3	C_{11}	C_{12}	C_{13}	C_{14}
C_{11}	1	4	1/2	2
C_{12}	1/4	1	1/5	1/3
C_{13}	2	5	1	4
C_{14}	1/2	3	1/4	1

由该判断矩阵计算得到特征值为 4.072 8，特征向量为(0.275 3，0.071 639，0.497 83，0.155 24)。由式(5-16)可得人员工作状况下各指标权重向量 $\boldsymbol{\omega}_{B_3}$：

$$\boldsymbol{\omega}_{B_3}=[0.275\ 3,0.071\ 6,0.497\ 8,0.155\ 3]^T$$

一致性指标 CI 为 0.024 281，由式(5-18)计算一致性比率 CR 为 0.026 979，由此经检验有 CR=0.026 979<0.1，一致性检验结果通过。

(4) 煤体状况 B_4

B_4	C_{15}	C_{16}	C_{17}
C_{15}	1	3	2
C_{16}	1/3	1	1/3
C_{17}	1/2	3	1

由该判断矩阵计算得到特征值为 3.053 6，特征向量为(0.527 84，0.139 65，0.332 52)。

由式(5-16)可得煤体状况下各指标权重向量 $\boldsymbol{\omega}_{B_4}$：

$$\boldsymbol{\omega}_{B_4}=[0.527\ 8,0.139\ 7,0.332\ 5]^{T}$$

一致性指标 CI 为 0.026 811，由式(5-18)计算一致性比率 CR 为 0.046 225，由此经检验有 CR=0.046 225<0.1，一致性检验结果通过。

2. 指标总权重计算

设 $\omega_A(C)_j$ 为方案层 C 在目标层 A 中的权重向量，并将方案层中没有影响的指标的权值记为 0，根据式(5-19)可计算得出权重计算结果，见表 5-14。

$$\omega_A(C_j)=\sum_{i=1}^{m}\omega_A(B_i)\omega_{B_i}(C_j),\quad (j=1,2,\cdots,m) \tag{5-19}$$

表 5-14　权重计算结果

C_j	B_1	B_2	B_3	B_4	$\omega_A(C)_j$
	0.156 4	0.462 1	0.087 7	0.293 8	
C_1	0.077 8	0	0	0	0.012 2
C_2	0.305 6	0	0	0	0.047 8
C_3	0.491 8	0	0	0	0.076 9
C_4	0.124 8	0	0	0	0.019 5
C_5	0	0.057 4	0	0	0.026 5
C_6	0	0.079 2	0	0	0.036 6
C_7	0	0.034 1	0	0	0.015 8
C_8	0	0.384 6	0	0	0.177 7
C_9	0	0.162 8	0	0	0.075 2
C_{10}	0	0.281 9	0	0	0.130 3
C_{11}	0	0	0.275 3	0	0.024 1
C_{12}	0	0	0.071 6	0	0.006 3
C_{13}	0	0	0.497 8	0	0.043 7
C_{14}	0	0	0.155 3	0	0.013 6
C_{15}	0	0	0	0.527 8	0.155 1
C_{16}	0	0	0	0.139 7	0.041 1
C_{17}	0	0	0	0.332 5	0.097 7

由表 5-14 可知，C_8、C_{15}、C_{10} 三个指标权重较大，其次是 C_{17}、C_3、C_9 指标，也就意味着工作面回采过程中顶板事故影响因素很大的是顶板离层量、顶板来压和煤壁片帮，煤体应力集中、支架初撑力和地质构造情况对顶板事故的发生也有较大的影响。

三、风险指标综合标准云模型

1. 云模型

云模型是将定性与定量之间不确定关系转换成直观性、普遍性的模型，主要反映不确定性(模糊性和随机性)。云模型主要利用期望值(E_x)、熵值(E_n)和超熵值(H_e)3 个参数来描述(图 5-26),给定了定性指标的范围,可由式(5-20)计算得到云参数数字特征:

$$\left.\begin{aligned} E_x &= \frac{C_{max}+C_{min}}{2} \\ E_n &= \frac{C_{max}-C_{min}}{6} \\ H_e &= k \end{aligned}\right\} \tag{5-20}$$

式中,k 根据各风险指标的随机性和模糊性进行赋值,其大小表示了评价中指标不确定性的凝聚度;C_{max} 为指标范围的最大值;C_{min} 为指标范围的最小值。

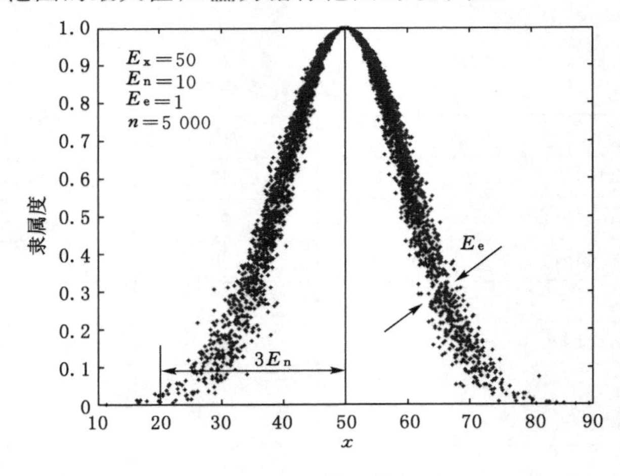

图 5-26 云模型特征图

基于该系统评价方法,将定性指标利用正态分布表达出来,客观地对系统进行综合评估。基于云模型理论的具体工作面顶板事故风险评价框架如图 5-27 所示。

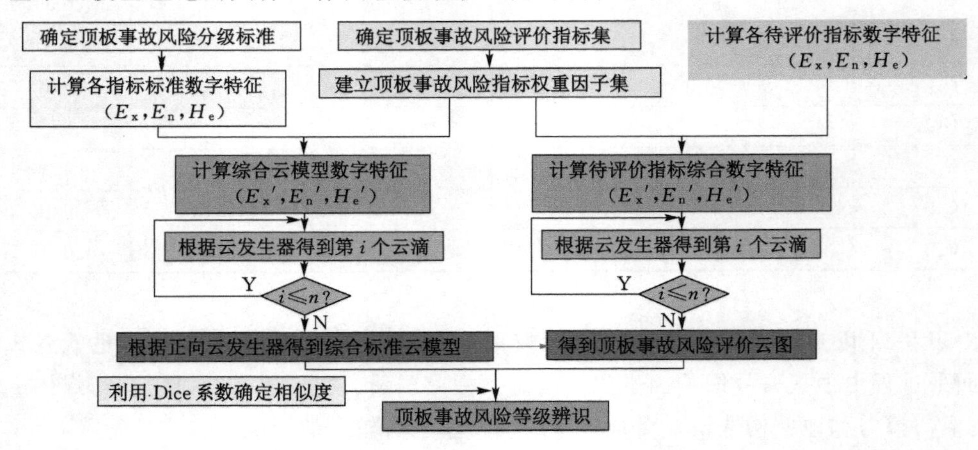

图 5-27 顶板事故风险的云模型评价框架

2. 建立综合标准云模型

将表 5-13 划分的指标标准等级区间利用极值化法进行无量纲化处理(规范化后各变量

取值范围为[0,1]),并根据式(5-20)计算得到17个影响因素指标和对应的4个评价等级的标准数字特征。基于此,结合层次分析法计算的各因素指标权重,利用式(2-21)求得准则层4个一级指标对应的4个评价等级的标准数字特征以及总指标的数字特征,分别见表5-15和表5-16。

$$(E_x',E_n',H_e')=(\omega_1 \quad \omega_2 \quad \cdots \quad \omega_n)\begin{pmatrix} E_{x1} & E_{n1} & H_{e1} \\ \vdots & \vdots & \vdots \\ E_{xn} & E_{nn} & H_{en} \end{pmatrix} \tag{5-21}$$

式中,ω_n为各指标权重;E_{xn},E_{nn},H_{en}为各指标数字特征;E_x',E_n',H_e'为综合指标数字特征。

表5-15　一级指标的标准数字特征及评价等级表

	风险评价标准等级			
	Ⅰ级(低风险)	Ⅱ级(一般风险)	Ⅲ级(较大风险)	Ⅳ级(重大风险)
B_1	(0,0.052 6,0.05)	(0.236 7,0.026 3,0.05)	(0.394 4,0.026 3,0.05)	(1,0.175 5,0.05)
B_2	(0,0.083 3,0.05)	(0.375,0.041 7,0.05)	(0.625,0.041 7,0.05)	(1,0.083 3,0.05)
B_3	(0,0.064 1,0.05)	(0.333 8,0.047 1,0.05)	(0.616 4,0.047 1,0.05)	(1,0.080 7,0.05)
B_4	(0,0.060 2,0.05)	(0.279 2,0.032 9,0.05)	(0.476 4,0.032 9,0.05)	(1,0.141 6,0.05)

表5-16　总指标的标准数字特征及评价等级表

风险评价标准等级	数字特征
Ⅰ级(低风险)	(0,0.07,0.05)
Ⅱ级(一般风险)	(0.321 6,0.037 2,0.05)
Ⅲ级(较大风险)	(0.544 5,0.037 2,0.05)
Ⅳ级(重大风险)	(1,0.114 7,0.05)

根据表5-15和表5-16利用Matlab对正向云生成器编程,设置云滴5 000个,生成4个一级指标和总指标的标准云模型,见图5-28和图5-29。

3. 风险等级辨识准则

通过标准云模型与待评价指标云图对比,待评价指标云图的云滴集中落在标准云图的某一等级区间,即可判断该指标相应的风险等级。但当待评价云图云滴同时落在了标准云图的两个等级区间内,无法直观判断时,引入Dice系数进行辨识,利用云图参数熵值(E_n),根据式(5-22)分别计算评价云图与标准云图各等级的相似度,根据最大相似度原则,计算得到的最大Dice系数对应的评价等级即为待评价指标的风险等级。

$$\mathrm{Dice}(A,B)=\frac{2|A\cap B|}{|A|+|B|} \tag{5-22}$$

式中,$|A|$为评价云某一等级的区间长度,由熵值(E_n)计算得到,即$6E_n$(其中半升云、半降云为$3E_n$);$|B|$为标准云某一等级的区间长度;$|A\cap B|$为评价云和标准云某一等级的交集长度。

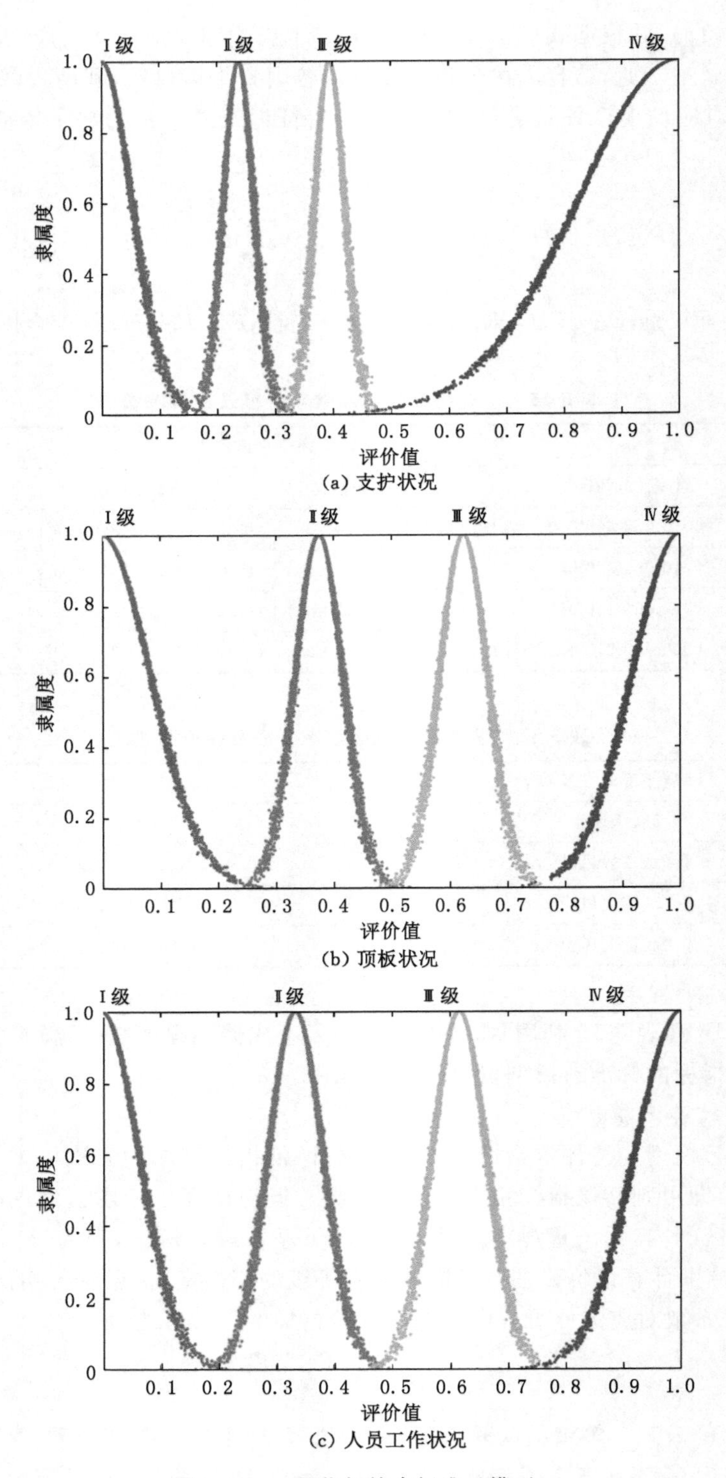

(a) 支护状况

(b) 顶板状况

(c) 人员工作状况

图 5-28　一级指标综合标准云模型

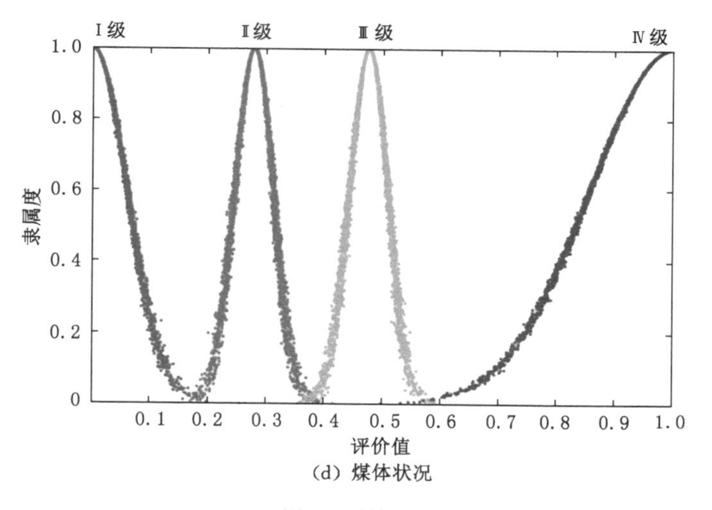

(d) 煤体状况

图 5-28(续)

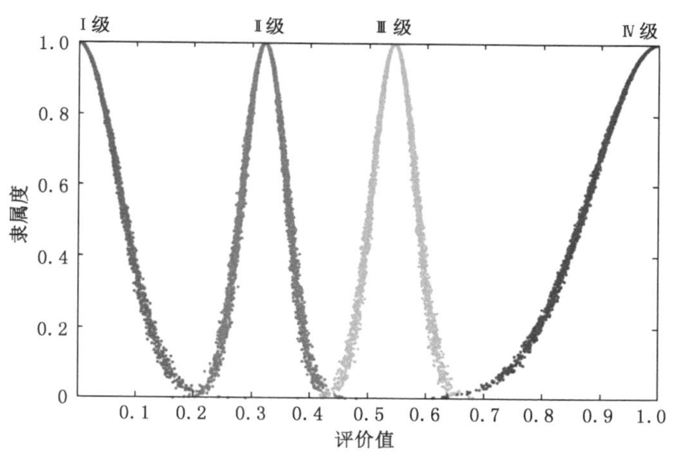

图 5-29　总指标综合标准云模型

四、综采工作面顶板事故风险辨识案例分析

以土城矿 17101 综采工作面为背景,通过实测和现场评价得到 17 个影响因素指标的实际概况如表 5-17 所示。

表 5-17　17101 工作面各指标概况

风险评价指标	最大	最小
C_1	100	5
C_2	95	80
C_3	95	80
C_4	90	75

表 5-17(续)

风险评价指标	最大	最小
C_5	40	30
C_6	18	10
C_7	25	15
C_8	25	10
C_9	15	8
C_{10}	80	65
C_{11}	15	5
C_{12}	95	80
C_{13}	95	85
C_{14}	85	75
C_{15}	15	5
C_{16}	10	5
C_{17}	40	25

将表 5-17 中各指标概况进行无量纲化处理,并根据式(5-20)计算得到 17 个影响因素指标的数字特征,见表 5-18。

表 5-18　各评价指标数字特征

风险评价指标	无量纲化处理		E_x	E_n	H_e
	最大	最小			
C_1	0.125	0.006 25	0.065 6	0.019 8	0.05
C_2	0.2	0.05	0.125	0.025	0.1
C_3	0.2	0.05	0.125	0.025	0.1
C_4	0.25	0.1	0.175	0.025	0.2
C_5	1	0.75	0.875	0.041 6	0.1
C_6	0.9	0.5	0.7	0.066 7	0.1
C_7	0.625	0.375	0.5	0.041 7	0.1
C_8	0.312 5	0.125	0.219	0.031 2	0.05
C_9	0.75	0.4	0.575	0.058 3	0.05
C_{10}	0.8	0.65	0.725	0.025	0.3
C_{11}	0.15	0.05	0.1	0.016 7	0.32
C_{12}	0.2	0.05	0.125	0.025	0.2
C_{13}	0.15	0.05	0.1	0.016 7	0.2
C_{14}	0.25	0.15	0.2	0.016 7	0.2
C_{15}	0.15	0.05	0.1	0.016 7	0.15
C_{16}	0.1	0.05	0.075	0.008 3	0.3
C_{17}	0.4	0.25	0.325	0.025	0.25

1. 计算各指标数字特征

根据式(5-21)，结合各因素指标权重和表 5-18 各指标数字特征计算得到 4 个一级指标的综合数字特征，见表 5-19。

表 5-19　一级指标的综合数字特征

一级指标	E_x	E_n	H_e
B_1	0.126 6	0.024 6	0.108 6
B_2	0.504 9	0.037 6	0.129 0
B_3	0.117 3	0.017 3	0.233 0
B_4	0.171 3	0.018 3	0.204 2

根据式(5-21)结合表 5-19 中一级指标数字特征和各一级指标的权重，计算得到总指标的评价云数字特征，计算过程如下：

$$(0.156\ 4\quad 0.462\ 1\quad 0.087\ 7\quad 0.293\ 8)\begin{pmatrix}0.126\ 6 & 0.024\ 6 & 0.108\ 6\\0.504\ 9 & 0.037\ 6 & 0.129\ 0\\0.117\ 3 & 0.017\ 3 & 0.233\ 0\\0.171\ 3 & 0.018\ 3 & 0.204\ 2\end{pmatrix}$$

$$=(0.313\ 7\quad 0.028\ 1\quad 0.157\ 0)$$

总指标的数字特征为(0.313 7,0.028 1,0.157 0)。

2. 生成综合风险评价云图

根据综合指标数字特征，在综合标准云模型的基础上设置云滴 5 000 个，生成风险评价云图(图 5-30 和图 5-31)，通过该评价云图与标准云图的直观对比，并根据评价云图和标准云图的熵值(E_n)利用式(5-22)计算 Dice 系数，得出云图相似度，如表 5-20 所示，由此对工作面顶板事故风险等级进行有效辨识。

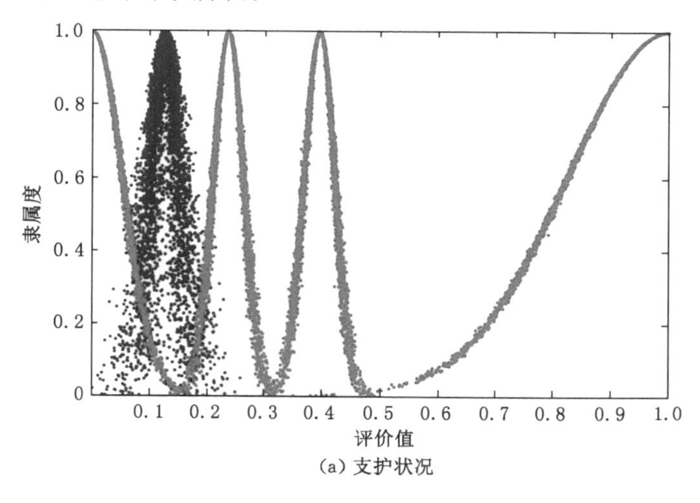

(a) 支护状况

图 5-30　一级指标综合风险评价云图

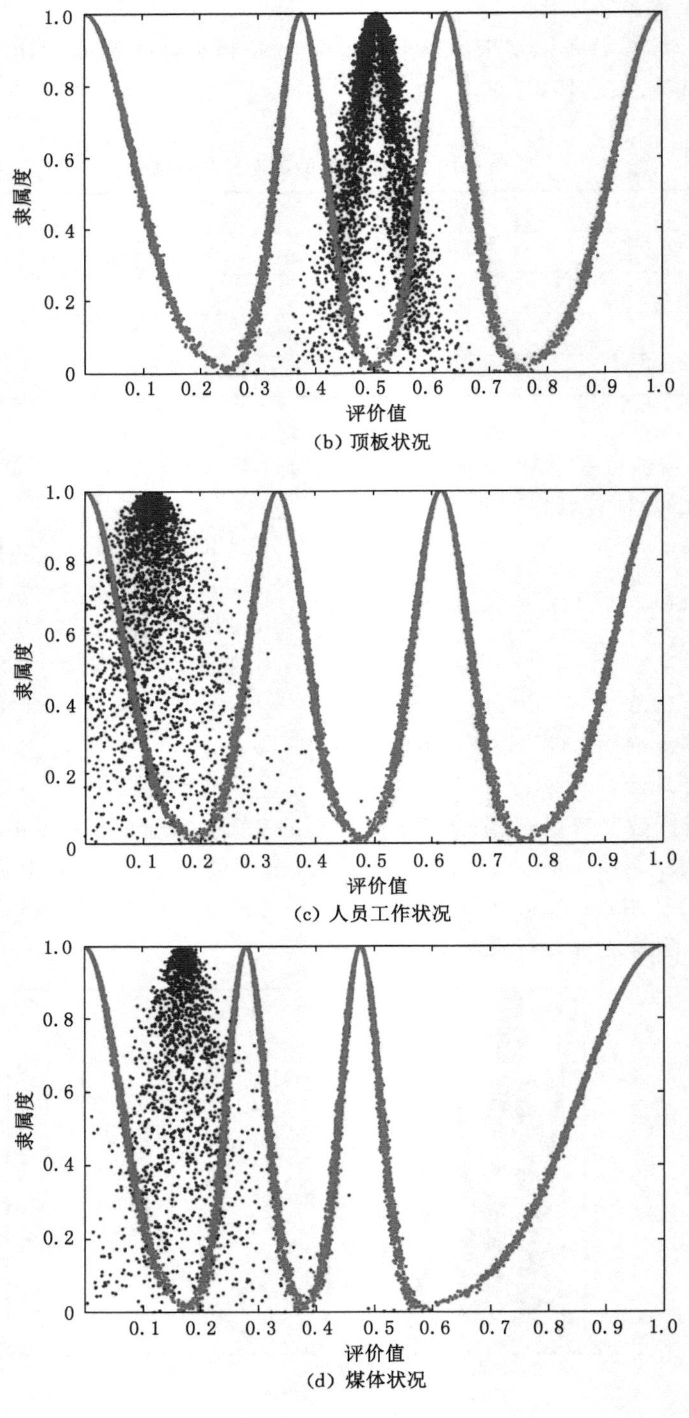

(b) 顶板状况

(c) 人员工作状况

(d) 煤体状况

图 5-30(续)

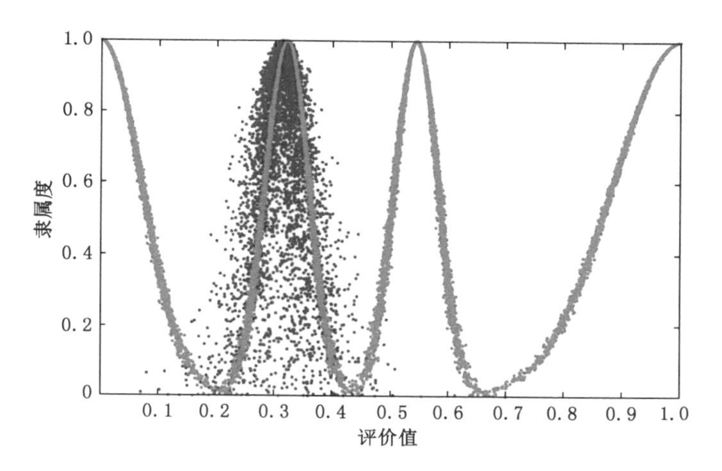

图 5-31　总指标综合风险评价云图

表 5-20　评价云图与标准云图的相似度

综合评价指标	评价云图区间范围	风险等级			
		Ⅰ级	Ⅱ级	Ⅲ级	Ⅳ级
B_1	(0.052 8,0.200 4)	0.687 6	0.278 9	0	0
B_2	(0.392 1,0.617 7)	0	0.453 9	0.494 3	0
B_3	(0.065 4,0.169 3)	0.701 1	0	0	0
B_4	(0.116 4,0.226 2)	0.44	0.297 1	0	0
总指标	(0.229 4,0.398)	0	0.860 6	0	0

如图 5-30(a)所示，通过直观判断，该工作面支护状况风险评价云与标准云模型Ⅰ级和Ⅱ级区间相交，但评价云滴集中落在等级Ⅰ区间范围内，并且通过相似度计算，评价云与标准云等级Ⅰ和Ⅱ的相似度分别为 0.687 6、0.278 9，因此工作面支护状况的风险等级为Ⅰ级，属于低风险。

如图 5-30(b)所示，该工作面顶板状况风险评价云与标准云模型Ⅱ级和Ⅲ级区间相交，而标准云Ⅱ级和Ⅲ级熵值(E_n)相同，靠直观判断从图中仅可看出风险评价云滴在Ⅲ级范围内更为密集，难以判断具体等级；通过相似度计算，评价云与标准云等级Ⅱ和Ⅲ的相似度分别为 0.453 9、0.494 3，根据最大相似度原则可以说明顶板状况风险评价云更接近Ⅲ级，表明该工作面顶板状况风险等级为Ⅲ级，属于较大风险。

如图 5-30(c)所示，从评价云中可以明显地得出人员工作状况风险评价云滴基本落在了标准云Ⅰ级区间范围内，通过相似度计算，评价云与标准云等级Ⅱ、Ⅲ、Ⅳ的相似度均为 0，充分表明了人员工作状况风险等级为Ⅰ级，属于低风险。

如图 5-30(d)所示，根据直观判断，工作面煤体状况风险评价云与标准云模型Ⅰ级和Ⅱ级相交，但评价云滴集中落在等级Ⅰ范围内，通过相似度计算，评价云与标准云等级Ⅰ和Ⅱ的相似度分别为 0.44、0.297 1，由此表明煤体状况的风险等级为Ⅰ级，属于低风险。

如图 5-31 所示，该综采工作面总指标综合风险评价云滴基本落在了标准云Ⅱ级范围内，通过相似度计算，评价云与标准云等级Ⅱ相似度为 0.860 6，与等级Ⅰ、Ⅲ、Ⅳ相似度均为 0，由此可以较好地说明 17101 综采工作面顶板事故风险等级为Ⅱ级，属于一般风险。

综上可以说明，土城矿 17101 综采工作面总体而言风险等级为Ⅱ级（一般风险），其中支护状况、人员工作状况和煤体状况对工作面顶板事故的影响为低风险，但是受顶板状况的影响工作面顶板具有较大风险。因此，在后期的工作面生产中应加强对顶板状况的管理，但同时也不能忽略支护状况、人员工作状况和煤体状况的影响。

第六章　近距离煤层群开采回采巷道稳定性控制

工作面在开采后，上覆岩层由于受到采动影响会出现垮落和变形，采场周围的底板岩层和煤层也会因采动影响而出现损伤。相邻煤层之间由于层间距很小，开采时相互间会产生非常明显的影响，当煤层间开采顺序采用下行开采时，下部煤层的顶板和煤层，由于上部煤层的开采而会受到不同程度的破坏。此外，很多矿井实际生产过程中，由于采掘接替紧张，上区段工作面开采还未结束，在距上区段一定的位置采用留煤柱的方法开掘巷道。此时相邻工作面的岩层活动还没有达到稳定状态，在基本顶破断、回转下沉影响下，巷道围岩再次出现剧烈变形和破坏。因此，本章结合弹塑性理论和滑移现场理论，分析极近距离煤层受上部煤层开采影响后煤层底板损伤范围，对其进行理论计算，并对近距离煤层群重复采动下巷道围岩失稳规律进行研究，确定采空区下巷道围岩的应力环境、围岩破碎情况，研究此类近距离煤层群下位煤层动压巷道重复采动影响下的破坏机制，探究煤柱的合理尺寸，为提供更有效的支护方案提供理论基础。基于此，分别以土城矿 17101 工作面回采巷道和盛安煤矿 10905 工作面回风巷为例，提出重复采动影响下的回采巷道围岩控制对策，并验证该方案的合理性。

第一节　近距离煤层群开采区段煤柱宽度确定

一、支承压力在底板传播规律

（一）根据弹塑性理论计算底板损伤深度

长壁工作面开采后，在后方形成横截面为矩形的采空区，所采煤层的高度与工作面宽度比值非常小。因此，长壁工作面可以简化为如图 6-1 所示的力学模型（张金才，1990）。

假设长壁工作面的长度为 L，铅垂应力为埋深与重度的乘积 γH，水平方向应力为 $x\gamma H$（x 代表侧应力系数），r_0 代表采场前方极限破坏距离。基于弹性理论，利用图 6-2 所示的坐标系，对采场附近的水平方向应力、垂直应力、剪切应力进行求解，结果如式（6-1）所示：

$$\begin{cases}\sigma_x=\gamma H\sqrt{\dfrac{L}{2r}}\cos\dfrac{\theta}{2}\left(1-\sin\dfrac{\theta}{2}\sin\dfrac{3\theta}{2}\right)-(1-x)\gamma H\\[2ex]\sigma_y=\gamma H\sqrt{\dfrac{L}{2r}}\cos\dfrac{\theta}{2}\left(1+\sin\dfrac{\theta}{2}\sin\dfrac{3\theta}{2}\right)\\[2ex]\tau_{xy}=\gamma H\sqrt{\dfrac{L}{2r}}\cos\dfrac{\theta}{2}\sin\dfrac{\theta}{2}\cos\dfrac{3\theta}{2}\end{cases}\tag{6-1}$$

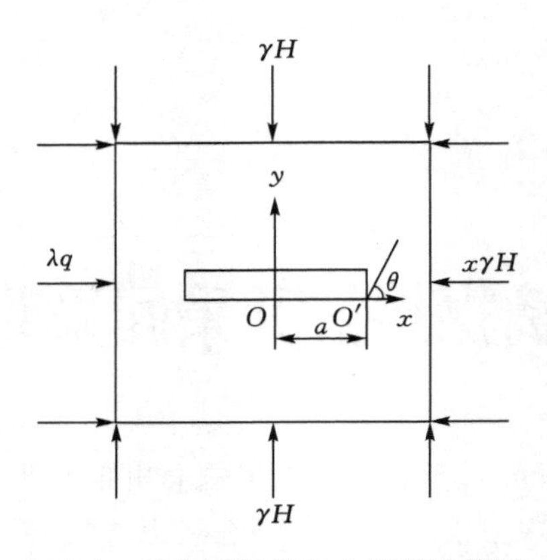

图 6-1　工作面围岩应力模型计算图

式中，r 为破坏区域的宽度；θ 为煤壁与最大屈服深度 h 处连线与水平方向夹角。

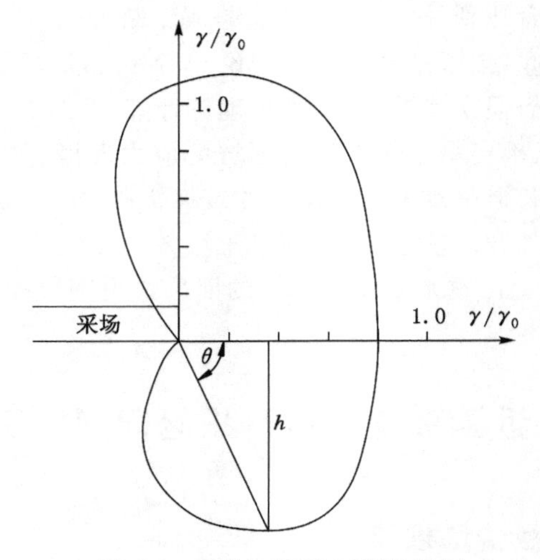

图 6-2　工作面围岩屈服破坏图

根据式(6-1)可得，采场围岩的应力与工作面的埋深和长度呈线性关系。根据盛安煤矿实际开采情况，侧压系数 x 取 1，代入式(6-1)推导出采场边缘的主应力表达式。

平面应力计算式如下：

$$\begin{cases}\sigma_1=\dfrac{\gamma H}{2}\sqrt{\dfrac{L}{r}}\cos\dfrac{\theta}{2}\left(1+\sin\dfrac{\theta}{2}\right)\\ \sigma_2=\dfrac{\gamma H}{2}\sqrt{\dfrac{L}{r}}\cos\dfrac{\theta}{2}\left(1-\sin\dfrac{\theta}{2}\right)\\ \sigma_3=0\end{cases}\tag{6-2}$$

平面应变计算式如下：

$$\begin{cases}\sigma_1=\dfrac{\gamma H}{2}\sqrt{\dfrac{L}{r}}\cos\dfrac{\theta}{2}\left(1+\sin\dfrac{\theta}{2}\right)\\ \sigma_2=\dfrac{\gamma H}{2}\sqrt{\dfrac{L}{r}}\cos\dfrac{\theta}{2}\left(1-\sin\dfrac{\theta}{2}\right)\\ \sigma_3=\mu\gamma H\sqrt{\dfrac{L}{r}}\cos\dfrac{\theta}{2}\end{cases} \tag{6-3}$$

式中，μ 为围岩的泊松比。

下面分别从平面应力和应变两个角度计算其破坏深度。

1. 平面应力破坏深度计算

假定围岩破坏服从莫尔-库仑准则，可以得出式(6-4)：

$$\sigma_1-\xi\sigma_3=R_c \tag{6-4}$$

式中，R_c 为围岩单轴抗压强度；$\xi=\dfrac{1+\sin\varphi}{1-\sin\varphi}$，其中 φ 为围岩内摩擦角。

将式(6-1)代入式(6-4)，可以得出开采层下方由于应力集中所引起的底板岩层屈服破坏深度 h：

$$h=\frac{\gamma^2H^2L}{4R_c^2}\cos^2\frac{\theta}{2}\left(1+\sin\frac{\theta}{2}\right)^2\sin\theta \tag{6-5}$$

再对式(6-5)中 θ 求一阶导数，令一阶导数为零，得出平面应力状态下底板岩层破坏深度的极大值：

$$h_{max}=\frac{1.57\gamma^2H^2L}{4R_c^2} \tag{6-6}$$

当 θ 取值约为 $-75°$ 时，取得最大值。根据式(6-6)得出，底板岩层的损伤深度与工作面倾斜长度和埋深的平方呈线性增加关系，与底板岩层抗压强度的平方呈线性减小关系。

2. 平面应变破坏深度计算

结合式(6-3)和式(6-4)，采场边缘附近破坏区的边界方程在平面应变状态下可表示为：

$$r'=\frac{\gamma^2H^2L}{4R_c^2}\cos^2\frac{\theta}{2}\left(1+\sin\frac{\theta}{2}-2\varepsilon\mu\right)^2 \tag{6-7}$$

式中，ε 为平面应变状态下岩体单元的应变。

当 $\theta=0°$ 时，得出采场边缘水平方向的破坏范围 r'_0 在平面应变状态下如式(6-8)所示：

$$r'_0=\frac{\gamma^2H^2L\ (1-2\varepsilon\mu)^2}{4R_c^2} \tag{6-8}$$

开采煤层的底板岩层破坏深度 h' 在平面应变状态下可根据图 6-2 中的几何关系计算，如式(6-9)所示：

$$h'=r'\sin\theta=\frac{\gamma^2H^2L}{4R^2}\cos^2\frac{\theta}{2}\left(1+\sin\frac{\theta}{2}-2\xi\mu\right)^2\sin\theta \tag{6-9}$$

对式(6-9)中的 θ 求一阶导数，令其一阶导数等于零，得出平面应变状态下煤层底板的最大破坏深度 h_{max}'：当 $\theta=-2\arccos(-2\sqrt{\xi\mu-\xi\mu^2})$ 时，h' 取最大值。

令 $\psi=\theta=-2\arccos(-2\sqrt{\xi\mu-\xi\mu^2})$，代入式(6-9)得：

$$h_{max}'=\frac{\gamma^2H^2L}{4R^2}\cos^2\left(\frac{\psi}{2}\right)^2\left(1-\sin\frac{\psi}{2}-2\xi\mu\right)^2\sin\frac{\psi}{2} \tag{6-10}$$

对比平面应力和应变状态下开采煤层底板岩层的破坏深度可知，由平面应力状态得出的破坏范围大于平面应变状态。因此，利用弹塑性理论计算底板破坏深度时，采用平面应力状态的计算结果来衡量开采煤层底板的破坏深度，再综合考虑底板岩层节理裂隙对破坏深度的影响，则式(6-6)变换为：

$$h_{\max}=1.57\gamma^2 H^2 L/(4R_c^2\delta^2) \tag{6-11}$$

式中，δ 为开采煤层底板岩层的节理裂隙影响系数；γ 为上覆岩层的平均重度，kN/m³；H 为煤层的平均埋深，m；L 为工作面的倾斜长度，m；R_c 为底板岩层单轴抗压强度，MPa。

（二）根据滑移线场理论计算底板损伤深度

根据滑移线场理论和魏锡克提出的塑性滑移时岩土层极限承载力的计算式可以得出，在煤层工作面开采后形成的支承压力可由图 6-3 来说明。则工作面煤层开采后底板岩体最大破坏深度 h_δ 如下计算。

$$h=r_0 e^{\alpha\tan\varphi_f}\cos\left(\alpha+\frac{\varphi}{2}-\frac{\pi}{4}\right) \tag{6-12}$$

$$r_0=\frac{x_0}{2}\cos\left(\frac{\pi}{4}+\frac{\varphi_f}{2}\right) \tag{6-13}$$

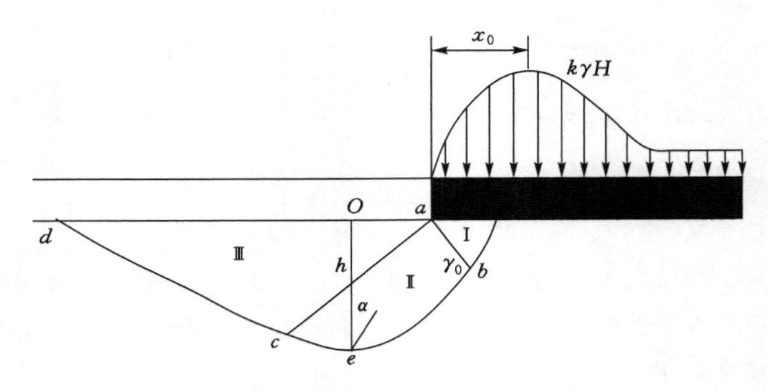

Ⅰ—主动极限区；Ⅱ—过渡区；Ⅲ—被动极限区。

图 6-3 支承压力所造成的底板破坏深度

对式 (6-12)求关于 α 的一阶导数，并令该导数为 0。

$$\frac{dh}{d\alpha}=r_0\cdot e^{\alpha\cdot\tan\varphi_f}\cdot\cos\left(\alpha+\frac{\varphi}{2}-\frac{\pi}{4}\right)\tan\varphi_f-r_0\cdot e^{\alpha\cdot\tan\varphi_f}\cdot\sin\left(\alpha+\frac{\varphi_d}{2}-\frac{\pi}{4}\right)=0 \tag{6-14}$$

得出：

$$\begin{cases}\tan\varphi_f=\tan\left(\alpha-\frac{\pi}{4}+\frac{\varphi_f}{2}\right)\\ \alpha=\frac{\pi}{4}+\frac{\varphi_f}{2}\end{cases} \tag{6-15}$$

将式(6-12)与式(6-15)联立求解，就可以得出底板破坏的最大深度值 h：

$$h=\frac{x_0\cos\varphi_f}{2\cos\left(\frac{\varphi_f}{2}+\frac{\pi}{4}\right)}e^{\left(\frac{\varphi_f}{2}+\frac{\pi}{4}\right)\tan\varphi_f} \tag{6-16}$$

其中,煤柱的塑性区宽度可根据矿山岩层控制理论得出：

$$x_0=\frac{M}{2\xi f}\ln\frac{K_1\gamma H+C_m\cot\varphi}{\xi C_m\cot\varphi} \tag{6-17}$$

将式(6-17)代入式(6-16)求得采场底板破坏深度 h：

$$h=\frac{M\cos\varphi_f\ln\dfrac{K_1\gamma H+C_m\cot\varphi}{\xi C_m\cot\varphi}}{4\xi f\cos\left(\dfrac{\varphi_f}{2}+\dfrac{\pi}{4}\right)}e^{\left(\frac{\varphi_f}{2}+\frac{\pi}{4}\right)\tan\varphi_f} \tag{6-18}$$

式中，M 为开采煤层高度；γ 为开采煤层上覆岩层的平均重度；H 为开采煤层的平均埋深；C_m 为开采煤层的内聚力；φ 为开采煤层的内摩擦角；f 为摩擦系数；ξ 为三轴应力系数，$\xi=\dfrac{1+\sin\varphi}{1-\sin\varphi}$；$K_1$ 为最高应力集中系数；φ_f 为底板内摩擦角。

（三）煤层开采底板损伤深度案例分析

1. 土城矿 16# 煤层开采煤层底板损伤深度计算分析

土城矿 16# 煤层平均埋深为 408.5 m,煤层平均厚度为 2 m,17101 工作面回采巷道上方 16# 煤层工作面长度为 150 m。根据煤岩体力学参数测试结果可知,煤体平均内聚力 C 为 0.5 MPa,平均内摩擦角为 30°,16# 煤层与底板接触面的摩擦系数为 0.38,煤层底板内摩擦角为 40°,单轴抗压强度平均为 90 MPa,节理裂隙影响系数为 0.4。17# 煤层上覆岩层重度为 25.4 kN/m^3,应力集中系数 $K_1=2$。将以上参数代入式(6-6)和式(6-18),根据弹塑性理论计算得出 $h_{max}=6.86$ m,根据滑移线场理论计算得出 $h=23.02$ m。

根据以上两种理论计算的 16# 煤层开采底板损伤深度均大于底板粉砂岩的厚度(6 m),因此会影响 17# 煤层的完整性,对其产生损伤。

2. 盛安煤矿 6# 煤层开采煤层底板损伤深度计算分析

盛安煤矿 6# 煤层的平均埋深为 185 m,煤层厚度为 1.3～1.4 m,平均采高为 1.35 m,10606 工作面长度为 150 m。利用贵州大学矿业学院实验室的岩石力学测试仪,测试 6# 煤层相关的岩石力学参数,如表 2-6 所示,6# 煤层煤体平均内聚力 C 为 1.18 MPa,平均内摩擦角为 25.2°,煤层与底板接触面的摩擦系数为 0.32,煤层底板内摩擦角为 23.4°,单轴抗压强度为 14.9 MPa,节理裂隙影响系数为 0.39。9# 煤层上覆岩层的重度 $\gamma=23$ kN/m^3，最大应力集中系数 $K_1=3.5$。将参数代入式(6-6)和式(6-18),根据弹塑性理论计算得出 $h_{max}=4.63$ m,根据滑移线场理论计算得出 $h_\delta=3.71$ m。

通过两种方式计算得出损伤深度,发现 6# 煤层开采后对底板损伤深度影响不大,这说明采高及埋深为底板损伤的关键因素,由于 6# 煤层 10606 工作面埋深浅、煤层薄,底板损伤深度不大。

二、煤柱底板应力分布数值模拟

上位煤层工作面采完后会在区段煤柱上形成应力集中,煤柱支承压力向底板传播,使底板应力重新分布。为了形象直观地显示煤柱下方底板应力分布情况,以盛安煤矿 6#、9# 煤层地质开采条件为背景,采用离散元 UDEC 模拟软件模拟 6# 煤层两个工作面开采后残留煤柱下方底板垂直应力、水平应力、剪切应力分布规律。为计算方便,采用平面应变模型,模型长 600 m，高 100 m。模型上部施加 10 MPa 上覆岩层重力，模型底部及左右均为固定边界，计算模型如图 6-4 所示。

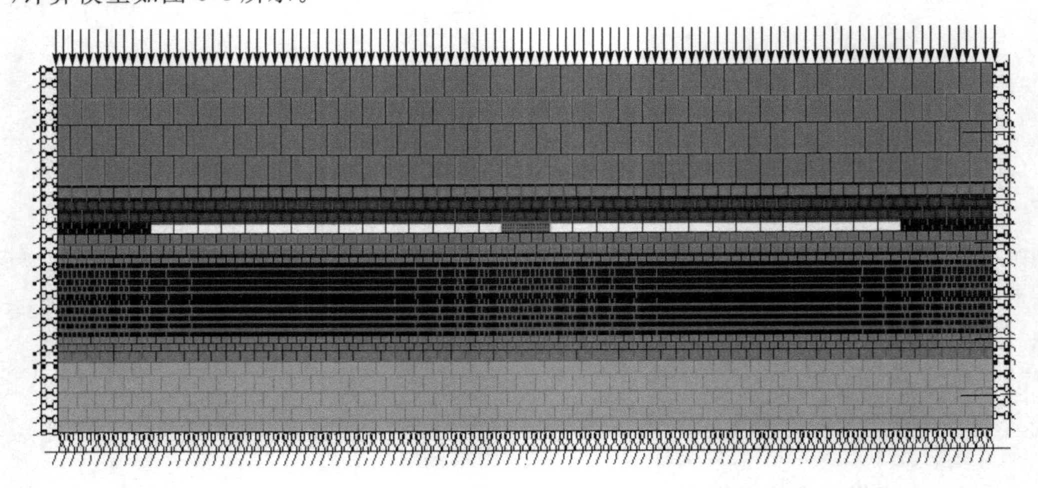

图 6-4　数值计算模型图

分别对上位煤层工作面开采前后煤柱左右各 50 m 及下方 40 m 底板内的应力进行监测，然后导入 Surfer 软件进行处理，得到如图 6-5 所示的煤柱底板应力集中系数分布图。

由图 6-5 可以看出，煤柱对底板的应力分布影响很大，在煤柱两侧边缘出现一定范围的应力降低区，在煤柱正下方出现一定范围的应力增高区。垂直应力增高区的影响深度是煤柱下方 40 m 左右，水平应力增高区的影响深度是煤柱下方 35 m 左右，剪切应力的影响深度是 33 m 左右。而对于同一水平面上的底板应力，在煤柱中心线处应力集中程度最大，远离煤柱向采空区方向一定距离内(距煤柱中心线 30 m)发展则应力集中程度迅速降低，且在应力增高区与应力降低区之间应力不均匀分布特征较明显。在煤柱下方 27 m 处(下位 $5^{\#}$ 煤层巷道底板所在水平面)，应力降低区距煤柱边缘水平距离为 11 m，在煤柱下方 23 m 处(下位煤层巷道顶板所在水平面)，应力降低区距煤柱边缘水平距离为 9 m。

如果只考虑将下部煤层回采巷道布置在应力降低区内，当残留煤柱宽度为 20 m 时，下位煤层巷道距煤柱边缘的水平距离只需要大于 7.5～9 m 即可。然而实践表明，盛安煤矿下位煤层 10905 工作面巷道即使距离煤柱边缘只有 10 m，在掘进和邻近工作面回采期间顶板压力仍然十分明显，巷道顶底板的移近量大，变形严重，因此，在受上位残留煤柱集中应力影响下布置下位回采巷道时，不能只考虑避开集中应力增高区。

三、合理煤柱宽度确定

煤柱整体进入屈服状态后，要保持稳定，其宽度应大于贯通破裂区(煤柱在压力作用下发生破裂，其破裂会连接在一起形成一个贯通的破裂区)的宽度。这样煤柱就能保持稳定，不会被整体破坏。也就是说，煤柱承载能力的降低并不意味着煤柱的失稳，而是说明煤柱上的压力发生了部分转移。只有当煤柱两侧塑性区连在一起时，煤柱才能整体处于塑性状态，此时煤柱中间弹性核的宽度为零。由此，首先来确定煤柱的塑性区宽度。

一般文献中采用的煤柱塑性区宽度计算公式，没有考虑煤层倾角的影响，认为煤柱两端

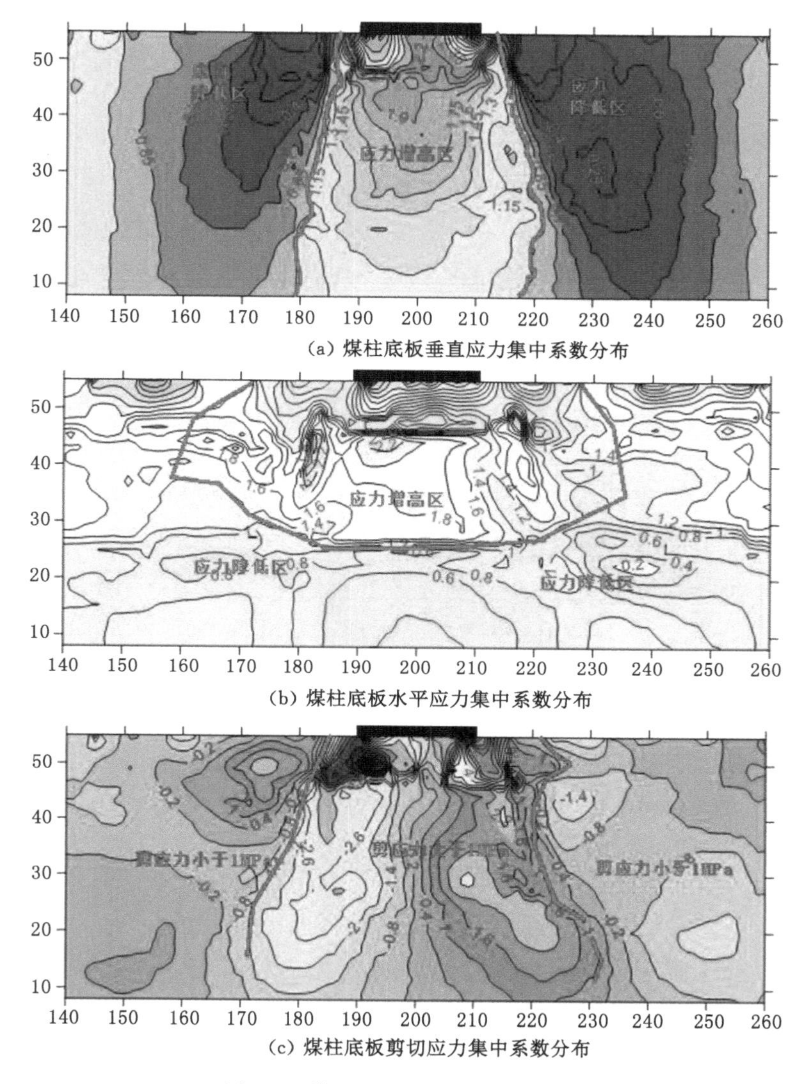

(a) 煤柱底板垂直应力集中系数分布

(b) 煤柱底板水平应力集中系数分布

(c) 煤柱底板剪切应力集中系数分布

图 6-5 煤柱底板应力集中系数分布

呈对称分布,但当煤层倾角较大时,上层煤层采高增大时,煤柱两端压力分布并不一样,这样,在布置下层煤层巷道位置时就应区别对待。传统的煤柱塑性区计算,大多数采用莫尔-库仑屈服准则,从理论上计算出护巷煤柱宽度,为合理留设煤柱提供理论依据。

(一) 力学模型的建立

首先,做出以下假设:

(1) 煤体为均质连续体。

(2) 在平面应变情况下,研究对象为处于极限范围内的整个煤体。

(3) 煤体破坏形式为剪切,满足莫尔-库仑准则。

(4) 在煤柱极限强度处,即 $x=x_l$ 处,应力边界条件为:

$$\begin{cases}\sigma_y \mid_{x=x_l} = \sigma_{y_l}\cos\alpha \\ \sigma_x = \beta_1\sigma_{y_l}\cos\alpha\end{cases} \tag{6-19}$$

式中，β_1为极限强度所在面的侧压系数，$\beta_1=\dfrac{\mu}{1-\mu}$，其中$\mu$为泊松比；$\alpha$为煤层倾角；$\sigma_x$为$x$方向应力；$\sigma_y$为$y$方向应力，$\sigma_{y_l}$为煤柱的极限强度。

建立力学模型与坐标系，如图6-6所示。图中P_x为巷道支护对煤壁沿x方向的约束力，τ_{xy}为煤层与底板界面处的剪切应力，M为开采煤层厚度，x_l为采空区一侧煤柱边缘到极限强度所在处的距离。

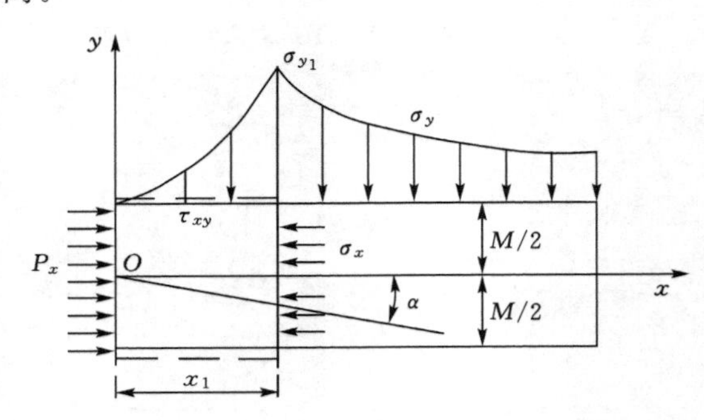

图6-6 煤柱力学模型

（二）模型求解

由式(6-19)可知，在屈服区，界面应力的平衡方程应满足：

$$\begin{cases}\dfrac{\partial\sigma_x}{\partial x}+\dfrac{\partial\tau_{xy}}{\partial y}+X=0 \\ \dfrac{\partial\sigma_y}{\partial y}+\dfrac{\partial\tau_{xy}}{\partial x}+Y=0 \\ \tau_{xy}=-(C_0+\sigma_y\tan\varphi_0)\end{cases} \tag{6-20}$$

式中，X为极限平衡区内煤体在x方向的重度；Y为极限平衡区内煤体在y方向的重度；C_0为煤层与顶底板界面处的内聚力；φ_0为煤层与顶底板界面的内摩擦角。

由式(6-19)和式(6-20)可得：

$$\frac{\partial\sigma_y}{\partial y}+\frac{\partial\sigma_y}{\partial x}\tan\varphi_0+Y=0 \tag{6-21}$$

设$\sigma_y=f(x)g(y)+A$，式中A为待定常数，代入式(6-21)可以得到：

$$\frac{f'(x)}{f(x)}\tan\varphi_0=\frac{g'(y)}{g(y)}+Y \tag{6-22}$$

方程(6-22)左侧只是x的函数，而右侧只是y的函数，令方程两侧等于同一常数B，则有：

$$\begin{cases}\dfrac{f'(x)}{f(x)}\tan\varphi_0=B \\ \dfrac{g'(y)}{g(y)}+Y=B\end{cases} \tag{6-23}$$

求解式(6-23)得：

$$\begin{cases} f(x)=B_1 e^{\frac{Bx}{\tan \varphi_0}} \\ g(y)=B_2 e^{(B-Y)y} \end{cases} \tag{6-24}$$

由式(6-20)、式(6-22)、式(6-24)可得：

$$\begin{cases} \sigma_y = B_0 e^{(B-Y)y+\frac{Bx}{\tan \varphi_0}} + A \\ \tau_{xy} = -\left[(B_0 e^{(B-Y)y+\frac{Bx}{\tan \varphi_0}} + A)\tan \varphi_0 + C_0\right] \end{cases} \tag{6-25}$$

其中，$B_0=B_1B_2$。

以整个屈服区为研究对象，作为一个隔离体，极限平衡区在 x 方向上的合力为 0，则应有：

$$M\beta\sigma_y\big|_{x=x_l} - 2\int_0^{x_l}\tau_{xy}\,dx - P_x M - \gamma_0 M\sin\alpha = 0 \tag{6-26}$$

将式(6-26)对 x_l 求导得：

$$\frac{M\beta\sigma_y\big|_{x=x_l}}{dx_l} - 2\tau_{xy}\big|_{x=x_l} - \gamma_0 M\sin\alpha = 0 \tag{6-27}$$

式中，γ_0 为煤体平均重度。

由式(6-27)可解得：

$$\sigma_y\big|_{x=x_l} = Ce^{\frac{2\tan\varphi_0}{M\beta_1}x_l} - \frac{2C_0-\gamma_0 M\sin\alpha}{2\tan\varphi_0} \tag{6-28}$$

令式(6-25)中 $x=x_1$，$y=M/2$，与式(6-28)比较可得：

$$\begin{gathered} A=\frac{2C_0-\gamma_0 M\sin\alpha}{2\tan\varphi_0} \\ B=\frac{2\tan^2\varphi_0}{M\beta_1} \\ C=B_0 e^{\frac{(B-Y)M}{2}}=B_0 e^{\frac{2\tan 2\varphi_0-YM\beta_1}{2\beta_1}} \end{gathered} \tag{6-29}$$

联立式(6-19)、式(6-26)、式(6-27)和式(6-29)可得：

$$\begin{gathered} \sigma_y\big|_{x=x_l} = Ce^{\frac{2\tan 2\varphi_0}{M\beta_1}x_l} - \frac{2C_0-\gamma_0 M\sin\alpha}{2\tan\varphi_0} \\ M\beta_1\sigma_y\big|_{x=x_l} + 2\int_0^{x_l}\tau_{xy}\,dx - P_x M - \gamma_0 M\sin\alpha = 0 \end{gathered} \tag{6-30}$$

由于

$$\int_0^{x_l}\tau_{xy}\,dx = \frac{M\beta_1}{2}C(1-e^{\frac{2\tan\varphi_0}{M\beta_1}}) \tag{6-31}$$

由式(6-30)、式(6-31)可得：

$$C=\frac{1}{\beta_1}(P_x+\gamma_0 x_l\sin\alpha)+\frac{2C_0-\gamma_0 M\sin\alpha}{2\tan\varphi_0} \tag{6-32}$$

将 $Y=\gamma_0\cos\alpha$ 和式(6-32)代入式(6-29)可得：

$$B_0=\left[\frac{1}{\beta_1}(P_x+\gamma_0 x_l\sin\alpha)+\frac{2C_0-\gamma_0 M\sin\alpha}{2\tan\varphi_0}\right]e^{\frac{M\beta_1\gamma_0\cos\alpha-2\tan^2\varphi_0}{2\beta_1}} \tag{6-33}$$

因此，极限平衡区内任意一点的应力为：

$$\sigma_y=\left[\frac{1}{\beta_1}(P_x+\gamma_0 x_l\sin\alpha)+\frac{2C_0-\gamma_0 M\sin\alpha}{2\tan\varphi_0}\right]\times e^{\frac{M\beta_1\gamma_0\cos\alpha-2\tan^2\varphi_0}{2\beta_1}+\frac{2\tan^2\varphi_0}{M\beta_1}+\left(\frac{2\tan^2\varphi_0}{M\beta_1}-\gamma_0\cos\alpha\right)y} \tag{6-34}$$

$$\tau_{xy}=-\left\{\left[\frac{1}{\beta_1}(P_x+\gamma_0 x_l\sin\alpha)+\frac{2C_0-\gamma_0 M\sin\alpha}{2\tan\varphi_0}\right]\times e^{\frac{M\beta_1\gamma_0\cos\alpha-2\tan^2\varphi_0}{2\beta_1}+\frac{2\tan^2\varphi_0}{M\beta_1}+\left(\frac{2\tan^2\varphi_0}{M\beta_1}-\gamma_0\cos\alpha\right)y}\tan\varphi_0+C_0\right\} \tag{6-35}$$

将 $y=M/2$，$x=x_l$，$\sigma_y\big|_{x=x_l}=\sigma_{y_l}\cos\alpha$ 代入式(6-35)，可以求得巷帮与煤柱极限应力峰值处的距离：

$$x_{l_上}=\frac{M\beta_1}{2\tan\varphi_0}\ln\left[\frac{\beta_1(\sigma_{y_l}\cos\alpha\tan\varphi_0+2C_0-\gamma_0 M\sin\alpha)}{\beta_1(2C_0-\gamma_0 M\sin\alpha)+2P_x\tan\varphi_0}\right] \tag{6-36}$$

式(6-36)为采空区煤柱位于巷道上侧方时，即为上侧煤柱，巷帮距煤柱极限应力峰值处的距离。对于采空区煤柱位于巷道下侧方时，即下侧煤柱，巷道距煤柱极限应力峰值处的距离为：

$$x_{l_下}=\frac{M\beta_1}{2\tan\varphi_0}\ln\left[\frac{\beta_1(\sigma_{y_l}\cos\alpha\tan\varphi_0+2C_0+\gamma_0 M\sin\alpha)}{\beta_1(2C_0-\gamma_0 M\sin\alpha)+2P_x\tan\varphi_0}\right] \tag{6-37}$$

结合以上分析可知，当煤柱两侧塑性区宽度之和大于煤柱宽度 L，即煤柱在整体上处于塑性状态，中间弹性核宽度为 0，则煤柱稳定性明显降低，减小了向底板传递的集中载荷。此时煤柱宽度为：

$$L\leqslant(x_{l_上}+x_{l_下}) \tag{6-38}$$

保持煤柱稳定的基本条件为：在煤柱两侧形成塑性屈服后，煤柱中间仍处于弹性应力状态，也就是中间弹性核应具有一定宽度，煤柱核部的宽度一般取 1～2 倍煤柱高度，所以稳定煤柱的最小宽度 L_B 为：

$$L_B=(x_{l_上}+x_{l_下})+(1\sim2)M \tag{6-39}$$

即

$$L_B=\frac{M\beta_1}{2\tan\varphi_0}\ln\left[\frac{\beta_1(\sigma_{y_l}\cos\alpha\tan\varphi_0+2C_0-\gamma_0 M\sin\alpha)}{\beta_1(2C_0-\gamma_0 M\sin\alpha)+2P_x\tan\varphi_0}\right]+\frac{M\beta_1}{2\tan\varphi_0}\ln\left[\frac{\beta_1(\sigma_{y_l}\cos\alpha\tan\varphi_0+2C_0+\gamma_0 M\sin\alpha)}{\beta_1(2C_0-\gamma_0 M\sin\alpha)+2P_x\tan\varphi_0}\right]+(1\sim2)M \tag{6-40}$$

第二节　近距离煤层群开采下位煤层回采巷道合理位置确定

一、下煤层回采巷道顶板受力分析

上位煤层的开采破坏了原岩应力平衡状态，使应力重新分布，在残留煤柱下方产生应力集中的同时，也造成下位煤层顶板上应力呈现出明显的非均匀分布特征。不均匀受压容易产生横向拉应力，当横向拉应力达到或超过巷道周边围岩体的抗拉强度时，巷道就发生破坏。以矩形巷道为例，把巷道顶板简化成两端固支的梁，构建如图 6-7 所示的力学模型，分别对巷道在均匀压力和非均匀压力下进行受力分析。

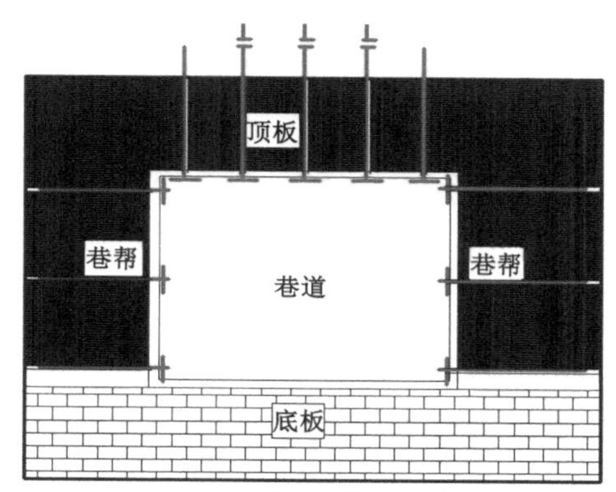

(a) 矩形巷道断面简图

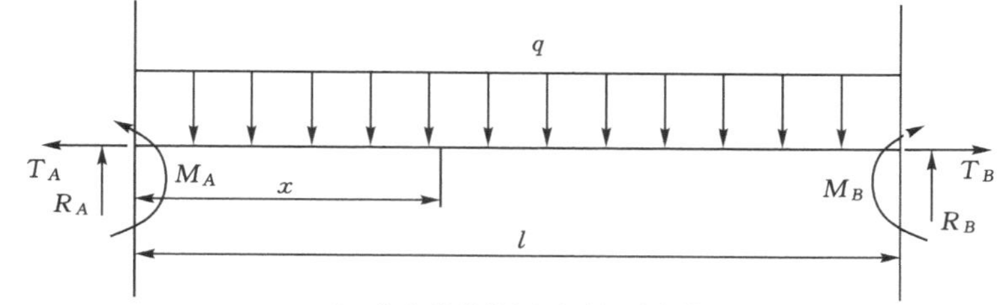

(b) 均布载荷作用下顶板受力模型

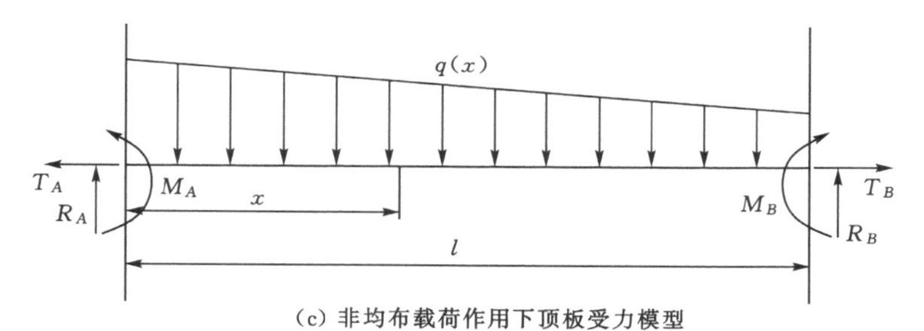

(c) 非均布载荷作用下顶板受力模型

Q—均布载荷；$q(x)=\frac{3q}{2}-\frac{qx}{l}$—非均布载荷；$l$—巷道顶梁长度；$M_A$，$M_B$—巷道两帮受到的力矩；$T_A$，$T_B$—巷道两帮受到的水平力；$R_A$，$R_B$—巷道两帮对顶板的作用力。

图 6-7　巷道顶板受力模型

根据结构力学中的位移法求解超静定问题，可列平衡方程：

$$\left.\begin{aligned}&\frac{l}{3EI}M_A-\frac{l}{6EI}M_B+\frac{\bar{\omega}}{EI}\times\frac{x}{l}=0\\&-\frac{l}{6EI}M_A+\frac{l}{3EI}M_B-\frac{\bar{\omega}}{EI}\times\frac{l-x}{l}=0\\&\sum F_x=0,\sum F_y=0\end{aligned}\right\}\tag{6-41}$$

式中，$\bar{\omega}$ 为载荷弯矩图的面积；x 为最大弯矩处距离 A 点的距离；EI 为梁的抗弯刚度。

(1) 对于图 6-7(b)所示的两端受均布载荷作用的固支梁，$\bar{\omega}=\frac{ql^3}{12}$、$x=\frac{l}{2}$，由式(6-41)可以求解得到最大弯矩发生在梁的两端，$M_{\max}=-\frac{ql^2}{12}$。因此，该处的最大拉应力为：$\sigma_{\max}=-\frac{ql^2}{2h^2}$，梁两端的竖直支撑力 $R_A=R_B=\frac{ql}{2}$。

(2) 对于图 6-7(c)所示的两端受非均布载荷作用的固支梁，$\bar{\omega}x=\bar{\omega}_1x_1+\bar{\omega}_2x_2=\frac{31ql^4}{720}$、$\bar{\omega}(l-x)=\bar{\omega}_1(l-x_1)+\bar{\omega}_2(l-x_2)=\frac{29ql^4}{720}$，代入式(6-41)可求得杆两端的弯矩 $M_A=-\frac{11ql^2}{120}$，$M_A=\frac{9ql^2}{120}$，因此，杆两端的拉应力分别为 $\sigma_A=-\frac{11ql^2}{20h^2}$，$\sigma_B=\frac{9ql^2}{20h^2}$，梁两端的竖直支撑力分别为 $R_A=\frac{3ql}{5}$，$R_B=\frac{2ql}{5}$。

由上述计算可以看出，在总荷载相同的情况下，巷道顶板在非均匀分布荷载作用下产生的拉应力 $\sigma_A=-\frac{11ql^2}{20h^2}$ 大于均匀分布荷载条件下产生的拉应力 $\sigma_{\max}=-\frac{ql^2}{2h^2}$，所以巷道顶板在非均匀分布荷载作用下产生的拉应力更容易达到该处的抗拉强度极限，巷道顶板可能会在该处拉裂。不仅如此，在非均匀分布荷载作用下，巷道两帮受到的顶板压力也明显不同，这将容易造成巷道两帮的不均匀变形。因此，在非均布载荷作用下，巷道很容易出现局部拉应力过大以及局部过载变形较大而破坏，进而引起巷道整体失稳。

二、下煤层回采巷道位置确定方法

对于稳定煤柱，底板受其影响的应力差异很大，应力分布的非均匀性明显。应力集中程度最高的地方均发生在煤柱下方，并向采空区发展，应力集中程度迅速降低。对于同一水平上的底板，距离煤柱越近，应力不均衡程度显现得越明显，距离煤柱越远，应力不均衡程度影响越小，应力分布状态越趋于均匀。通常认为，下煤层开采时，在上煤层残留区段煤柱边缘会形成一个应力降低区，为避开煤柱压力集中区，将下煤层回采巷道布置在此区域内是合适的，且易于维护。然而在设计下煤层巷道位置时，只考虑避开煤柱支承压力增高区是不行的，还需从巷道在非均匀应力场中极易变形破坏的原因上进一步分析，综合分析以确定近距离下煤层回采巷道的合理位置。

三、下煤层回采巷道位置确定

近距离煤层群下部煤层综放回采巷道的布置，不仅要尽可能将巷道布置在离煤柱水平

方向一定距离的采空区下方的应力降低区内，而且要充分考虑煤柱底板应力场不均衡程度的影响。对盛安煤矿 6# 煤层开采煤柱下方下部煤层沿同一水平方向的垂直应力分布进行监测，可以得到如图 6-8 所示的下部煤层底板应力分布曲线。

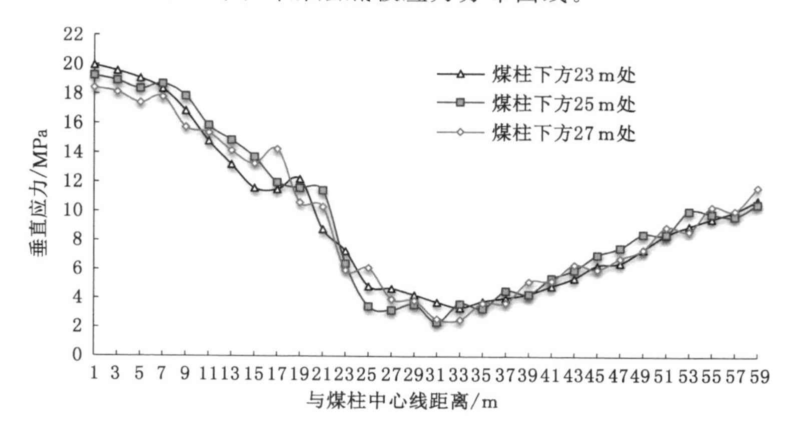

图 6-8　下部煤层底板应力分布曲线

从图 6-8 中可以看出，下部煤层巷道底板所在水平垂直应力降低区距煤柱边缘 11 m（距煤柱中心线 21 m），巷道中部所在水平应力降低区距煤柱边缘 10 m（距煤柱中心线 20 m），巷道中部所在水平应力降低区距煤柱边缘 9 m（距煤柱中心线 19 m）。且对于同一水平面上应力降低区内底板而言，越靠近煤柱，应力不均衡程度越明显。此时，将巷道布置在应力降低区内距煤柱底板越远越好，但考虑到最大限度节约资源这一原则，巷道布置需要找到一个平衡点：既要考虑应力降低区内应力不均衡程度的影响，又要少留煤柱以最大限度回收资源。因此，需要对应力不均衡程度进行定义。

莫尔-库仑强度准则认为：由最大主应力和最小主应力组成的莫尔应力圆与强度曲线莫尔包络线相切时，材料就发生破坏。因此，对于同一水平面上的底板而言，煤体内聚力和内摩擦角一定，莫尔强度曲线亦不发生变化。可以定性地认为，同一水平面某一点处的最大主应力与最小主应力之差越大，该处越容易发生破坏，相反最大主应力与最小主应力之差越小，该处越不易发生破坏。

因此，采用主应力改变量 $\Delta\sigma$ 来表示应力不均衡程度，即

$$\Delta\sigma = \sigma_1 - \sigma_3 \tag{6-42}$$

式中，σ_1 为同一水平面底板上最大主应力；σ_3 为同一水平面底板上最小主应力。

由式(6-42)可知，$\Delta\sigma$ 值小，表明该处应力不均衡程度就小。因此，求得同一水平底板主应力改变量 $\Delta\sigma$ 的较小值就可以确定巷道的合理位置。

图 6-9 为下部煤层巷道底板、巷道中部、巷道顶板所处水平最大主应力、最小主应力以及两者之差的应力分布曲线。由图 6-9 可以看出，距离煤柱边缘 15～20 m（距煤柱中心线 25～30 m）处，$\Delta\sigma$ 较小。

根据以上分析，考虑最大限度回收资源，结合数值模拟结果可以确定，下部煤层综放回采巷道应该布置在距离残留煤柱水平方向 14 m 处。

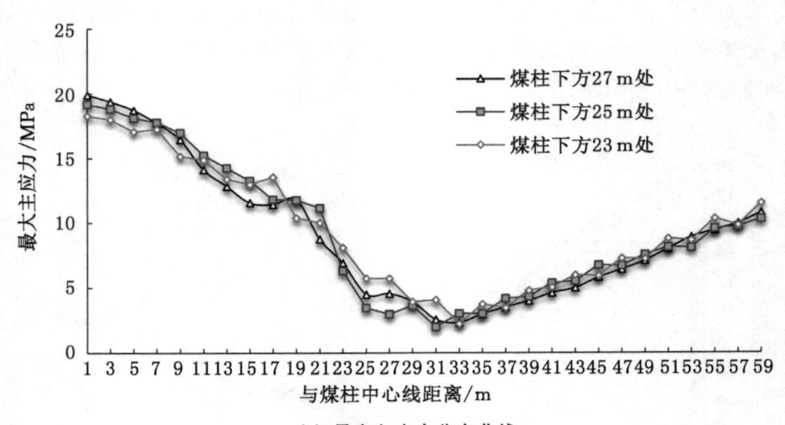

(a) 最大主应力分布曲线

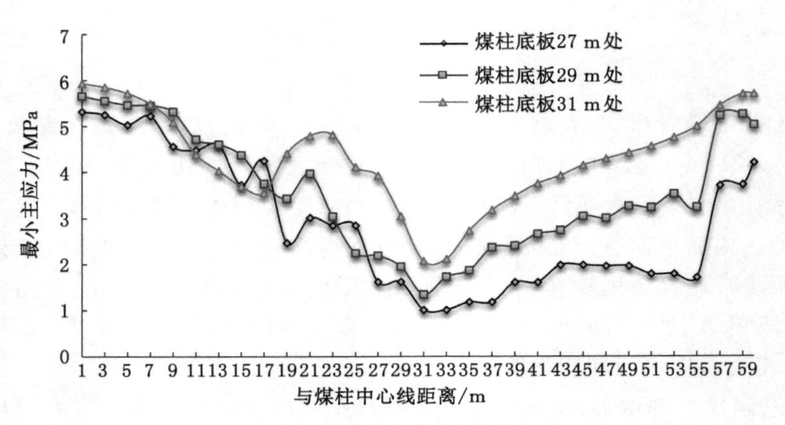

(b) 最小主应力分布曲线

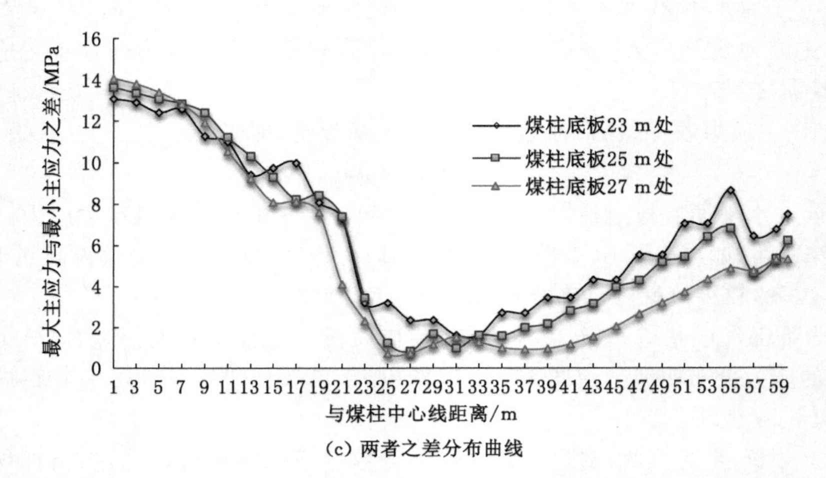

(c) 两者之差分布曲线

图 6-9　下部煤层底板主应力分布曲线

第三节　近距离煤层群开采下位煤层回采巷道稳定性分析

一、土城矿17101工作面回采巷道稳定性分析

通过对土城矿17101工作面回采巷道变形与破坏特征的现场调研、总结，得到近距离煤层群重复采动下回采巷道具有巷道围岩变形量大，持续时间长；巷道围岩所受压力大，U型钢变形较大、扭曲严重；巷道围岩较松软破碎，整体性较差，同时，锚杆、锚索锚固性能得不到充分发挥等特征。基于此，分别从巷道围岩强度、裂隙发育程度和围岩应力分布特征方面分析重复采动下巷道失稳机制。

（一）巷道顶板岩体强度

巷道围岩岩体强度大小是影响巷道围岩稳定性的内在因素，为了得到顶板岩体强度及在单轴压缩状态下变形与破坏特征，第二章在回采巷道变形与破坏地段取芯，对泥岩和砂岩分别在岩石力学试验机上进行试验。

1. 泥岩单轴抗压试验结果分析

由图2-15可以看出，两个泥岩岩块破坏前的轴向应变都小于3%，岩块破坏形式属于脆性破坏。岩块屈服阶段时间较短，当应力超过其强度极限时，岩块很快就发生了破坏。岩块破坏后的残余强度很低，几乎无承载能力。两个泥岩岩块的破坏强度分别为9.5 MPa和8.5 MPa，平均破坏强度为9 MPa，属于软岩。

2. 砂岩单轴抗压试验结果分析

由图2-17可以看出，S1砂岩试件的应力-应变曲线不是光滑的，这表明试件内部存在大量裂纹，且砂岩岩石试件的破坏形式属于拉裂破坏。试件破坏时的轴向应变为0.002，属于脆性破坏，其破坏强度为30 MPa。

由泥岩与砂岩的单轴抗压强度试验可以看出，巷道围岩本身强度低，承载力小，在较高水平应力作用下更容易出现拉裂破坏，这也是巷道围岩易失稳的一个内在因素。

（二）巷道围岩松动圈钻孔观测结果分析

裂隙发育情况与分布特征是决定岩石强度的一个重要因素，更是影响巷道围岩稳定性的一个重要因素。通过钻孔窥视仪对巷道超前段、地质构造影响段、正常段顶板及两帮裂隙发育程度进行观测，结果表明，巷道顶板以上0～0.6 m较为破碎，纵向裂隙发育；0.6～2.8 m包含纵向裂隙、横向裂隙、交叉裂隙等多种裂隙，且都较为发育，其中2.8 m处多为环状裂隙，同时出现局部破碎；3.4～4 m环向裂隙和纵向裂隙发育；4～5 m范围内仍有微裂隙发育。

通过分析可以得到，受重复开采扰动的影响，巷道围岩裂隙比较发育，岩体强度变得更低，在较高应力作用下，巷道围岩易出现破坏，围岩在短时间内将经历变形、破裂、破碎进而形成大范围破碎。

（三）巷道围岩应力分布特征

巷道围岩应力是影响巷道稳定性的外在因素，也是决定巷道是否发生破坏的重要因素。为了获得重复采动下巷道周边应力分布特征，采用FLAC3D软件模拟了15#、16#煤层开采后巷道周边最大主应力与最小主应力分布情况，模拟结果如图6-10和图6-11所示。

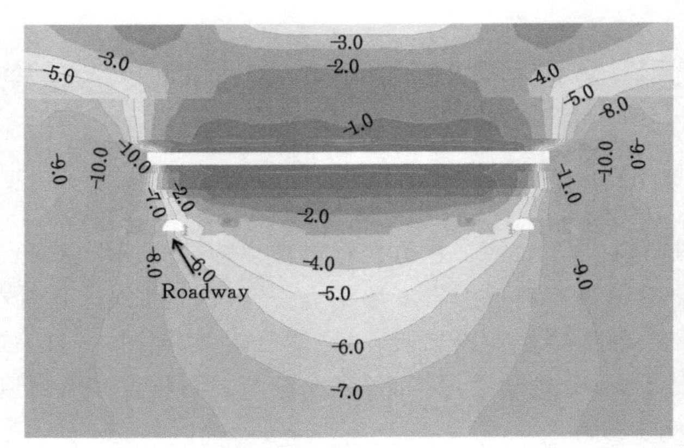

(a) 最小主应力

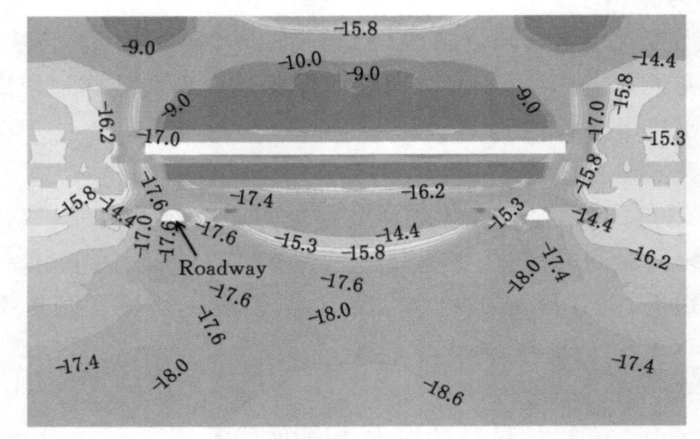

(b) 最大主应力

图 6-10　15# 煤层开采后底板应力分布特征

由图 6-10 和图 6-11 可以得出：

(1) 15# 煤层开采后在煤柱下方产生应力集中，在采空区下方一定范围内形成应力降低区。此时，回采巷道轴线所在位置最小主应力为－6.0 MPa，最大主应力为－17.6 MPa，最大主应力约为最小主应力的 2.93 倍。

(2) 15#、16# 煤层都开采后，17# 煤层进一步得到卸压，应力集中程度也相应降低。但由于巷道与煤柱边缘的水平距离为 10 m，离煤柱较近，受煤柱应力集中的影响，此时回采巷道轴线所在位置最小主应力为－6.0 MPa，最大主应力为－18.6 MPa，最大主应力约为最小主应力的 3.1 倍。

由以上分析可以知道，17# 煤层回采巷道布置在煤柱边缘水平距离 10 m 处时，虽然属于应力降低区内，但巷道轴线处最大主应力约为最小主应力的 3 倍，根据莫尔-库仑强度准则，最大主应力与最小主应力差值越大，巷道越容易发生破坏，且由于最大主应力为水平应力、最小主应力为垂直应力，在较高水平应力下，巷道两帮破坏程度较顶底板更为严重。因此，巷道位置布置不合理，应至少布置在距煤柱边缘水平距离为 15～20 m 处。

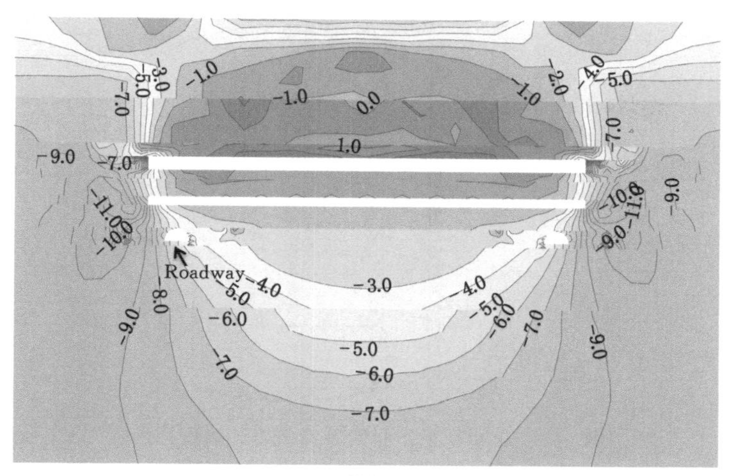

(a) 最小主应力

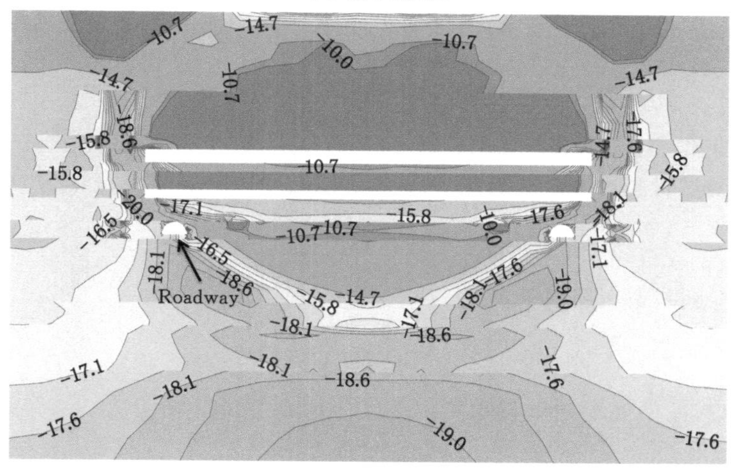

(b) 最大主应力

图 6-11 16[#]煤层开采后底板应力分布特征

二、盛安煤矿 10905 工作面回风巷覆岩结构及稳定性分析

(一) 巷道覆岩结构特征

随着 10903 工作面的推进，基本顶的悬空长度随着工作面的推进而加大，当工作面推进到一定长度时，顶板开始出现“O-X”形破断；随着工作面的不断向前推进，基本顶随之发生周期性的“O-X”形破断。在 10903 工作面端头处，基本顶破断形成悬臂梁结构，由于巷道上方基本顶的回转下沉，将在煤体前方断裂形成弧形三角块结构 B，三角块与前端岩块 A 及后段岩块 C 铰接后形成三铰拱结构，如图 6-12 所示。由现场观测及 6[#]煤层顶板损伤深度计算可知，9[#]煤层顶板损伤不大，可近似认为该结构符合“S-R”稳定性原理，弧形三角块 B 在铰接结构的位置、大小、运动状态等都对 10905 工作面回风巷的稳定性起决定性作用，称之为关键块。

基本顶关键块的尺寸主要有沿走向的破断长度 L_1、侧向断裂长度 L_2 及侧向基本顶断

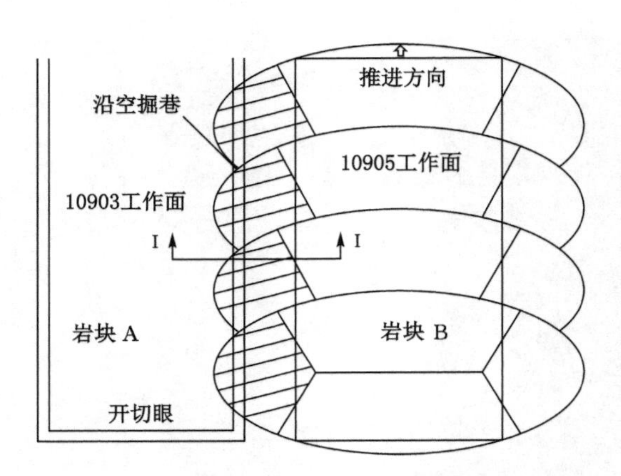

图 6-12　10905 工作面回风巷覆岩结构模型图

裂线与采空区煤壁边缘的水平距离 x_1。通过 10903 工作面的周期来压步距可确定关键块的大概尺寸。

1. 基本顶沿走向破断长度

关键块沿 10903 工作面推进方向的破断长度 L_1 及基本顶断裂的周期来压步距，可根据现场观测，也可通过材料力学理论计算。悬臂梁横截面内任意点的正应力可用下式计算：

$$\sigma = \frac{MY}{J} \tag{6-43}$$

当悬臂梁到达极限跨距时，弯矩为：

$$M_{\max} = \frac{qL^2}{2} \tag{6-44}$$

Y 为中性轴与截面底端的垂直距离：

$$Y = \frac{h}{2} \tag{6-45}$$

J 为梁结构截面对中性轴的惯性矩，当梁为单位宽度时：

$$J = \frac{h^3}{12} \tag{6-46}$$

当悬臂梁断裂时，σ 取极限抗拉强度 R_t，得：

$$L_1 = h\sqrt{\frac{R_t}{3q}} \tag{6-47}$$

式中，q 为单位面积基本顶所受载荷；R_t为基本顶极限抗拉强度；h 为基本顶岩层厚度。

通过对盛安煤矿 10903 工作面的实际监测知，由于受 6# 煤层的开采影响，且 6# 煤层与 9# 煤层间距仅为 6.23 m，周期来压频繁，周期来压步距为 8～12 m，取平均值为 10 m，即 $L_1 = 10$ m。

2. 基本顶侧向断裂长度

基本顶侧向断裂时的长度 L_2与 10903 工作面的周期来压及工作面的长度 S 有关，用式(6-48)计算。

$$L_2 = \frac{2L_1}{17}\left[\sqrt{\left(10\frac{L_1}{S}\right)^2 + 102} - 10\frac{L_1}{S}\right] \tag{6-48}$$

根据盛安煤矿实际情况，10903 工作面长度取 $S=127$ m,，求得 $L_2=11.0$ m。

3. 基本顶断裂位置分析

基本顶断裂的位置一般有四种，每种断裂形式都对沿空巷道稳定性造成一定的影响。当基本顶断裂于沿空巷道实煤体上部时，关键块在煤柱与实煤体的支撑作用下运动滑移缓慢，稳定性相对较好。当基本顶断裂于巷道上方时，关键块破断将造成巷道顶板及附近煤岩体的破碎，并会导致锚杆索着力点失效，巷道维护困难。当基本顶断裂于煤柱上方时，关键块在回转下沉时将导致一部分的力施加在煤柱上，若煤体强度较小，煤柱侧变形量较大，巷道难以维护。当基本顶断裂于煤柱外采空区侧时，其破断、回转下沉等作用对巷道造成的影响最低，巷道围岩稳定性最好，如图 6-13 所示。

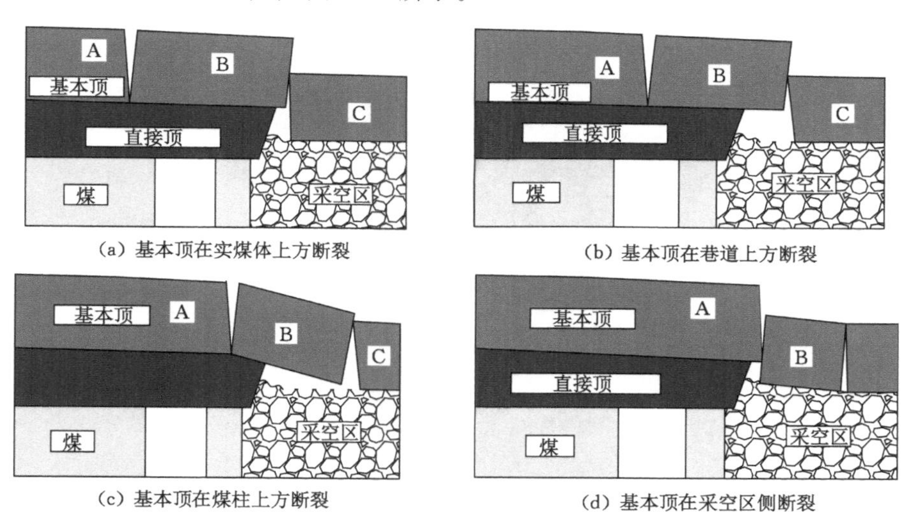

图 6-13 沿空巷道基本顶断裂位置

4. 基本顶断裂位置计算

根据上述分析可知，沿空巷道的稳定性受到基本顶的断裂位置的影响。因此，确定 10903 工作面基本顶断裂位置对于估测 10905 工作面回风巷稳定性具有重要作用。多数研究者将基本顶的断裂位置总结为：工作面回采过后，在采空区煤柱侧的弹塑性交界处，可由式(6-49)计算：

$$x_1=\frac{mA}{2\tan\varphi_0}\ln\frac{K_2\gamma H+\dfrac{C_0}{\tan\varphi_0}}{\dfrac{C_0}{\tan\varphi_0}+\dfrac{P_s}{A}} \tag{6-49}$$

式中，x_1 为 10903 采空区靠近巷道一侧边缘距基本顶断裂线的水平距离，m；m 为煤层平均厚度，取 1.8 m；A 为侧压系数；取 0.25；φ 为煤层平均内摩擦角，取 25°；C_0 为煤体平均内聚力，取 1.28 MPa；K_2 为应力集中系数，取 3；γ 为上覆岩层平均重度，取 2 500 kN/m^3；H 为巷道埋藏深度，取 194 m；P_s 为上区段巷道煤帮支护阻力，取 0.2 MPa。

将上述参数代入式(6-49)计算得到 $x_1=2.89$ m，因此，基本顶断裂位置距采空区煤壁边缘约 2.89 m。

（二）重复采动下巷道围岩应力及变形演化规律

根据盛安煤矿目前采掘计划实际情况，10905 工作面回风巷相邻的 10903 工作面还未采掘结束，10905 工作面回风巷部分需经历 10903 工作面回采时的重复采动影响，10905 工作面回风巷已掘段倾向方向上的 10903 工作面在 2016—2017 年已采掘结束，可认为 10905 工作面回风巷掘进时煤柱侧工作面为采空区。因此，模型将沿 Y 方向推进，先开采 6# 煤层。为消除边界影响，6# 煤层回采时在 X、Y 方向分别留 40 m、20 m 煤柱，待 6# 煤层开采为采空区后掘进 10903 工作面运输巷，探究 10903 工作面运输巷掘进对 10905 工作面回风巷预留巷道位置的影响，然后沿 Y 方向开采 10905 工作面回风巷 30 m，探究本掘进面采动对巷道围岩稳定性的影响，接着从相反方向对 10903 工作面进行回采，探究 10905 工作面回采巷道在重复采动下巷道的围岩稳定性，如图 6-14 所示。

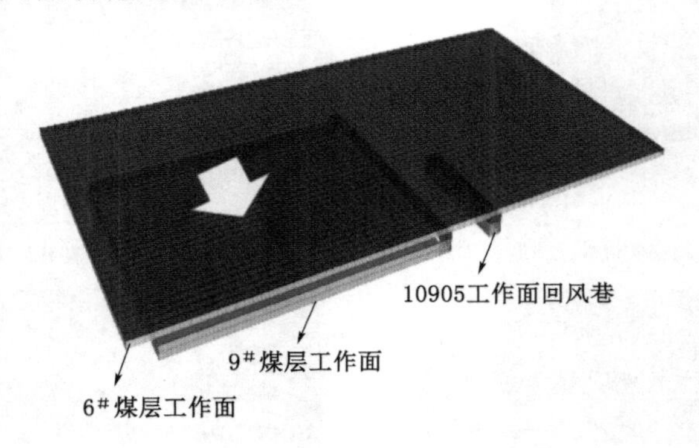

图 6-14　模型推进方案示意

为了更直观综合地研究巷道在不同采掘时段和部位的应力及变形规律，在巷道走向方向及煤柱上均布置测点监测不同采动时段巷道及煤柱的应力和位移变化。

1. 巷道围岩应力演化规律

图 6-15 至图 6-17 所示为上煤层推进、相邻巷道推进及本巷道推进 30 m 时的预留巷道围岩应力演化规律。上煤层沿 Y 方向开采范围为 20～100 m，根据盛安煤矿实际情况，6# 煤层开采时使用无煤柱沿空留巷技术，9# 煤层开采时可近似忽略上位煤层遗留煤柱的影响。因此，模型推进时 6# 煤层推进范围内均为采空区，未留煤柱。为尽量避免边界煤柱对下位煤层开采时的影响，9# 煤层工作面及巷道均与 6# 煤层工作面错开 10 m。下位煤层 Y 方向推进范围为 30～90 m，由于需要研究相邻工作面回采对掘进巷道的影响，因此 10905 工作面回采巷道推进范围仅为 30～60 m。

图 6-15 所示为上位煤层开采时预留巷道及煤柱顶板位置处的垂直应力分布情况，图中每条线代表不同的预留巷道走向位置，预留巷道及煤柱位置处 132～143 m 范围为留设煤柱，143～147 m 处为巷道顶板位置，148～152 m 处为 10905 工作面回风巷实煤体帮顶板位置。由图 6-15 可以看出，当上位煤层推进扰动时，由于两层煤层间距较小，且两煤层之间岩层强度较低，预留巷道及煤柱位置处卸压效果较好，应力值较低，其中在巷道走向位置 30 m、90 m 处由于受采空区边界煤柱的影响，应力值稍高，平均值分别为 0.31 MPa、0.30 MPa，且垂直应力方向向下。在预留巷道走向位置 40 m、50 m、70 m、80 m 处垂直应力方向向上，这是由于在上煤层开采后，采空区下部的岩层由原来的挤压力逐渐变为了拉应

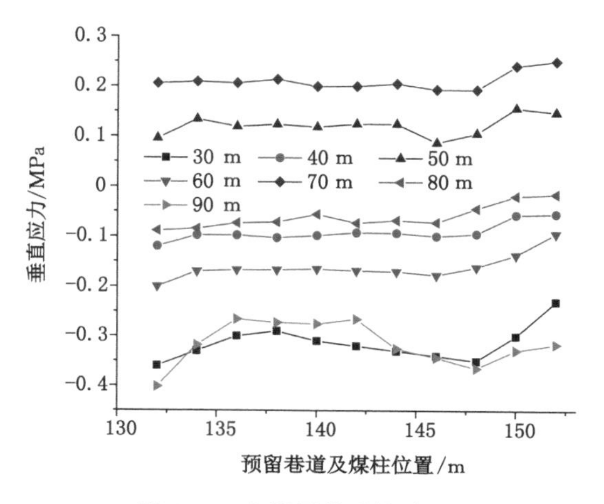

图 6-15 上煤层推进扰动影响

力，煤岩层开始逐渐膨胀产生裂隙。在巷道走向位置 30 m、60 m、90 m 处垂直应力方向向下，但数值均较小，说明上煤层工作面采动卸压效果良好，但采空区 60 m 处可能为初次来压地点，覆岩垮落压实，导致下部预留巷道位置处垂直应力依旧向下。

图 6-16 所示为相邻巷道开采时预留巷道及煤柱顶板位置处的垂直应力分布，图中每条线代表不同的预留巷道走向位置。由图 6-16 可以看出，由于层间距较小及巷道本身推进影响范围较小等，在相邻巷道采动过后上煤层推进的影响依旧较大，预留巷道及煤柱顶板整体垂直应力变化不大。但由于相邻巷道推进的影响，产生一定的侧向压力集中，预留巷道及煤柱部分顶板垂直应力由近及远呈现出先变大后变小的趋势，说明远离相邻巷道位置处受采动影响不大。

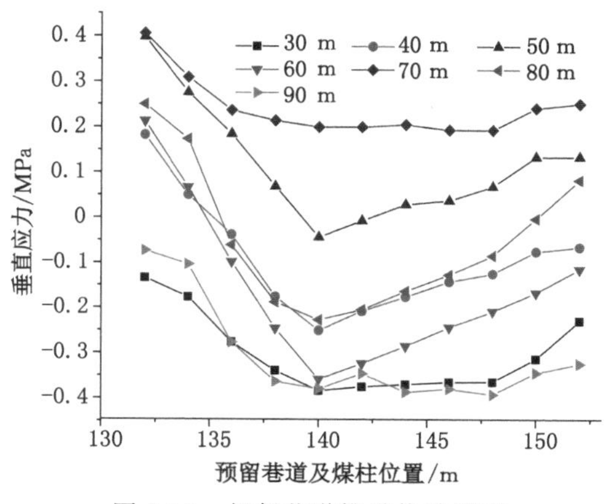

图 6-16 相邻巷道推进扰动影响

图 6-17 所示为本巷道推进时巷道及煤柱位置处垂直应力分布情况。由于本巷道仅推进30 m，所以巷道走向位置为 Y 方向的 30～60 m。由图 6-17 可以看出，本巷道推进后，巷道走向 40 m、50 m 位置处垂直应力分布规律变化不大，但在工作面前后方巷道走向 30 m、60 m位置处应力分布变化较大，此位置处巷道顶板应力较大。

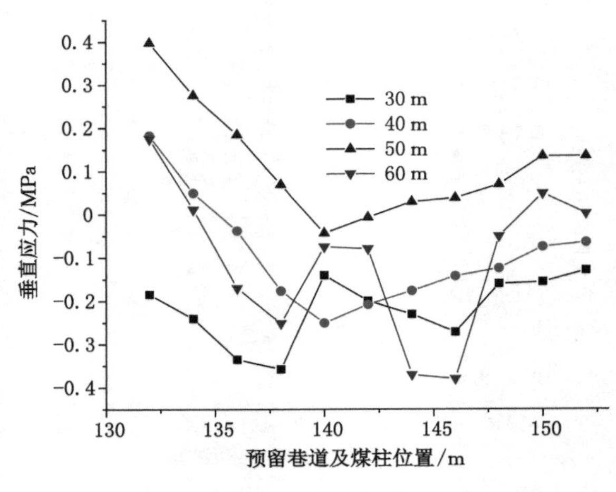

图 6-17　本巷道推进扰动影响

综上所述，巷道及煤柱预留位置处，在上煤层、相邻巷道、本巷道推进影响下，由于相邻巷道及本巷道推进范围较小，应力变化较小。由于两层煤之间层间距较小且其间岩层强度较低，6# 煤层推进后对 9# 煤层卸压效果较好，对预留巷道及煤柱之后的应力值大小及分布造成的影响最大。

图 6-18 至图 6-24 所示为相邻工作面回采方向相反时不同巷道及煤柱走向位置处的垂直应力分布。巷道走向方向为图 6-14 中的纵向方向。

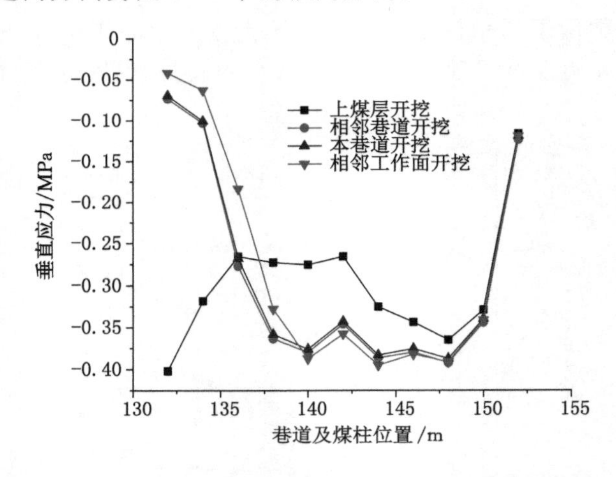

图 6-18　巷道走向 90 m 垂直应力分布情况

如图 6-18 所示，由于工作面回采方向与巷道推进方向相反，因此先观察相邻工作面向回采方向相反时巷道及煤柱走向位置 90 m 处的垂直应力分布情况。由图 6-18 可以看出，上煤层工作面推进过后，对该位置应力影响最大的阶段为相邻巷道推进阶段，如 X 反方向 132 m 位置处煤柱垂直应力由上煤层推进过后的－0.4 MPa 变为－0.07 MPa。由于 10905 工作面回风巷本巷道在 Y 方向推进范围仅为 30～60 m，因此在 90 m 煤柱及巷道处应力变化不大，在本巷道及相邻工作面推进过后垂直应力分别为－0.06 MPa、－0.04 MPa，垂直应

力减小，但变化不大。

图 6-19 所示为相邻工作面回采方向相反时巷道及煤柱走向位置 80 m 处的垂直应力分布情况。由图 6-19 可以看出，在上煤层推进过后，80 m 处煤柱及巷道位置处垂直应力方向均向下，在相邻工作面开采后，由于采动的影响，80 m 位置处煤柱及巷道应力发生变化，在靠近相邻巷道处煤柱位置垂直应力方向朝上，此时，远离相邻巷道处的煤柱及巷道垂直应力方向朝下。

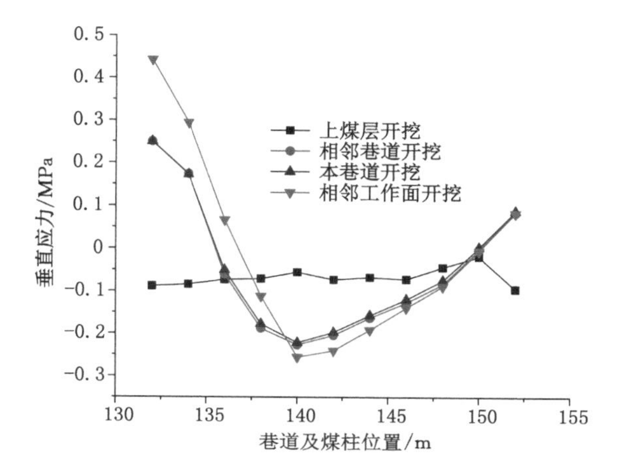

图 6-19　巷道走向 80 m 垂直应力分布情况

图 6-20 所示为相邻工作面回采方向相反时巷道及煤柱走向位置 70 m 处的垂直应力分布情况。由图 6-20 可以看出，由于该位置处 10905 工作面回采巷道还未推进，因此垂直应力影响最大的阶段依旧为相邻巷道推进阶段，但该位置处由于距 10905 工作面回风巷迎头距离较近，相邻工作面采动影响后垂直应力变化范围均比巷道走向 90 m、80 m 处的大。

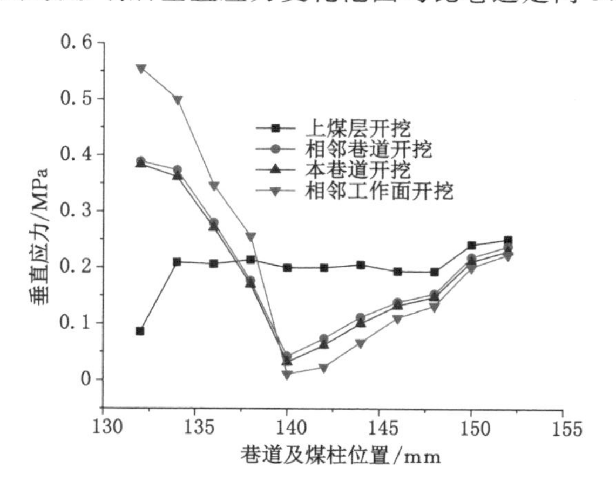

图 6-20　巷道走向 70 m 垂直应力分布情况

图 6-21 所示为相邻工作面回采方向相反时巷道及煤柱走向位置 60 m 处的垂直应力分布情况。由图 6-21 可以看出，该位置为 10905 工作面回风巷迎头处，此时靠近相邻工作面

处煤柱受重复采动影响垂直应力变化相对加大，在 10905 工作面回采巷道侧煤柱及巷道顶板处垂直应力受本巷道推进及相邻工作面推进影响变化较小。

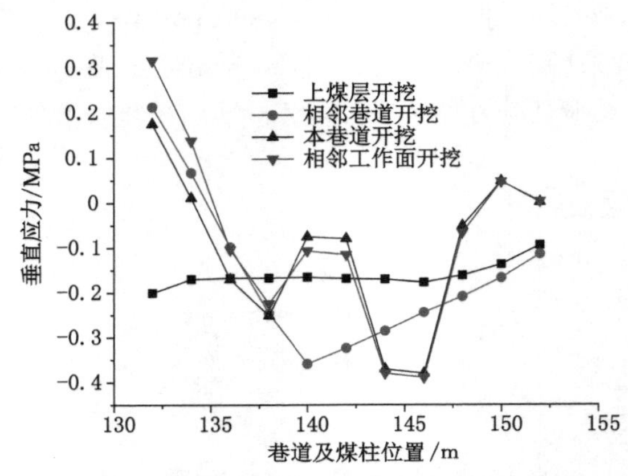

图 6-21　巷道走向 60 m 垂直应力分布情况

图 6-22 所示为相邻工作面回采方向相反时巷道及煤柱走向位置 50 m 处的垂直应力分布情况。由图 6-22 可以看出，在该位置处相邻巷道推进及本巷道推进对巷道垂直应力的影响都相对较大，但当相邻工作面推进时对巷道及煤柱处垂直应力的影响仅在靠近工作面侧的煤柱处变化稍大，远离工作面的煤柱位置及 10905 工作面回采巷道的垂直应力受相邻工作面采动影响较小。

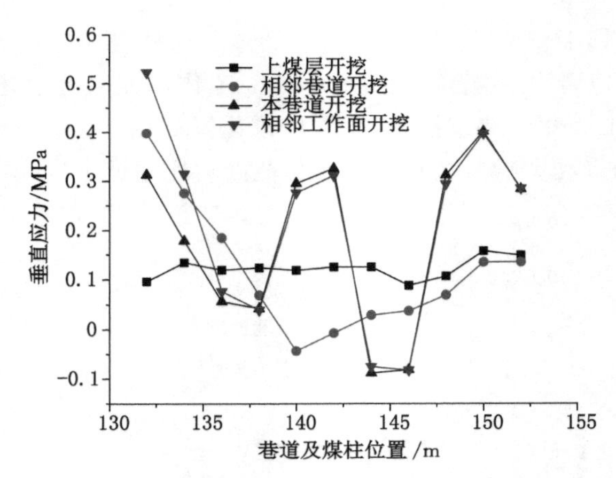

图 6-22　巷道走向 50 m 垂直应力分布情况

图 6-23 所示为相邻工作面回采方向相反时巷道及煤柱走向位置 40 m 处的垂直应力分布情况。由图 6-23 可以看出，该位置处受重复采动影响的垂直应力变化规律与 50 m 处的相似，当相邻工作面推进时仅在离相邻侧较近位置处垂直应力变化较大，远离工作面的煤柱位置及 10905 工作面回采巷道的垂直应力受相邻工作面采动影响较小。

图 6-24 所示为相邻工作面回采方向相反时巷道及煤柱走向位置 30 m 处的垂直应力分布情况。由图 6-24 可以看出，相邻工作面回采对煤柱及巷道垂直应力影响不大，依旧为远离相邻工作面处的煤柱及巷道位置在相邻工作面采动过后垂直应力变化很小。

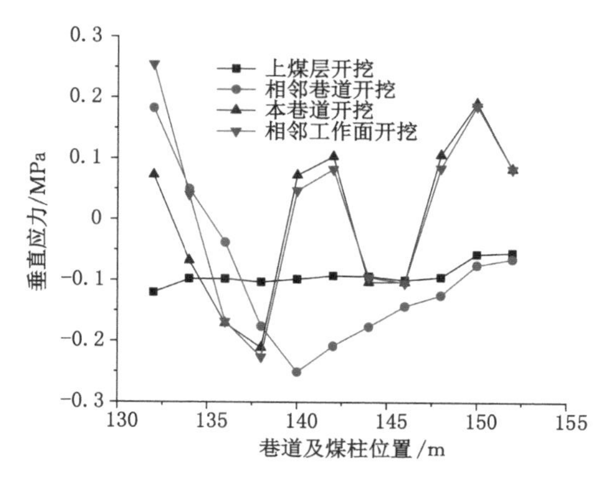

图 6-23 巷道走向 40 m 垂直应力分布情况

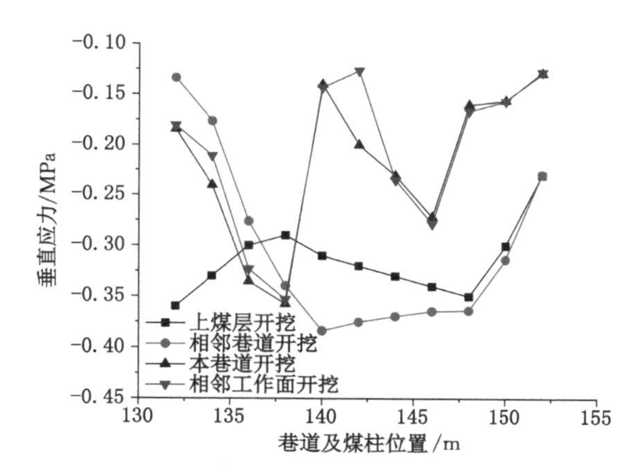

图 6-24 巷道走向 30 m 垂直应力分布情况

综上所述，由于两层煤层间距较小，且两煤层之间岩层强度较低，预留巷道及煤柱位置处卸压效果较好，应力值较低，其中在巷道走向位置 30 m、90 m 处由于受采空区边界煤柱的影响，应力值稍高，在整个巷道走向方向上下位煤层预留煤柱及巷道位置处垂直应力方向有向上的也有向下的，这是由于在上煤层开采后，采空区下部的岩层由原来的挤压力逐渐变为了拉应力，煤岩层开始逐渐膨胀产生裂隙。由于层间距较小及巷道本身推进影响范围较小等，在相邻工作面及本巷道采动过后预留巷道及煤柱顶板整体垂直应力变化不大，相邻工作面在重复采动后预留巷道及煤柱部分顶板垂直应力由近及远呈现出先变大后变小的趋势，说明远离相邻工作面位置处受采动影响不大。

2. 巷道围岩变形规律

图 6-25 至图 6-28 所示为重复采动下沿巷道不同走向位置处的围岩位移量。

图 6-25 所示为重复采动下巷道不同走向位置处的顶板位移量。由图 6-25 可以看出，巷道前 30 m 处位移变化量稍大，且影响最大阶段为 10905 工作面回风巷本巷道推进时，因此由于 10905 工作面回风巷还未在 60～90 m 处推进，巷道后半段顶板位移主要受上煤层工

作面采动影响，在重复采动影响下变化不大，相邻巷道采动时由于推进范围较小，且距离10905工作面回风巷距离较远，隔有13 m煤柱，因此对巷道顶板位移量影响不大。由于上煤层的采动卸压作用，与上煤层工作面有遗留煤柱不同，9$^{\#}$煤层工作面及巷道无煤柱导致的应力集中作用使得采空区下的9$^{\#}$煤层整体处于一个低应力的环境下，在相邻工作面重复采动情况下应力变化较小，10905工作面回风巷顶板位移量也相对较小。与图6-18巷道走向位置90 m处的垂直应力分布图相对应，该位置处巷道顶板应力急剧降低，且该处巷道还未推进，顶板上方由原来的压应力突然变为拉应力，导致该处岩层膨胀变形，位移方向向上，且变形量较大。

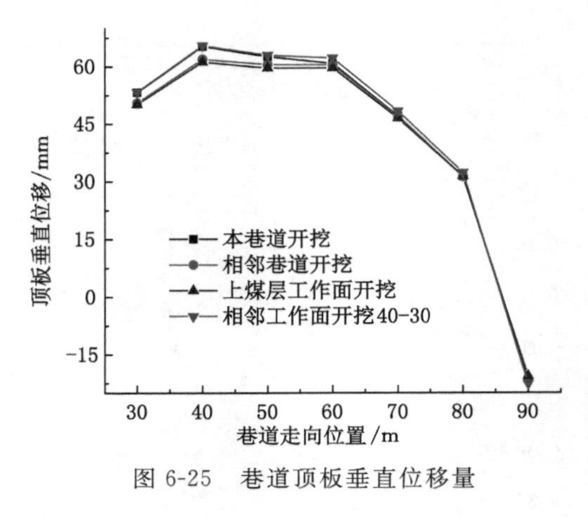

图6-25　巷道顶板垂直位移量

图6-26所示为重复采动下巷道不同走向位置处的底板位移量。由图6-26可以看出，巷道底板在重复采动影响下位移量变化较小，在巷道走向40～60 m位置处由于上煤层工作面采空区垮落矸石的压实作用，在该段位置处受重复采动影响下底板位移量变化稍大，其余地点受重复采动影响下底板位移量变化较小。

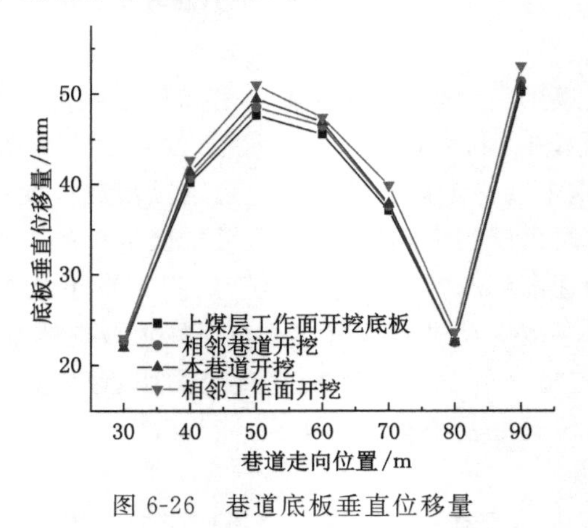

图6-26　巷道底板垂直位移量

图6-27所示为重复采动下巷道不同走向位置处的工作面帮水平位移量。由图6-27可以看出，在重复采动影响下，巷道两帮水平位移变化量较顶底板垂直位移变化量大，在相邻工作面回采作用下有较大变化，其中影响程度最大的阶段为10905工作面回风巷本巷道推

进时，但在10905工作面回风巷前方未推进部分位移变化量又有所减小。相邻工作面推进后，巷道水平位移量有所增大，但增大幅度较小。

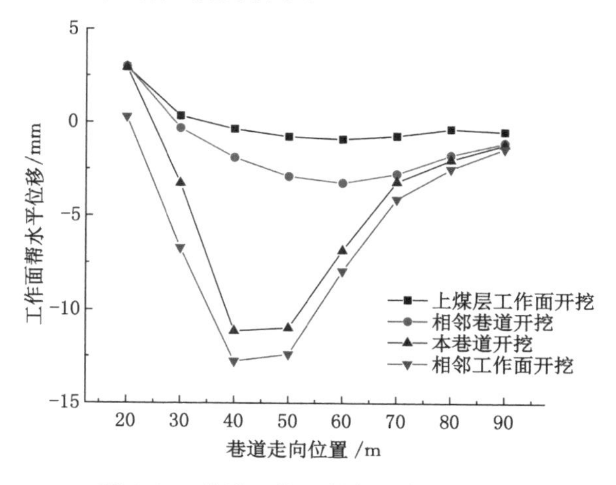

图6-27　巷道工作面帮水平位移量

图6-28所示为重复采动下巷道不同走向位置处的煤柱帮水平位移量。由图6-28可以看出，该位置处受重复采动影响的程度最大。在相邻巷道推进影响下，10905工作面回风巷煤柱帮水平位移量沿X负方向（即巷道外侧）迅速增大，当本巷道推进后，推进部分煤柱帮水平位移量沿X正方向再次迅速增大（即巷道内侧），该段巷道煤柱帮位移量反复大量相反变化，损坏程度最大。

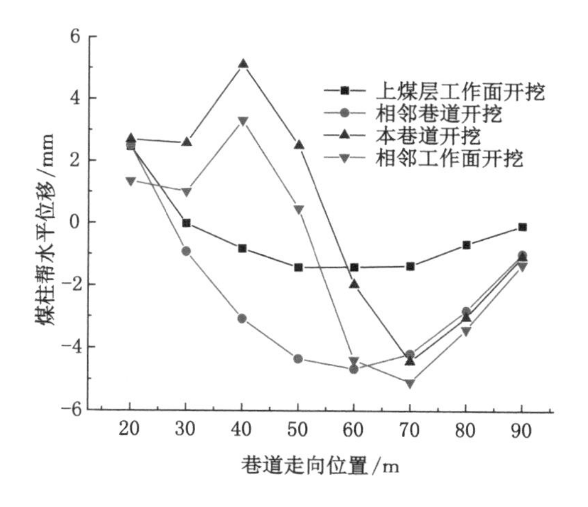

图6-28　巷道煤柱帮水平位移量

综上所述，近距离煤层无遗留煤柱采空区下巷道围岩变形机制与以往研究结果有所差别，9#煤层工作面及巷道无煤柱导致的应力集中作用，使得采空区下的9#煤层整体处于一个低应力的环境下，加之9#煤层工作面采高较小，工作面回采过后对上覆随动岩层影响相对厚煤层影响较小，使得在相邻工作面重复采动情况下应力变化值较小，10905工作面回风巷整体围岩位移变化量也相对较小。总体而言，在重复采动过后巷道围岩变形量随着采动次数的增加而增加，尤其巷道煤柱帮水平位移变化量较大，实际损坏程度最大。在开采时两帮变形容易出现对称情况，需关注煤柱帮的稳定维护。

第四节　巷道围岩稳定性控制

一、控制原理

根据以上数值模拟结果和现场调研分析研究可知，近距离煤层群重复采动下巷道围岩失稳机理为：巷道围岩本身强度低，承载力低，自稳能力差，易受工程扰动作用而破碎；受重复采动的扰动影响，巷道围岩裂隙发育，敏感性强，长期受到相邻巷道掘进及工作面回采的强烈扰动，易出现大范围松散、破碎；巷道位置布置不合理，巷道所受最大主应力与最小主应力差较大，在较高水平应力作用下围岩出现大范围膨胀变形，两帮变形破坏较顶底板严重，在支护强度不足时易出现大范围顶板垮落、煤帮垮塌和强烈底鼓现象。同时，普通锚杆索因抗剪切能力不足，无法抵抗高水平应力而发生扭弯、剪断等破坏现象。因此，采取合理支护措施、提高围岩强度和改善围岩应力状态，是实现此类巷道围岩稳定性控制的关键。

因此，可以得出近距离煤层群重复采动下巷道围岩控制应从三个方面入手：合理确定巷道位置，避开应力集中区，尽量将巷道布置在主应力差较小处；提高支护体的延伸量，使支护体能够适应围岩的大变形，防止支护体变形过大而失效；提高破碎围岩整体性和强度，以便提高围岩的自承能力和均匀传递水平应力的能力，同时发挥锚杆、锚索的锚固作用，形成高应力承载结构。

常见的巷道支护理论有悬吊理论、组合梁理论、组合拱理论等。悬吊理论认为当巷道顶板上方存在软弱岩层时，需将软弱岩层及上方的稳定顶板联系起来，使锚杆起到悬吊效果。当巷道顶板为坚硬岩层和松软破碎岩层时，悬吊效果分别如图 6-29(a)和图 6-29(b)所示。组合梁理论主要针对顶板有多个分层进行分析，当巷道顶板出现多个分层时，施加锚杆支护可增大岩层之间的摩擦力，有效抵抗岩层之间的滑动和离层，另外还可增大岩层的抗剪强度，使多个顶板之间互相固定，将其等效为一个岩层，如图 6-30 所示。组合拱理论认为可通过加装预应力锚杆，防治巷道围岩易破碎区域破碎面积继续增大，在锚杆间距减小时会形成一个均匀的组合压力拱，增大围岩强度，其在圆拱形巷道中使用较多。

上位煤层的开采对下位煤层顶板的影响，在很多情况下表现为使巷道围岩松软破碎，难以支护。因此，对该类巷道围岩的支护，一般按以下支护原则进行：

(1) 及时、主动支护原则。回采巷道在进行采掘作业时，需及时采取支护措施以防止围岩变形，使巷道围岩受力处于较为均衡的状态。在及时支护作用下，即便巷道围岩有局部破碎现象，也可具有一定的承载力。

(2) 可缩性支护原则。巷道围岩的支护并不要一味地追求刚性支护，在工程实践中选择适合的支护方案使得支护系统具有可缩性也是保证巷道围岩稳定的重要方法。

(3) 合理预应力施加及其扩散支护原则。合理的预应力施加可将锚固区域及深部顶板进行联合，使其形成整体承载结构，同时，合理的支护参数可对不同区域内的围岩进行加固，保证采掘安全。

(4) 大工作阻力支护原则。根据近距离煤层巷道围岩的变形特征，为实现围岩控制的

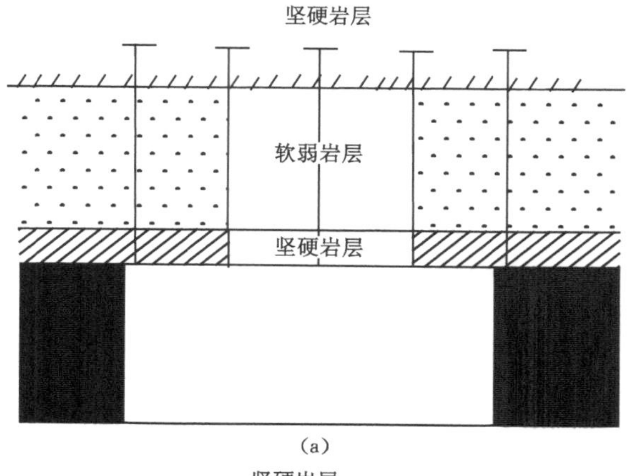

(a)

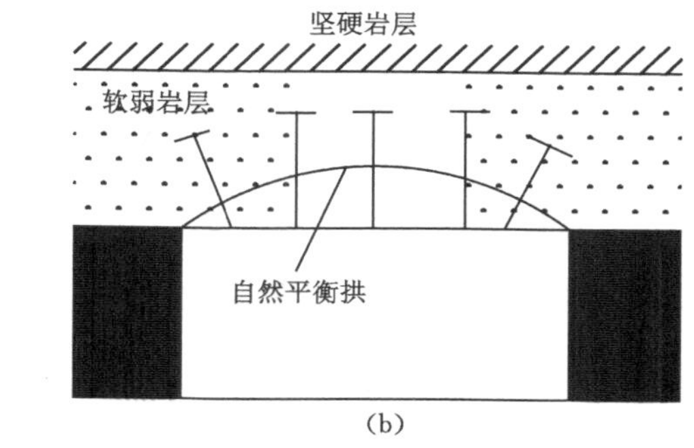

(b)

图 6-29　锚杆支护悬吊作用

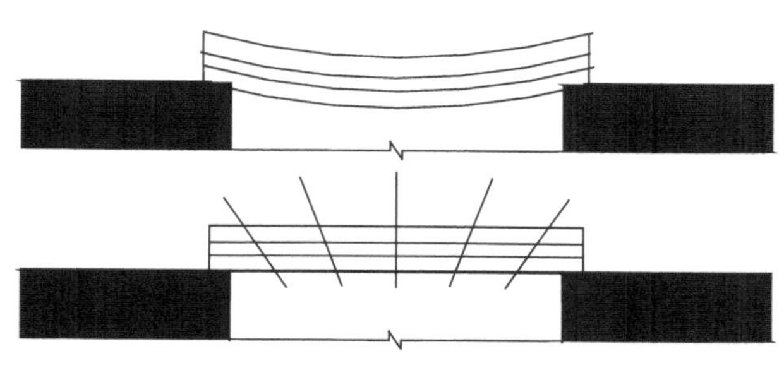

图 6-30　多分层顶板组合梁

最大化，可采取具有高支护阻力的支护体系进行支护，采用高预紧力、高刚度、高强度的锚杆支护系统，可防止工作面回采时巷道变形过大而无法正常作业。

二、巷道围岩控制技术案例研究

(一) 土城矿 17101 工作面回采巷道围岩稳定性控制

结合该矿重复采动下巷道围岩维护特点，提出了“长锚杆＋高强锚索＋U 型钢棚＋注浆”的修复方案，通过各支护体的协同作用实现近距离煤层群重复采动下巷道围岩的稳定。

针对回采巷道围岩失稳特征，在原锚杆索支护的基础上，增加 U 型钢棚，同时进行灌浆支护。近距离煤层群重复采动下巷道浅部围岩较为破碎，导致其传递水平应力的能力大幅降低，从而引起深部围岩破坏。采用高预应力长锚杆及时对巷道进行支护，能够形成一定厚度的预应力承载结构，进而抑制锚固区外围岩形成新的破坏。采用高延伸率的锚索进行深部围岩加固，能够对巷道围岩提供高压应力，同时与浅部锚杆的压应力区形成骨架网状结构，使得其形成的预应力承载结构具有更大的刚度，大大提高了抵抗高水平应力的能力。采用U型钢棚，在围岩变形过程中能够对围岩提供足较大的支护阻力，与围岩全断面密切接触，将高水平应力均匀传递到支架上，避免应力集中造成围岩严重破坏。灌浆对围岩进行加固，一方面浆液充填围岩中裂隙，能改善围岩应力状态；另一方面，能增加围岩可锚性，提高围岩完整性和强度，同时实现围岩应力均匀分布。

为了获得重复采动下“长锚杆＋高强锚索＋U型钢棚＋注浆”巷道围岩控制机理，以某矿近距离煤层群地质与开采条件为背景，采用FLAC3D软件模拟巷道围岩应力场、位移场分布情况，数值模型如图6-31所示。

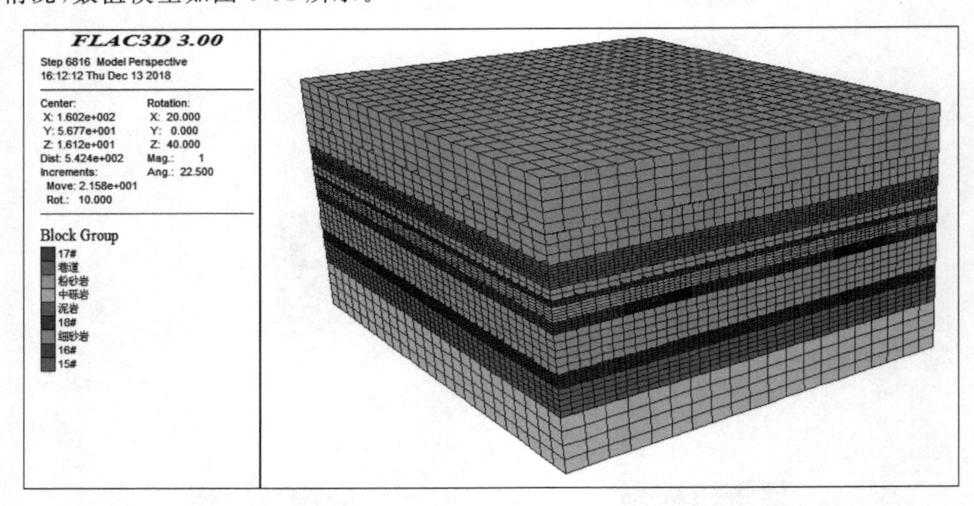

图6-31　建立数值模型

由图6-11和图6-32可知，围岩主应力分布形态发生显著变化：最大主应力峰值由集中于左帮、顶底板围岩2.0 m处转化为分布于巷道顶板2 m处，应力峰值亦由20.1 MPa降为14.1 MPa；最小主应力峰值由集中于左帮、顶底板围岩2.0 m处转化为分布于巷道左侧底板处，应力峰值亦由8 MPa降为6 MPa。这是由于联合支护使得巷道围岩侧向压应力增加，提高了浅部围岩残余强度，增强了其承受水平应力能力，抑制了高水平应力向深部转移，从而在理论上可计算出护巷煤柱参数。

（二）盛安煤矿10905工作面回风巷围岩稳定性控制

1. 10905工作面回风巷原支护方案

盛安煤矿主采煤层为6#煤层和9#煤层，6#煤层平均厚度为1.25 m，9#煤层平均厚度为1.65 m，6#煤层距离9#煤层4.14～7.01 m，平均6.23 m，可采煤层联合布置，为典型的近距离煤层开采。9#煤层10905工作面布置在6#煤层10606工作面下方，采用锚杆＋工字钢联合对称支护方案，锚杆间排距0.8 m×0.8 m，棚架间距0.8 m。10905工作面回风巷原支护方案如图6-33所示。

巷道采用锚杆＋工字钢联合对称支护方案，帮部未进行主动支护，仅靠工字钢维持巷道

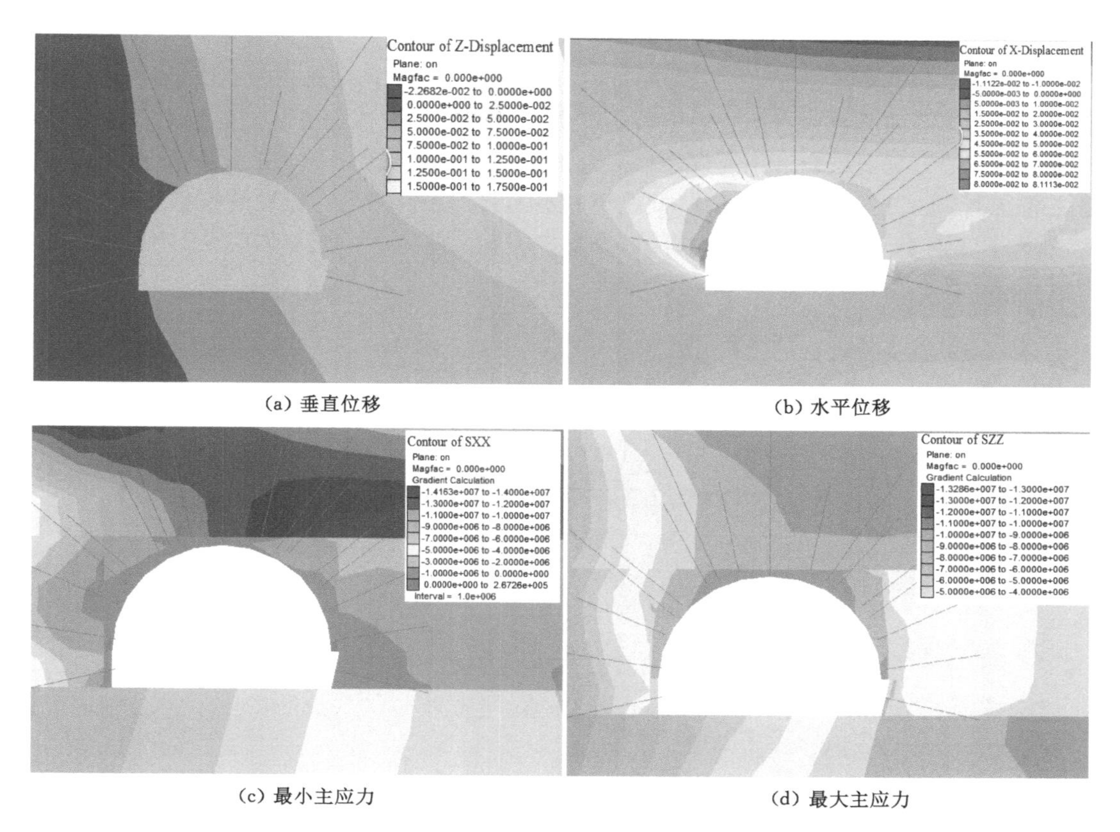

(a) 垂直位移　　(b) 水平位移

(c) 最小主应力　　(d) 最大主应力

图 6-32　巷道围岩控制效果图

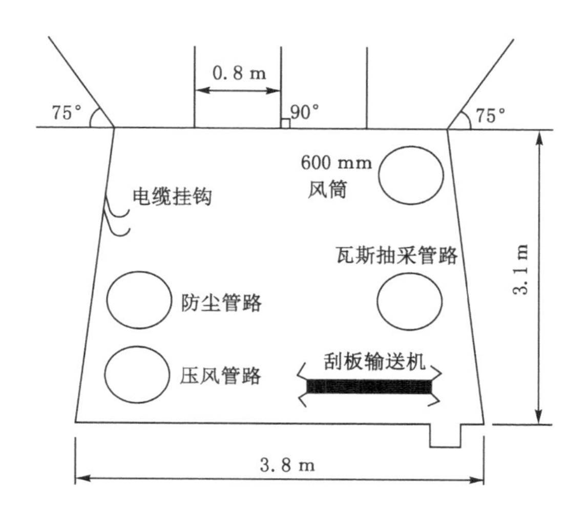

图 6-33　10905 工作面回风巷原支护方案

稳定。由于忽略了巷道帮部受力及变形的非对称性，尽管 9[#] 煤层回风巷布置在非应力集中区，但在巷道掘进过程中仍然出现了严重帮鼓和顶板下沉变形。

2. 10905 工作面回风巷巷道支护方案设计

根据上文研究结果，虽然 6# 煤层与 9# 煤层间距较小，但由于埋深浅、煤层薄等特点，因而 10905 工作面回风巷本身围岩稳定性不算太差。两种掘进情况对巷道的围岩稳定影响有着截然不同的影响。结合近距离煤层回采巷道支护原则，针对 10905 工作面回风巷一段旁边的部分 10903 工作面还正在开采，此段要考虑相邻工作面对同一煤柱的重复扰动影响，因此，提出了锚网索＋工字钢补强方式的联合支护方案。巷道断面支护如图 6-34 所示。

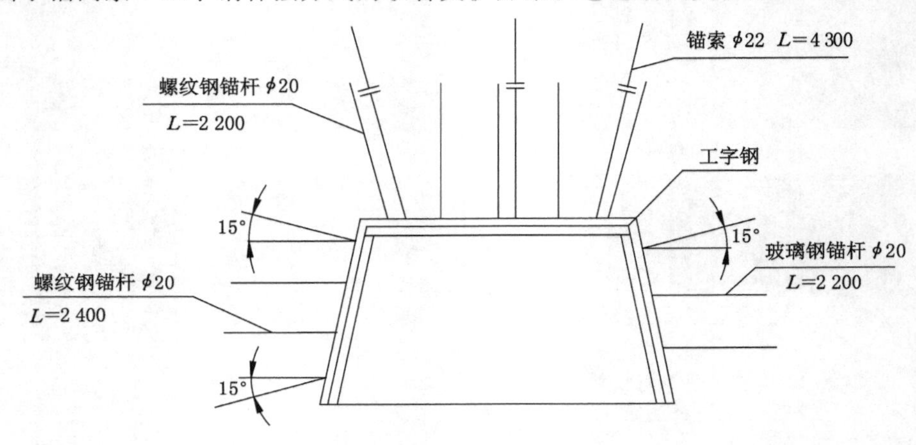

图 6-34　巷道断面支护图

针对由于相邻工作面开采扰动，巷道围岩稳定性较差，且巷道出现帮部非对称变形情况，采用成套的高性能锚杆(高强度杆体、高强度托盘、高强度螺母等)，在巷道顶板岩层上安设 5 根 ϕ20 mm×2 200 mm 左旋螺纹钢锚杆，间排距为 800 mm×800 mm；煤柱一帮安设 4 根 ϕ20 mm×2 400 mm 左旋螺纹钢锚杆，间排距为 800 mm×800 mm；工作面一帮安设 3 根 ϕ 20 mm×2 200 mm 玻璃钢锚杆，间排距为 800 mm×800 mm；布置在顶板岩层中的锚杆采用 1 节 CK2550 型号的树脂药卷加强锚固，布置在巷道帮部的锚杆采用 K2550 和 CK2550 型号的树脂药卷各 1 节加强锚固；布置在顶板和两帮的锚杆预紧力均应大于 300 N · m。此外采用 150 mm×150 mm×10 mm 的高强度鼓形锚杆托板，并且安设的锚杆均采用 W 型钢带连接(其中顶板 W 型钢带长度、宽度、厚度分别为 4 300 mm、250 mm 和 3 mm；帮部 W 型钢带长、宽、厚度分别为 3 500 mm、250 mm 和 5 mm)。施工时为避免空顶距离过大，锚杆支护应紧跟迎头施工，并且应注意的是布置在顶角和帮底处的锚杆需分别与顶板和巷道帮部成 15°的夹角。

布置在巷道顶板的锚索尺寸为 ϕ22 mm×4 300 mm，巷道顶板锚索的间排距为 1 400 mm×2 400 mm，并与锚杆间隔 1 排布置，每排布置 3 根锚索；帮部锚索尺寸为 ϕ22 mm×3 300 mm，每间隔 1 排锚杆布置 1 排 2 根锚索，锚索间排距为 1 600 mm×2 400 mm，锚索均采用 K2550 型树脂药卷进行锚固；顶板锚索张拉力为 220 kN，帮部锚索张拉力为 150 kN，同时在每两排锚杆索之间布置 11 号工字钢梯形棚，排距为 800 mm。

3. 支护方案可行性数值计算研究

为了分析围岩控制方案的可行性，通过对巷道分别使用纯工字钢支护、原支护方案、锚网索非对称支护(优化支护)三种不同支护方案进行数值模拟，分析下位煤层的回采巷道在

三种不同支护方案下巷道围岩的变形量、塑性区、应力场的分布以及工作面回采对巷道围岩变形的影响，同时确定合理的支护方案，确保 10905 工作面安全高效回采。

(1) 10905 工作面回风巷后段塑性区及应力分布结果分析

对比图 6-35(a)、图 6-35(c)、图 6-35(e)巷道围岩塑性区在不同支护方式下的范围可知，如图 6-35(a)所示，在工字钢架棚支护方案下，巷道围岩塑性区最大，由于该方案其属于被动支护，下部煤层顶板已受上部煤层开采的扰动影响，顶板区域塑性区域较多，靠近煤柱一帮巷道围岩已全部处于塑性区域，工作面一帮巷道也产生大面积塑性区域，如果未及时支护，巷道顶板及两帮围岩会发生拉破坏和剪破坏，工字钢梁会发生较大变形甚至被压坏；如图 6-35(c)所示，在原支护方案下，巷道推进后采用锚杆及时支护，巷道围岩主要发生剪切破坏，塑性区减小，但顶板及两帮仍有大面积塑性区域，在后期受工作面采动影响，如果巷道支护刚度不足，围岩将会发生再次失稳；如图 6-35(e)所示，在非对称锚网索＋工字钢联合支护方案下，锚杆、锚索及时支护对巷道围岩起到控制性作用，巷道围岩塑性区最少。图 6-35(b)、图 6-35(d)、图 6-35(f)分别为不同支护方案下巷围岩应力分布云图，可以看出，三种不同支护方案比较，巷道围岩应力逐渐增大，从 0～2 MPa 增大到 2～4 MPa，巷道围岩承载能力不断增强，在优化支护方案下将保持巷道围岩的稳定。

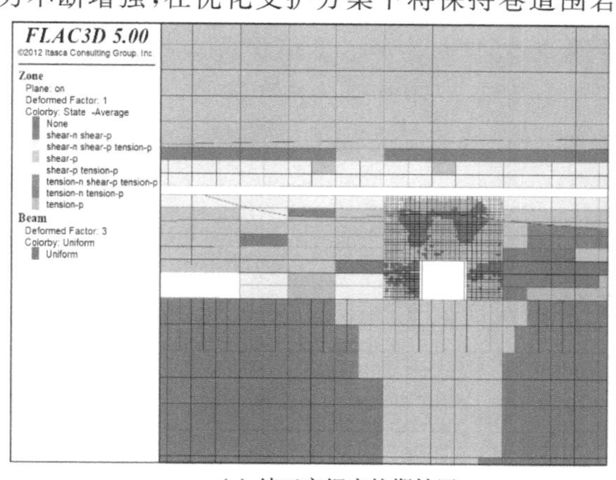

(a) 纯工字钢支护塑性区

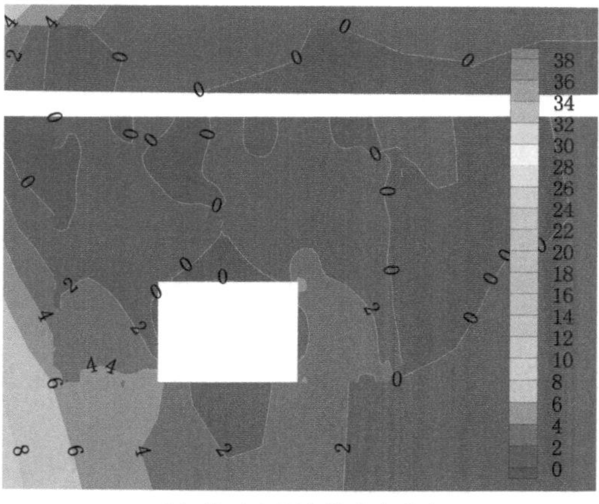

(b) 纯工字钢支护垂直应力

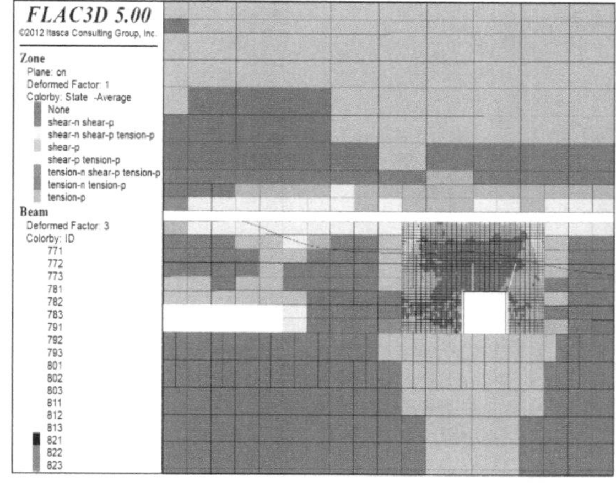

(c) 原支护方案支塑性区

(d) 原支护方案垂直应力

图 6-35　不同支护方案下巷道围岩塑性区及应力图

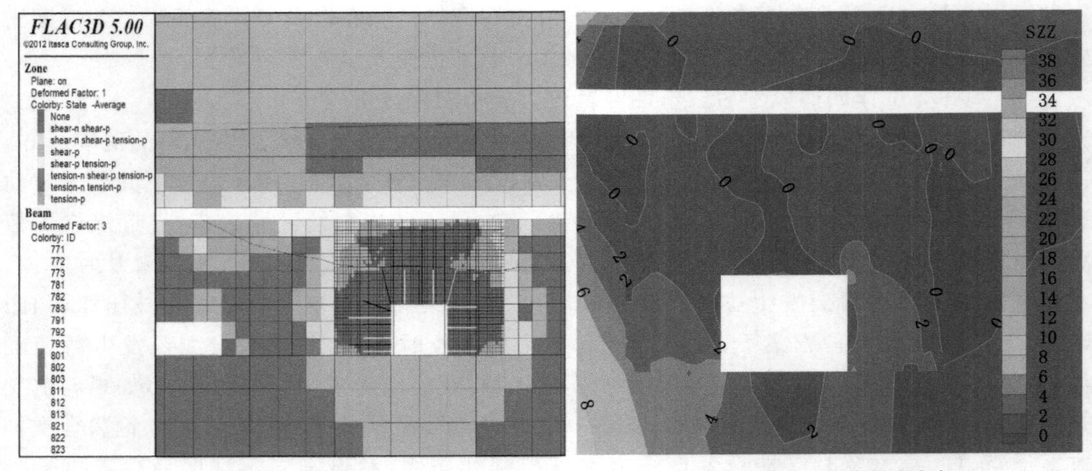

(e) 优化方案塑性区　　(f) 优化支护方案垂直应力

图 6-35(续)

(2) 10905 工作面回采时回风巷稳定性论证

通过对三种方案的对比得出，非对称锚网索＋工字钢支护方案可保证在巷道掘进期间顺利掘进，但由图 6-35(e)可以看出，巷道靠煤柱一帮下部还有部分塑性区域，当 10905 工作面进行回采时，围岩应力发生改变，10905 工作面回风巷容易造成大面积帮部鼓出甚至顶板下沉的现象发生。因此，通过对 10905 工作面进行推进，模拟推进时 10905 工作面回风巷的变形情况，以此确保非对称支护方案的合理性。

图 6-36 为 10905 工作面推进后巷道的断面塑性图。由图 6-36 可以看出，巷道断面塑性区域明显增多，靠近煤柱帮由原来的下部有少量塑性区域变为下部分塑性区范围增加到一半以上，顶板浅处与深部同时出现了大面积塑性区域，但此时作为工作面端头处的巷道断面围岩整体情况还算较好。

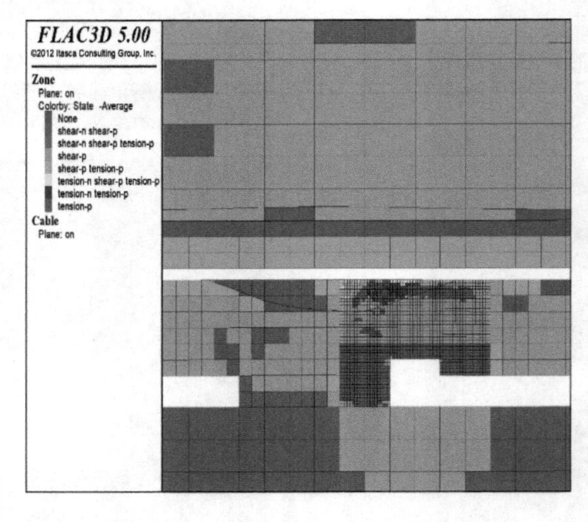

图 6-36　工作面推进巷道断面塑性图

图 6-37 为巷道空模型外部立体塑性图。由图 6-37 可以看出，在与工作面推进平行区域，巷道顶板浅部已全部处于塑性区域，巷道煤柱帮中部仍有大面积弹性区域，工作面前方巷道顶板弹性区域较多。

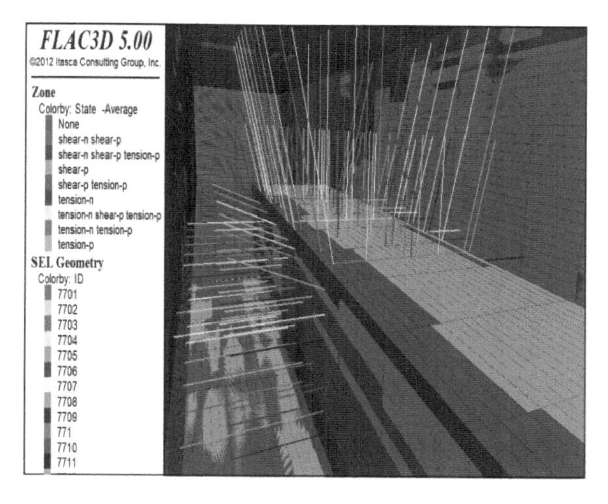

图 6-37　工作面推进巷道超前立体塑性图

图 6-38 为 10905 工作面推进时，10905 工作面回风巷道断面垂直应力图。由图 6-38 可以看出，当工作面推进时，巷道围岩垂直应力与未推进时有明显区别，巷道顶底板大部分区域应力已减小，但巷道煤柱帮深部及顶板仍有少量未处于完全卸压状态。

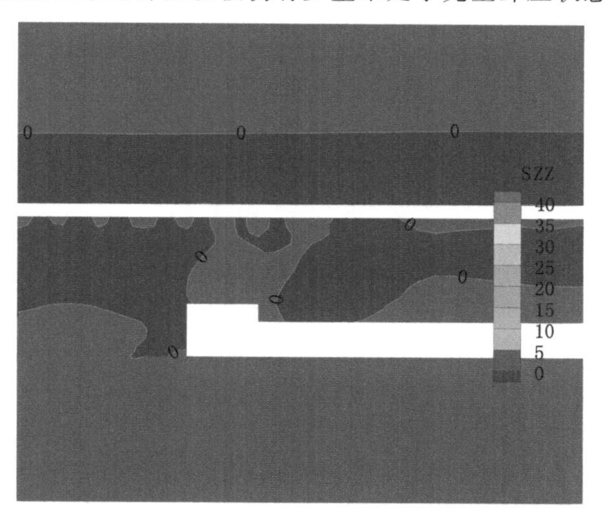

图 6-38　工作面推进巷道断面应力图

图 6-39 为巷道空模型外部立体垂直应力图。由图 6-39 可以看出，超前工作面处工作面帮大部分处于完全卸压区域，但巷道煤柱帮及顶板浅部仍有未完全卸压区域。

综上所述，巷道在工作面回采时非对称锚网索＋工字钢能基本实现暂时的支护需求，巷道围岩未处于完全塑性状态，应力环境也未处于完全卸压，在工字钢及超前液压支架的配合

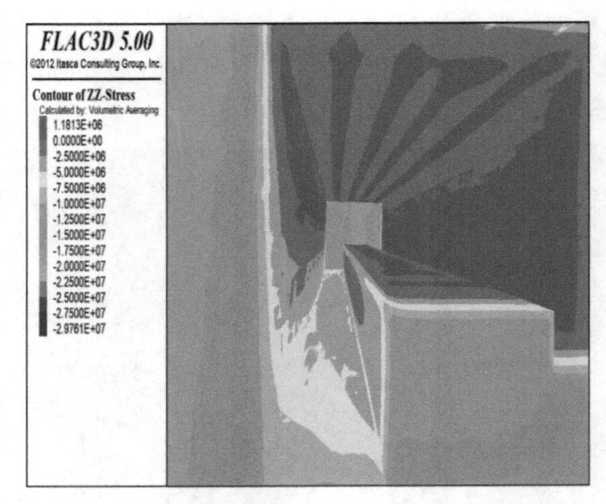

图 6-39　工作面推进巷道超前立体应力图

支护下能满足后期回采时的围岩变形控制要求。

4. 应用效果监测

采用十字交叉法在试验段巷道内布置 20 组围岩变形监测计，每隔 10 m 布置一个测点，监测试验段巷道两帮围岩的移近量，编号依次记为 D1～D20。测点布置如图 6-40 所示。

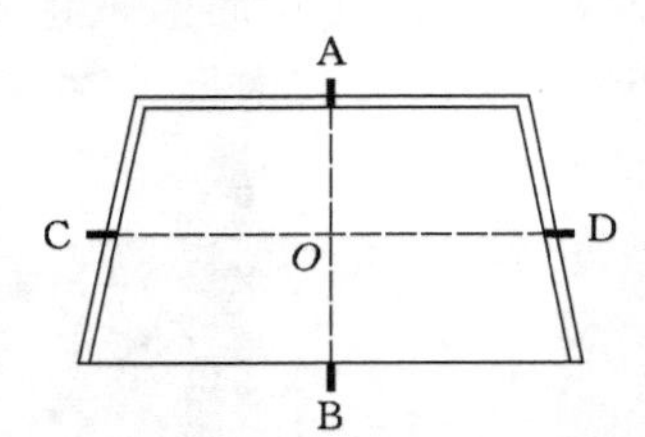

图 6-40　巷道表面位移测点布置示意图

图 6-41 所示为由 D20 测点收集的数据，其中坐标正值区表示该测点位于 10903 采煤工作面前方，负值区表示 10903 工作面已推过该测点。由图 6-41 可以看出，巷道顶板位移量最大，最大位移量为 326 mm，煤柱帮最大位移量为 225 mm，实体煤帮最大位移量为 201 mm，巷道两侧变形呈非对称分布，在工作面距测点＋20～－40 m 区间内变形速率最快，巷道位移量随 10903 工作面的推进而增加，在远离工作面前方巷道位移量较小，且与工作面已推过的测点比较，位移变化量较大，但总体巷道位移量在可控范围内。巷道支护效果如图 6-42 所示，表明 10905 工作面回风巷支护方案能够较好地保证适应 10903 工作面采动应力的影响，维护围岩稳定。

综上所述，盛安煤矿原支护方案忽视了相邻工作面开采影响下巷道的非对称变形，顶板的支护强度也不够，该方案下靠煤柱侧顶板与巷帮变形大，架棚易发生折弯现象，严重时还会出现底鼓现象，与数值模拟结果相符，原支护方案不满足巷道目前的掘进安全要求，在今后的工作面开采时可能还会产生巷道大变形的情况。10905 工作面回风巷试验段在 10903 工作面回采期间巷道围岩及支护体均能保持稳定，不会发生变形和失稳现象，巷道围岩能得到有效控制。

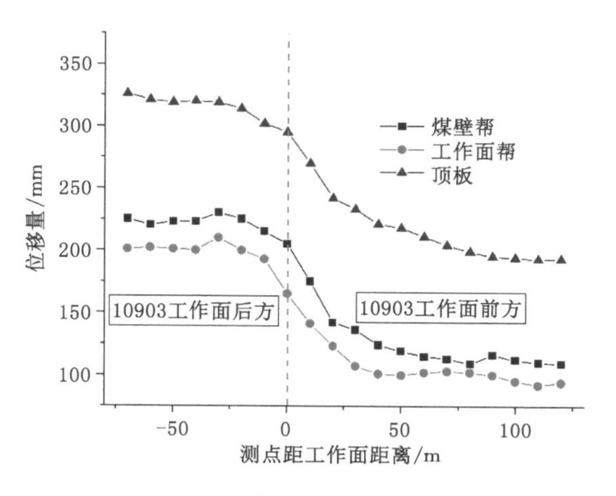

图 6-41 巷道围岩位移曲线图

(a) 10905工作面回风巷掘进头

(b) 10905工作面回风巷试验段

图 6-42 10905 工作面回风巷支护效果图

第七章　近距离煤层群开采瓦斯运移规律与钻孔抽采技术

第一节　近距离煤层群保护层开采采动应力-裂隙演化

近距离煤层群上保护层开采后，上覆岩层的应力状态发生变化，从而在底板中产生不同的应力-应变场，进而对底板岩层产生不同的破坏，煤层底板应力状态也经历一系列变化过程，从而在覆岩以及煤层底板中形成采动裂缝带，其分布与卸压瓦斯治理问题密切相关（翟成，2008）。为了进一步研究近距离煤层群采动应力与裂隙发育以及膨胀变形分布规律，本章通过实验室相似材料模拟试验对近距离煤层群采动应力场、裂隙场时空演化规律进行系统研究，分析保护层开采过程中围岩应力场、位移场的变化特征，从而确定保护层的卸压范围并为瓦斯抽采最佳时间和位置确定提供试验依据（刘洪永，2011）。

一、保护层开采裂隙演化物理模型建立

当前对于保护层开采主要的作用是：当保护层开采时，由于卸压的作用所产生的裂隙对于煤层瓦斯的抽采具有极大的好处，然后可以实现对瓦斯抽采的综合治理。煤层开采时，由于直接顶和底板受开采影响它们的初始原始应力被破坏，导致下煤层的移动变形和破坏，底板应力重新分布，在下煤层产生垂直和水平相互连接的新裂隙，正是这些裂隙，为煤层中自然解吸的瓦斯流动提供了通道，对下保护煤层瓦斯高效抽采极具意义。

在现实开采中，煤层开采形成的裂隙受到许多因素影响，例如煤岩层的物理力学性质、煤层赋存条件、采掘活动等，而其形成过程通常极其复杂，难以预测（樊永山，2015），本章使用物理相似模拟试验对煤层开采后采动应力-裂隙演化规律进行分析研究。

由于开采过程中底板的薄厚和强度并不会对整个试验有较大影响，本次试验煤层倾角选为0°。在实际铺设试验模型的时候可以对煤层底板进行简化，严格按照各煤岩层的实际尺寸来施工。每次铺设尽量保证平稳均匀，每层之间加云母粉使模型层理分明。应力、位移的测站布置如图7-1所示，位移共布置12条测线，每条测线有23个测点；应力共布置3条测线，每条测线10个测点。其中测线1布置在15#煤层顶板中，测线2布置在15#煤层底板（16#煤层顶板）中，测线3布置在17#煤层的顶板岩层中，顶板采用液压千斤顶加载。

试验主要模拟了保护层受开采影响时应力-裂隙演化的规律。如果选用高渗透性的相似材料，则会对试验结果造成较大影响，因此使用低渗透性的相似材料。在试验过程中，选择石膏作为胶凝剂，选用的材料为砂、石膏、石灰和水，并按比例混合，建立实验室二维相似模拟试验模型。模型各中岩层物理力学参数及相似材料配比见表7-1。

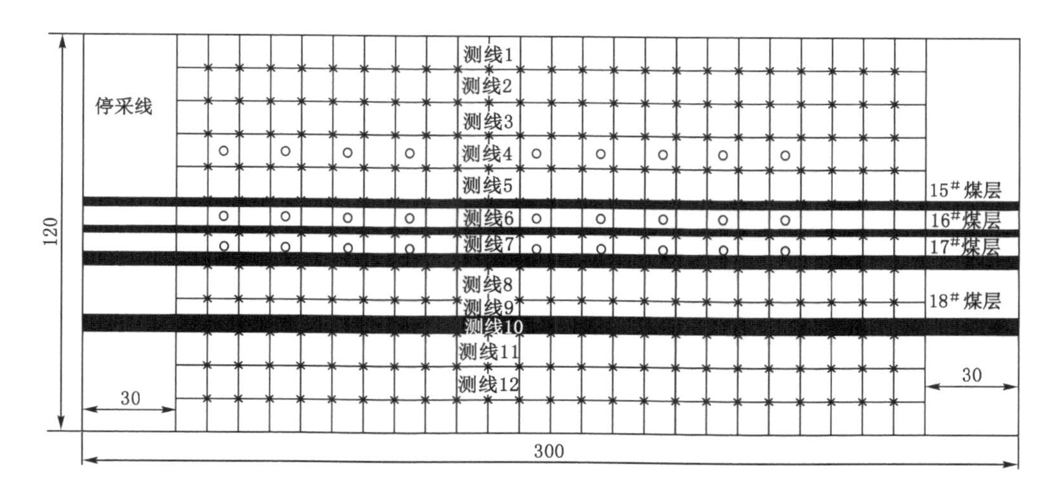

图 7-1　物理模型的应力、位移的测站布置

表 7-1　模型各中岩层物理力学参数及相似材料配比

序号	岩性	厚度/cm	密度/(kg/cm³)	抗拉强度/MPa	弹性模量/GPa	配比号	砂子质量/kg	石灰质量/kg	石膏质量/kg	煤层模型材料总质量/kg
13	细砂岩	20.00	2 520	3.24	0.09	224	133	133	266	532
12	粉砂岩	20.00	2 610	5.38	0.02	221	5	5	2	12
11	泥岩	10.00	2 400	1.76	0.09	733	61	26	26	113
10	15# 煤层	2.50	1 400	1.11	0.11	732	128	55	36	219
9	泥岩	2.00	2 400	1.76	0.02	224	5	5	11	21
8	细砂岩	4.00	2 520	3.24	0.04	534	23	14	18	55
7	16# 煤层	2.00	1 400	1.11	0.07	722	47	14	14	74
6	粉砂岩	6.00	2 610	5.38	0.10	744	15	8	8	31
5	17# 煤层	4.00	1 400	1.11	0.02	221	5	5	3	14
4	细砂岩	15.00	2 520	3.24	0.07	644	28	19	19	65
3	18# 煤层	5.00	1 400	1.11	0.09	733	78	33	33	145
2	泥岩	10.00	2 400	1.76	0.02	221	10	10	5	26
1	中砾岩	20.00	1 500	1.10	0.09	733	64	28	28	119

在模型铺设完毕风干后，对其按比例进行推进，煤层两端各留 30 cm 不推进用来模拟煤柱，此举意在将边界效应带来的影响加以消除。预留下煤柱之后，可以推进的模型长度便只有 2.4 m，可以算出模拟的实际推进工作面长度为 240 m。推进时间上确定为每 60 min 向前推进一次，每次推进距离为 10 cm。图 7-2 所示为模型铺设完毕分层画线的模样，各个煤层也都分别加以标示。

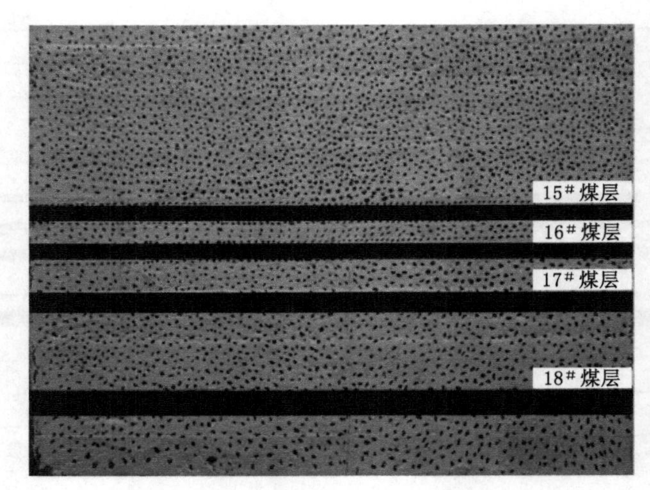

图 7-2　相似模拟试验模型

二、保护层开采采动应力裂隙演化特征

（一）保护层开采覆岩裂隙发育及垮落特征分析

图 7-3 为上位煤层开采后的岩层垮落特征图。从图 7-3(a)中可以看出，煤层从开切眼开始向前推进，当工作面在模型上推进 30 m 时，仔细观察可以看到直接顶初次垮落，下覆岩层开始出现裂隙，底板也出现较难观察的小裂隙，此时上覆岩层中强度较小及较薄的岩层受推进影响开始断裂和垮落，直接顶初次垮落，并且底板出现少量裂隙。如图 7-3(b)所示，当工作面推进 50 m 时，基本顶断裂，初次来压，此时直接顶垮至全高，其上基本顶断裂形成砌体梁平衡结构，基本顶之上的软弱岩层出现离层现象，受采动影响的岩层范围增大。如图 7-3(c)所示，当工作面推进 60 m 时，工作面第 1 次周期来压，基本顶断裂，岩块形成双关键块砌体梁平衡结构，基本顶之上的软弱岩层充分下沉，其重力全部作用于基本顶平衡结构之上，软弱岩层同上位亚关键层之间存在张开度较大的离层裂隙。如图 7-3(d)所示，当工作面推进 80 m 时，基本顶再次断裂，采场第 2 次周期来压，此时基本顶仍然可形成砌体梁平衡结构，基本顶之上的第 2 层亚关键层同样发生破断形成平衡结构。

图 7-4 所示为覆岩垂直位移变化情况。此时仅推进 15# 煤层，由于煤层厚度较小，因此围岩下沉量很小，15# 煤层之上的五条测线垂直位移变化规律为，靠近采空区两侧的开切眼和工作面侧位移最小，靠近采空区中部覆岩的位移最大，且通过图中曲线还可以看出，从下至上各层位的位移显著减小，原因是岩层破断垮落后体积增大，上覆岩层可以移动的空间减小。随着时间的增长，岩层还会有少量的向下位移，并逐渐趋于稳定。

（二）采动应力场分布特征

为得到工作面推进至不同距离时覆岩垂直应力变化情况，首先对埋入模型的应变片进行标定，以方便根据测得的应变值直接将应力数据提出（程志恒，2015），等梯度对应变片施加压力测得压力同应变之间关系曲线如图 7-5 所示，由图中曲线经拟合可得应变片的弹性模量约为 0.025 MPa。

物理模型铺设完毕并风干后，将各应变片初始读数调零。推进后，不同工作面推进距离

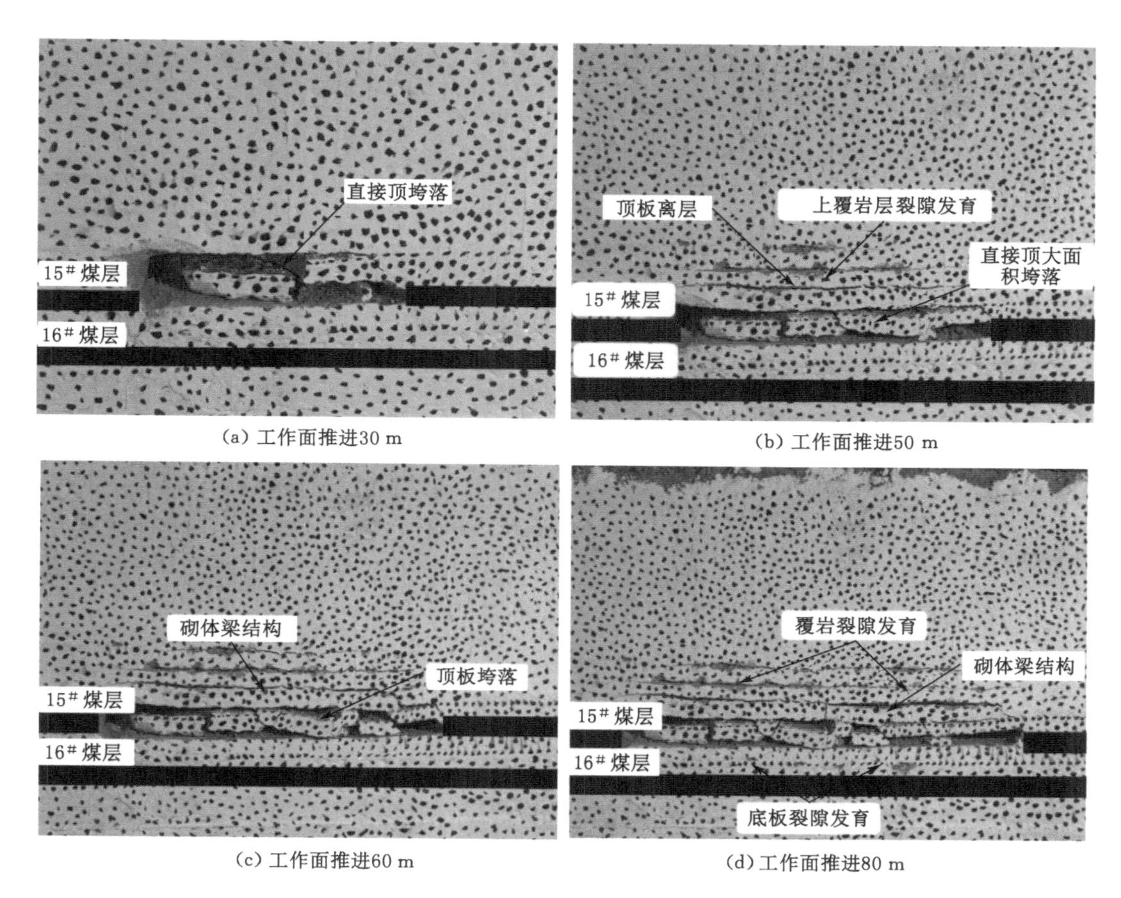

(a) 工作面推进30 m　(b) 工作面推进50 m

(c) 工作面推进60 m　(d) 工作面推进80 m

图 7-3　上位煤层开采的岩层垮落特征

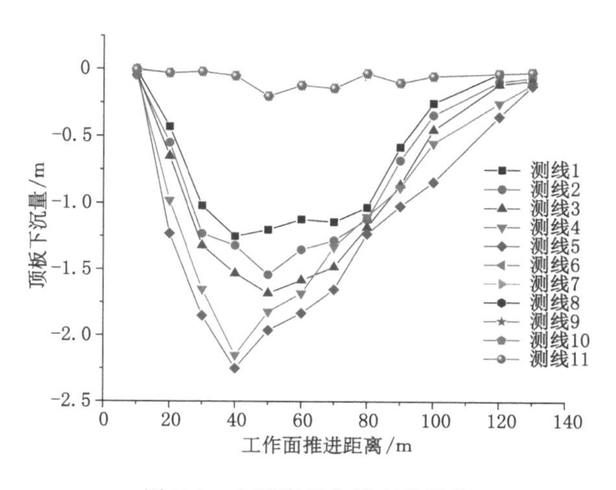

图 7-4　上覆岩层位移变化情况

时应力数据分析结果如图 7-6 所示。假设初始条件下各层应力为 0,图中数据为各层垂直应力的相对变化值,负值代表垂直应力降低,正值代表垂直应力因集中而升高。

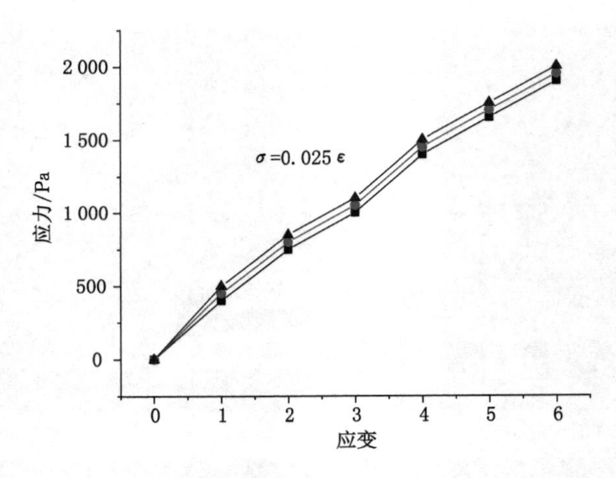

图 7-5　应变片压力同应变之间关系曲线

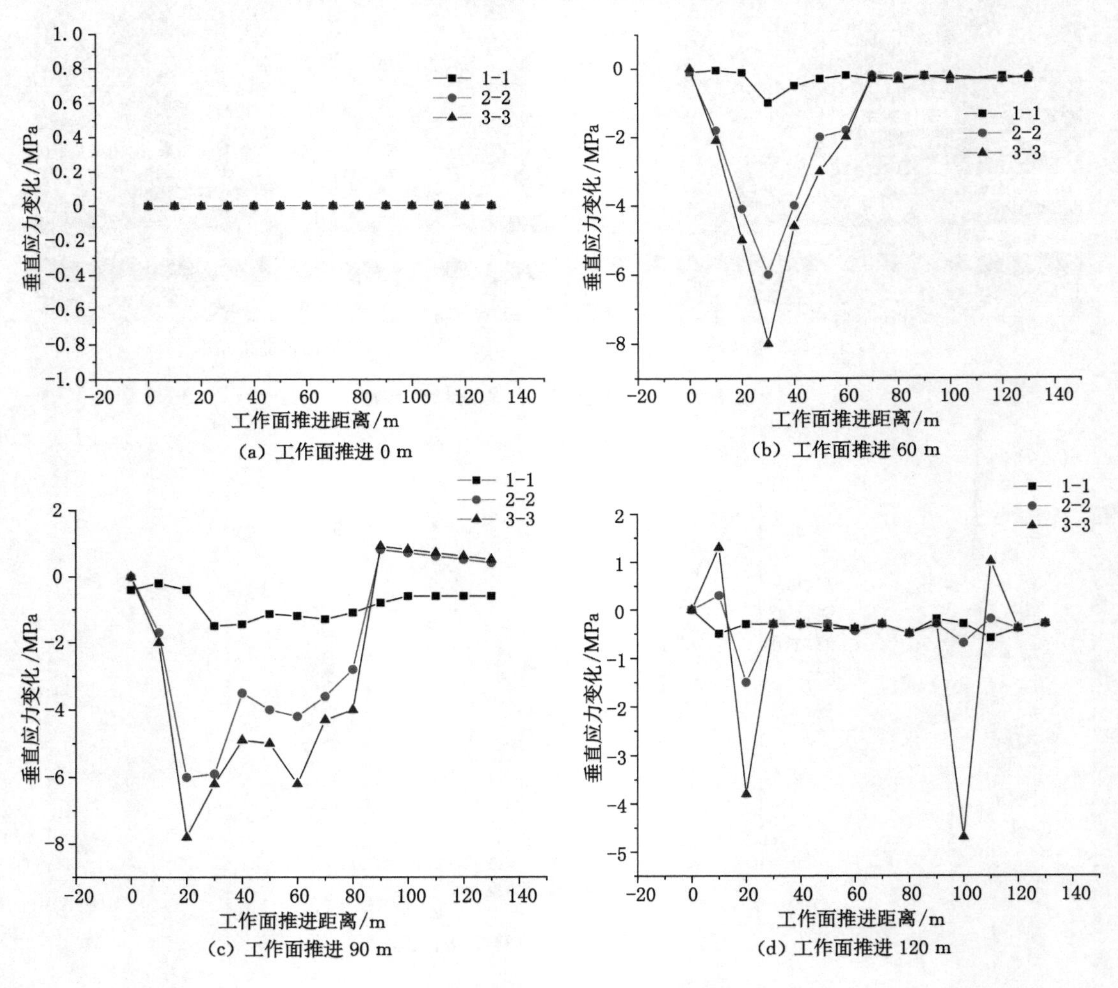

图 7-6　不同工作面推进距离时应力数据

由15#煤层开采过程中工作面三次来压时测线上应力变化可以看出，初次来压时，布置在距离煤层较近岩层中的1-1测线上卸压程度最高，最大应力降低值为8 MPa。第1次周期来压时，卸压范围扩大，卸压程度开始降低，但仍保持较高的卸压程度，应力降低值保持在5 MPa左右。工作面第2次周期来压时，采空区中部岩层中应力值迅速恢复至原始应力水平，采空区两侧仍存在卸压现象，15#煤层顶板测线最大应力降低值为4 MPa，底板测线最大应力降低值为1 MPa。

根据岩层卸压范围及程度变化规律可以推断，第2次周期来压前为瓦斯最佳抽采时间，且有效抽采范围大，由工作面至开切眼在顶底板抽采钻孔均可取得较好抽采效果。第2次周期来压后，随工作面推进，采空区中部覆岩垮落压实，这一区域出现应力恢复现象，顶板最大卸压值约4 MPa，底板2-2测线上最大卸压值约2.5 MPa。此时，瓦斯有效抽采范围迅速缩小，仅局限于距采空区两侧煤壁30～40 m范围内。

三、叠加开采条件下采动应力及裂隙演化特征

为了研究开采不同层间距、厚度煤层对顶底板岩层移动变形的影响，在原来的模型上进行了第2次开采，第2次采高为2 m，进一步研究开采2 m厚煤层对下伏煤岩体的影响。

（一）岩层移动特征

图7-7所示为16#煤层开采时岩层垮落特征。

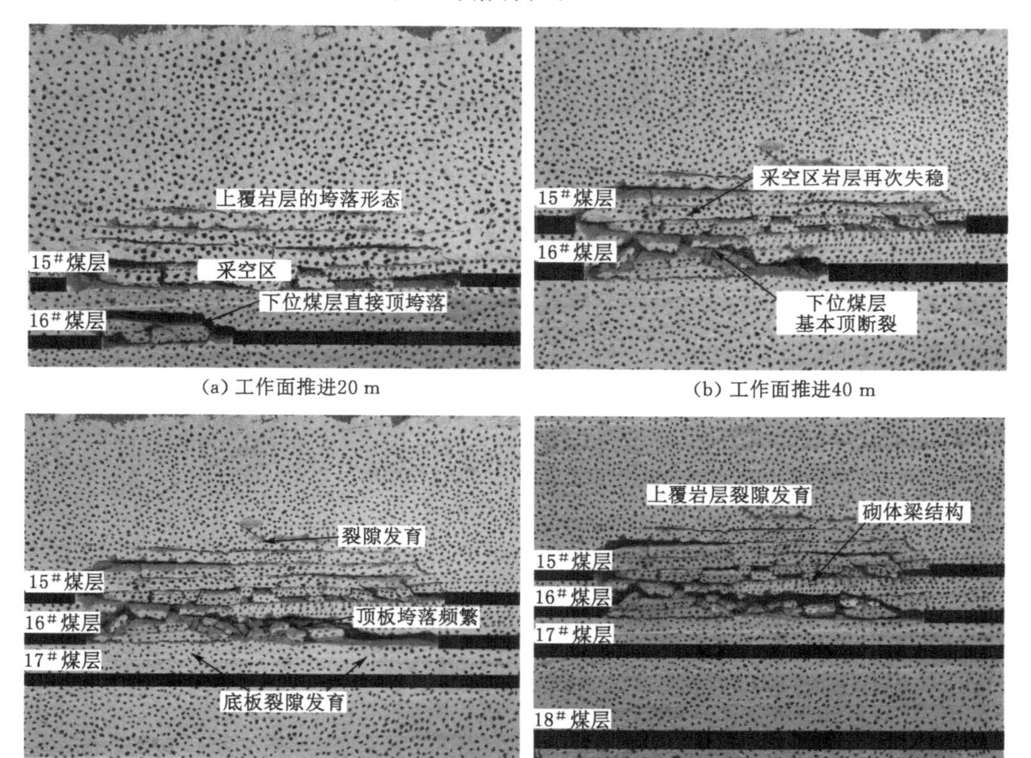

(a) 工作面推进20 m　(b) 工作面推进40 m

(c) 工作面推进60 m　(d) 工作面推进80 m

图7-7　16#煤层开采时岩层垮落特征

如图 7-7(a)所示，当工作面推进 20 m 时，直接顶垮落，由于一次采高增大，采空区垮落矸石之间同其上基本顶下表面之间存在较大自由空间，由于保护层开采造成其底板岩层强度降低，16# 煤层直接顶垮落岩块块度降低，采动造成的裂隙更为发育。如图 7-7(b)所示，当工作面推进 40 m 时，基本顶初次来压，重复采动影响下，受采动影响岩层范围明显增大，保护层开采造成的断裂岩层再次发生沉降，并发生多次破断，其重力完全作用于保护层同 16# 煤层之间的坚硬岩层之上，加之保护层开采对底板造成的损伤，层间岩层在采空区上方同样发生多次破断，上方岩层断裂线位于煤壁前方，在煤壁支撑作用下发生复合破断，并形成平衡结构。如图 7-7(c)所示，当工作面推进 60 m 时，基本顶第 2 次断裂，采场出现第 1 次周期来压，基本顶断裂后，下位基本顶在没有支架支撑作用下无法形成自平衡结构，上位基本顶可形成砌体梁平衡结构，在基本顶平衡结构的支撑作用下，覆岩并没有发生大范围垮落现象。如图 7-7(d)所示，当工作面推进 80 m 时，采场基本顶发生第 2 次周期来压，基本顶断裂线位于煤壁后方，基本顶断裂后无法形成自平衡结构，断裂岩块落向采空区，更高位岩层在没有基本顶支撑条件下，迅速下沉，并再次出现断裂，覆岩中采动裂隙迅速增多。下位基本顶断裂垮落，上位基本顶形成砌体梁平衡结构，由于基本顶下沉量较大，更高位岩层在二次采动作用下再次发生断裂。

当工作面推进 120 m 时，覆岩垂直位移分布特征如图 7-8 所示。

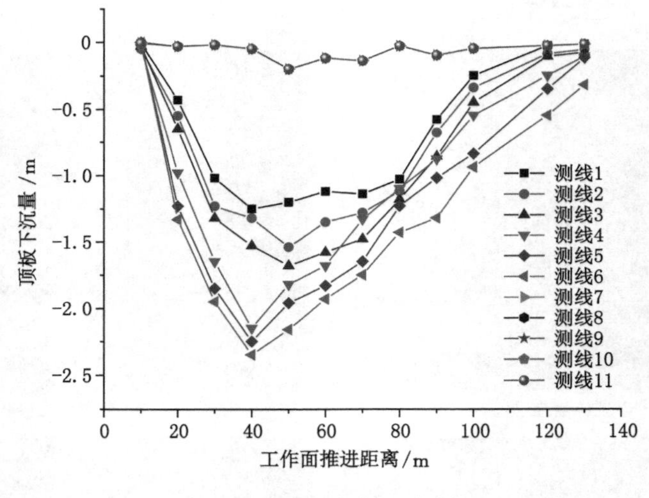

图 7-8　覆岩垂直位移分布情况

由图 7-8 可以看出，沿走向方向各测线位移变化规律同 15# 煤层开采时相同，也为采空区中部最大，两侧最小。沿纵向方向，由于重复采动各测线的位移为：测线 6＞测线 5＞测线 4＞测线 3＞测线 2＞测线 1。

（二）采动应力分布特征

16# 煤层开采过程中，当工作面推进不同距离时，不同层位岩层中垂直应力变化曲线如图 7-9 所示。工作面初次来压和第 1、2 次周期来压(60 m 和 75 m)期间，采空区上下方岩层中三条测线上垂直应力均出现明显的降低现象，卸压程度较高，顶板岩层中的两条测线最大应力降低值可达 12 MPa，之后稳定在 5 MPa；底板岩层的 1-1 测线上垂直应力同样表现出

明显的卸压现象，最大应力降低值可达 5 MPa。工作面第 3、4 次周期来压（105 m 和 120 m）期间，采空区中部顶底板岩层中垂直应力出现恢复现象，卸压程度降低，仅靠近采空区两侧煤壁 20～30 m 仍保持较高的卸压水平，1-1、2-2 测线上最大应力降低值约为5 MPa，3-3 测线上最大应力降低值约为 3.5 MPa。

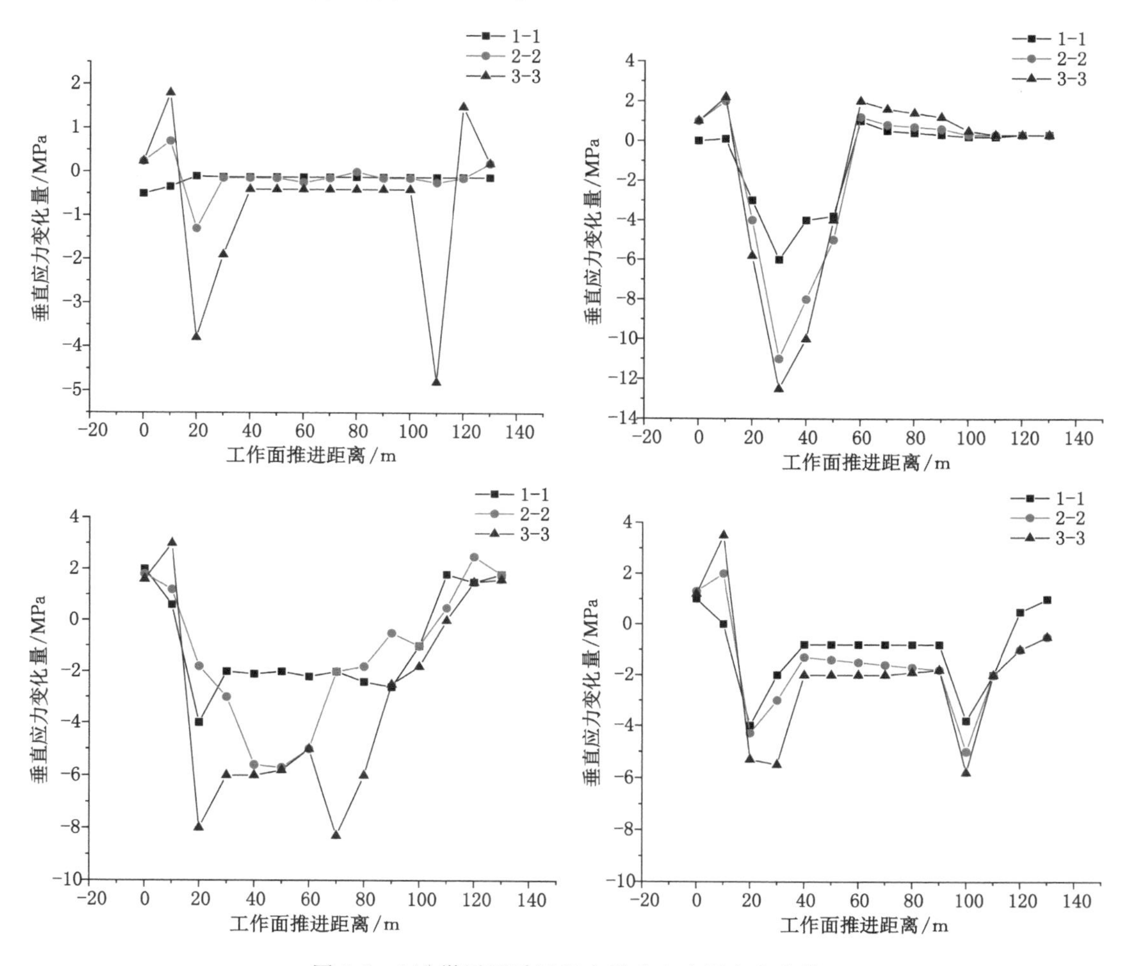

图 7-9　16[#]煤层开采过程中采动应力场变化曲线

对比 15[#]、16[#]煤层开采过程中不同推进距离测线上应力变化曲线可知：初采期间，16[#]煤层高卸压程度阶段持续长度减少，但卸压程度更高，最大应力降低值可达 12 MPa，是 15[#]煤层初采期间最大应力降低值的 1.5 倍。15[#]煤层开采时，工作面推进至 120 m 开始出现应力恢复现象，而 16[#]煤层开采时，工作面推进至 105 m 就发生应力恢复现象。应力恢复现象产生后，16[#]煤层开采时顶底板岩层测线上卸压程度仍高于 15[#]煤层开采时的卸压程度，且均表现为距采空区两侧煤壁一定范围内仍保持较高的应力降低现象，15[#]煤层开采时该范围较大，为 30～40 m，16[#]煤层开采时该卸压范围较小，为 20～30 m。

第二节 近距离煤层群保护层开采瓦斯渗流特征及抽采参数优化研究

井下穿层钻孔抽采是保护层卸压瓦斯抽采的主要方法之一。然而,井下穿层钻孔抽采被保护层卸压瓦斯的方法钻孔工程量大,要占用大量的人力、物力资源。为实现矿井的安全高效生产,需要对钻孔布孔方式进行优化。对钻孔布孔方式进行优化时应根据被保护层渗透率的分布特征(陈海栋,2013)。前面几章的研究表明,保护层开采过程中,应力场以及裂隙场随着保护层开采有了显著的变化,渗透率也随着发生变化,渗透特性具有应力敏感性。因此,被保护层不同区域受力过程的不同,导致其裂隙场状态不同,进而改变被保护层工作面渗透率的分布。在前面几章研究的基础上,对被保护煤层不同区域的渗透特征进行研究,最后根据被保护层渗透率的分布特征对瓦斯抽采钻孔的布孔方式进行优化。

一、保护层开采渗流特征

在众多因素中,煤岩体的渗透率对煤岩体和瓦斯所构成耦合系统的稳定性起着不可忽视的作用,而在外力作用下其内部裂隙的发生发展过程又对瓦斯的渗流过程起着控制作用,所以,研究煤岩体的裂隙发生发展过程与其渗透性之间的关系,对研究渗透率的变化规律及煤与瓦斯耦合体的演化发展规律有很大的价值(袁亮,2009;程远平,2009;刘洪永,2011)。从力学的角度来说,煤矿井下开采是一个加卸载的过程,不同开采条件下产生的加卸载效果是不同的。保护层开采产生的卸压效应对煤层应力状态以及内部结构变化起到了促进作用,进而促使煤岩体微裂隙的发育、发展与贯通,最终降低煤岩体内瓦斯压力及含量,减少了煤层开采过程中瓦斯灾害的发生(程远平,2004,2006;王轩,1990)。

随着工作面的推进,煤体均呈现先加载之后卸载状态,其对应的煤体分为原始应力区、应力上升区、应力下降区和应力恢复区,相应的煤体状态可分为原始状态、压密状态、扩散状态、恢复状态和再压实状态(原始状态),分区如图 7-10 所示。

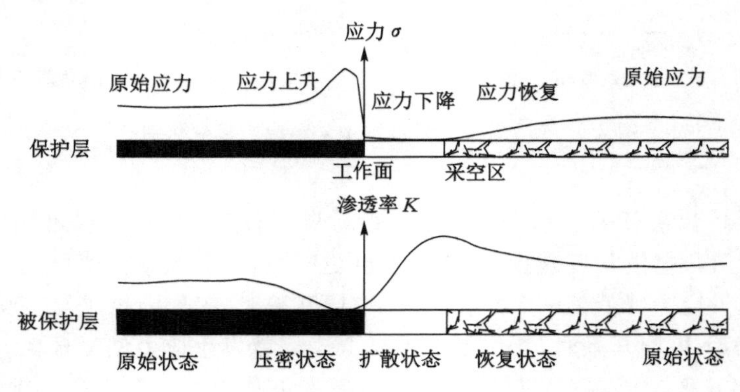

图 7-10 被保护层渗透率分区

在原始状态,应力与渗透率稳定在相应的状态;在压密状态,由于应力逐步上升,煤岩体裂隙受力闭合,其渗透率也随之下降,到应力的峰值点,渗透率也下降到最低点;在扩散状态，由于应力超过屈服极限，煤岩体微裂隙开始发育、发展以及贯通，渗透率反而开始呈现上升状态；在采空区之后的恢复区，应力逐渐恢复到原始状态，裂隙也开始呈现闭合趋势，渗透率值也开始向原始状态靠近。

渗透系数同煤岩体应力环境及破坏状态有关，以往研究成果表明煤岩体渗透系数随着卸压程度的升高而增大，且不同形式破坏状态对渗透系数的影响明显。受采动影响后，围岩的破坏形式大多表现为压剪破坏和拉剪破坏两种形式，而简单应力状态下表现出来的纯剪和拉破坏形式较为少见，因此，分析底板中渗透系数分布特征时仅考虑前两种破坏形式。

按照应力状态及破坏形式对保护层中渗透率进行分区，应力值为原岩应力的原岩应力区渗透率为初始渗透率 k_0，应力值为原岩应力到峰值应力的压密状态弹性区渗透率为 k_1，应力值为峰值应力到原岩应力的扩散状态压剪塑性区渗透率为 k_2，应力值为原岩应力到工作面附近 0 应力的扩散状态拉剪塑性区渗透率为 k_3。由室内不同应力环境及破坏状态下煤岩体渗透率测定试验分析可得不同应力环境及破坏形式下煤岩体渗透率公式：

$$k=\begin{cases}k_0\text{（原岩应力区）}\\k_0\mathrm{e}^{-0.109\sigma}\text{（卸压弹性区）}\\k_0\mathrm{e}^{-0.109\sigma}+3\mathrm{e}^{-4.36}\text{（卸压破坏区）}\\k_0\mathrm{e}^{-0.109\sigma}+3\mathrm{e}^{-4.36}+0.01\sigma+0.3\text{（卸压拉剪破坏区）}\end{cases}\tag{7-1}$$

二、被保护层瓦斯抽采布孔方式优化

选取保护层开采 150 m 时，被保护层不同区域渗透率分布的平面图来分析被保护层渗透率的分布规律，如图 7-11 所示，被保护层按照渗透性的变化可分为原始渗透性区、渗透性减小区（卸压弹性区）、渗透性增大一区（卸压压剪破坏区）、渗透性增大二区（卸压拉剪破坏区），其中渗透性增大二区的渗透性增加最大。

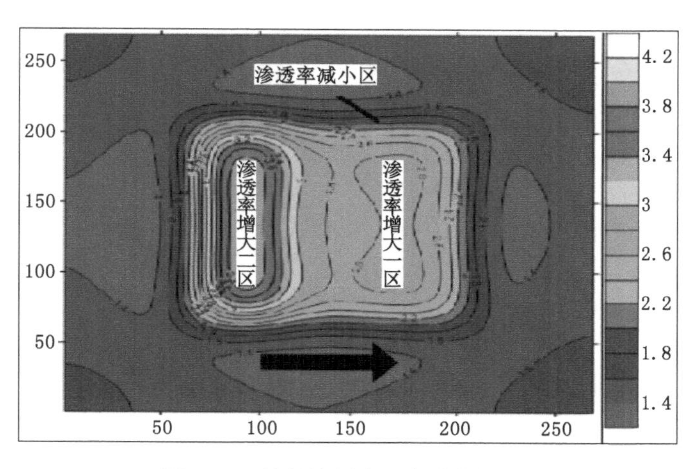

图 7-11 被保护层渗透率分布特征图

根据图 7-11 所示的保护层开采后被保护层渗透率的分布特征，被保护层工作面瓦斯抽采钻孔的布孔方式如图 7-12 所示。基于被保护层不同区域渗透率的分布情况，同时结合多年的煤矿瓦斯治理经验，从被保护层开切眼和收作线附近区域至工作面内部，钻孔的布孔间距依次为 6 m×6 m、10 m×10 m、30 m×30 m。

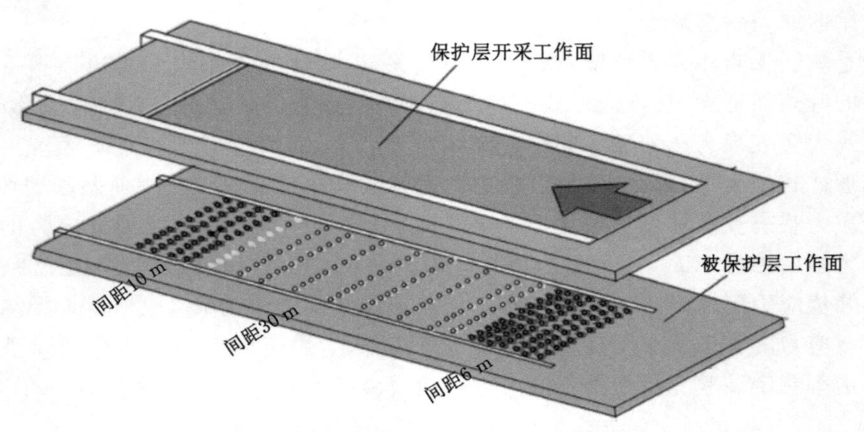

图 7-12　被保护层瓦斯抽采钻孔布孔方式

三、优化后抽采效果验证

被保护层 16101 工作面处于上保护层 15101 工作面卸压角辐射范围内，被保护层的工作面瓦斯抽采率在 60%以上。由抽采观测数据可以发现，优化前回采期间 16101 工作面回风巷顺层钻孔的平均抽采浓度为 22.24%，平均纯流量为 3.2 m^3/min；优化后 17101 工作面回风巷钻孔平均抽采浓度为 38.2%，平均纯流量为 7.12 m^3/min，抽采浓度与流量分别提高了 16%、4 m^3/min，如图 7-13 和图 7-14 所示。

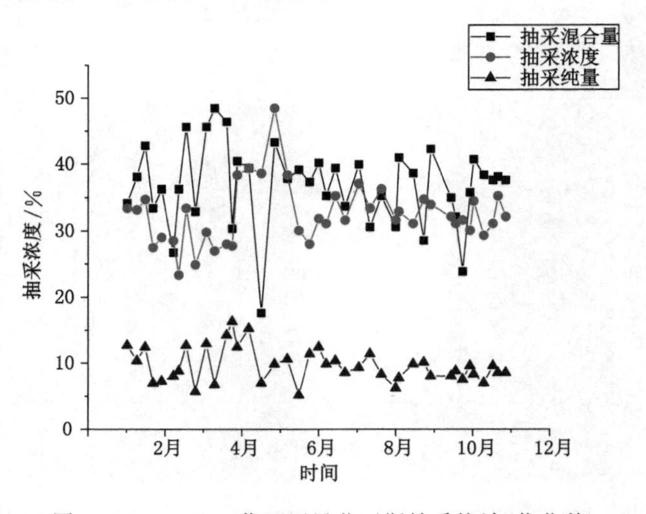

图 7-13　16101 工作面回风巷瓦斯抽采统计(优化前)

被保护层工作面回采期间回风流瓦斯浓度随时间的变化如图 7-15 所示。从图 7-15 中可以看出，工作面正常回采后工作面上隅角未出现瓦斯浓度超限现象，回风顺槽回风流瓦斯浓度为 0.4%～0.7%，平均为 0.5%。

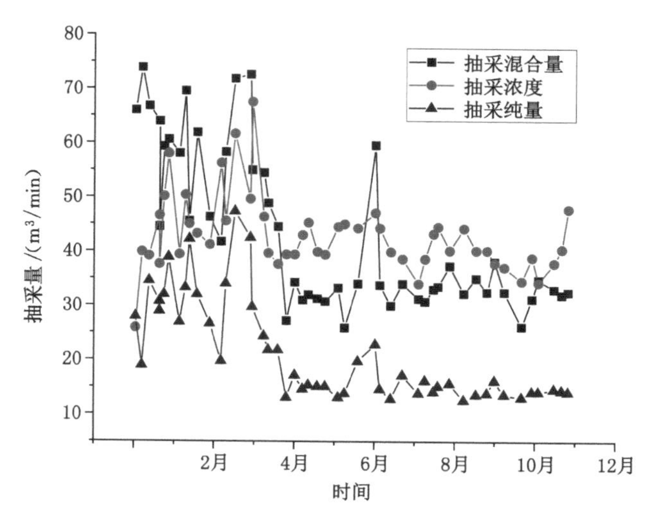

图 7-14　16101 工作面回风巷瓦斯抽采统计(优化后)

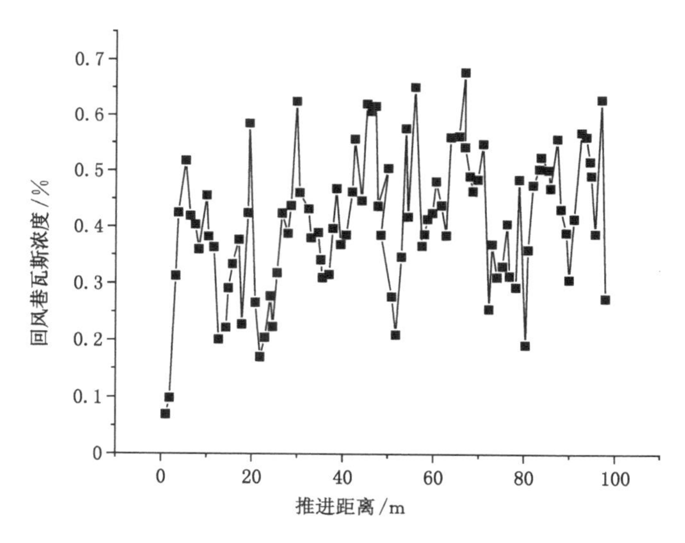

图 7-15　被保护层工作面回采期间回风流瓦斯浓度随时间的变化

第三节　近距离煤层群保护层开采抽采卸压瓦斯工程应用效果

一、工作面钻孔布置参数

通过工作面进风巷和回风巷布置穿层钻孔，向 15#、16#、17# 煤层做回采期间的网格预抽工作，见图7-16至图 7-18。钻孔间排距 10 m×10 m，钻孔穿透上部 15#、16#、17# 煤层，布孔 3～4 排，巷帮控制 15～20 m，抽采时间按照需达指标可定为 6～12 个月。试验钻孔基本参数见表 7-2。

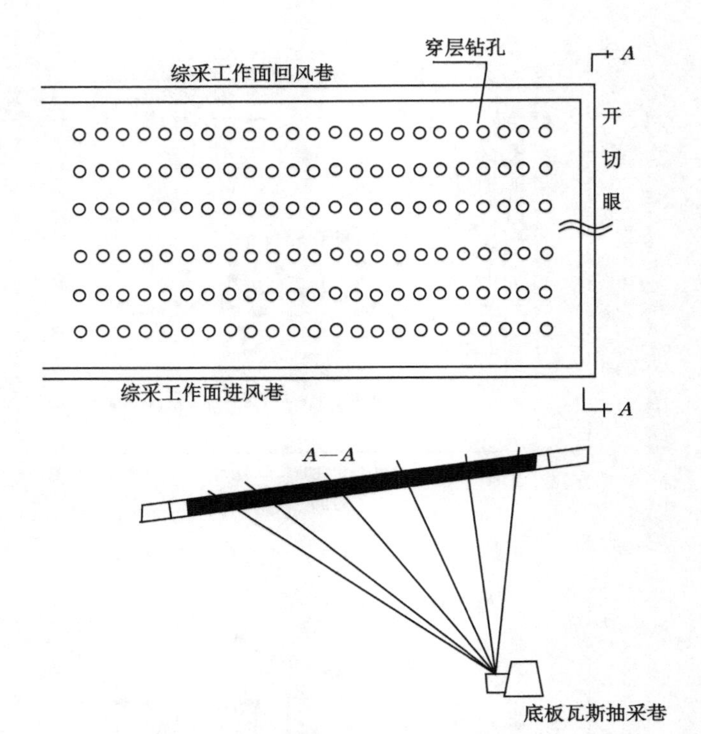

图 7-16　采煤工作面网格预抽钻孔布置示意图

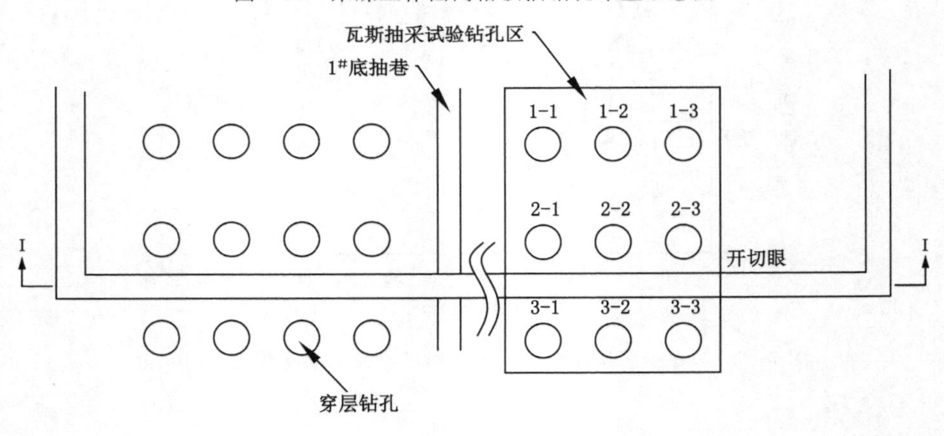

图 7-17　试验区钻孔布置平面示意图

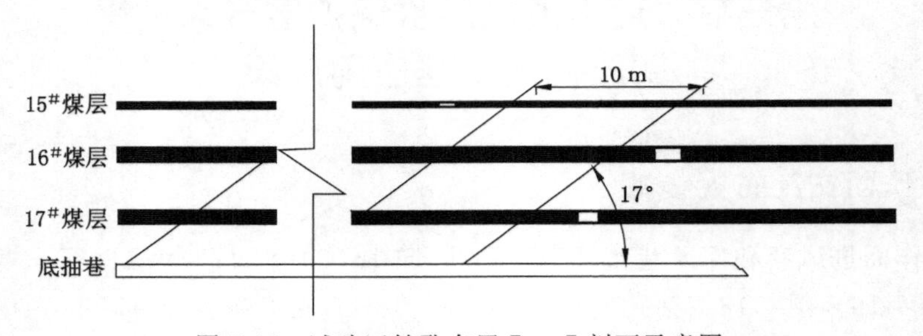

图 7-18　试验区钻孔布置Ⅰ—Ⅰ剖面示意图

表 7-2　试验钻孔基本参数

孔号	孔径/mm	倾角/(°)	方位角/(°)	钻孔长度/m	封孔深度/m	备注
1-1#	90	17	10	150	3	试验一组
2-1#	90	17	10	150	3	
3-1#	90	17	10	150	3	
1-2#	90	17	20	150	5	试验二组
2-2#	90	17	20	150	5	
3-2#	90	17	20	150	5	
1-3#	90	16	30	150	15	对比组
2-3#	90	16	30	150	15	
3-3#	90	16	30	150	15	

注：钻孔编号“*a*-*b*#”中，“*b*”表示依据封孔深度划分的钻孔试验组别，“*a*”表示孔号编号组别。

二、保护层开采效果

（一）数据观测记录

连续封好同一封孔深度的 3 钻孔（如 1-1#，2-1#，3-1# 钻孔）后，连入总管开始抽采，共计 9 个钻孔分为 3 组。用光学仪测试瓦斯浓度，每两天观测记录一次，持续观测 60 天，记录各个抽采钻孔对应的瓦斯浓度。在此期间收集数据，试验区钻孔瓦斯浓度汇总见表 7-3。

表 7-3　试验区钻孔瓦斯浓度汇总

抽采时间/d	瓦斯抽采浓度/%								
	1-3# 钻孔	1-2# 钻孔	1-1# 钻孔	2-3# 钻孔	2-2# 钻孔	2-1# 钻孔	3-3# 钻孔	3-2# 钻孔	3-1# 钻孔
1	67	67	34	71	65	47	75	74	48
3	64	65	35	70	63	44	74	73	47
5	68	61	28	67	62	42	72	69	43
7	65	62	23	65	59	43	72	70	44
9	61	63	24	66	57	40	71	68	43
11	64	61	26	65	55	35	68	64	35
13	61	58	19	62	51	27	70	66	28
15	59	55	23	63	47	29	69	62	29
17	60	54	13	62	45	29	65	55	30
19	57	55	14	59	44	30	64	54	31
21	58	54	11	53	43	25	55	53	25
23	56	52	12	54	42	26	56	52	26
25	53	48	17	52	40	18	55	53	25
27	52	47	15	45	39	15	54	51	24

表 7-3(续)

抽采时间/d	瓦斯抽采浓度/%								
	1-3$^{\#}$钻孔	1-2$^{\#}$钻孔	1-1$^{\#}$钻孔	2-3$^{\#}$钻孔	2-2$^{\#}$钻孔	2-1$^{\#}$钻孔	3-3$^{\#}$钻孔	3-2$^{\#}$钻孔	3-1$^{\#}$钻孔
29	51	46	12	47	38	16	53	48	23
31	48	45	10	45	39	15	52	45	24
33	49	42	8	44	37	14	50	43	22
35	45	39	7	45	36	13	45	42	21
37	42	40	8	43	37	15	43	40	20
39	43	37	6	44	36	14	45	41	16
41	40	35	6	42	35	12	46	42	17
43	39	36	7	40	34	11	43	40	15
45	40	34	6	41	36	12	45	38	13
47	41	30	6	40	35	11	42	39	11
49	38	32	7	39	33	9	41	38	12
51	37	33	6	42	34	9	42	40	8
53	39	32	5	40	35	7	43	37	10
55	36	34	7	40	32	8	39	39	11
57	35	31	6	37	33	9	40	38	9
59	34	30	5	38	32	7	39	39	8
60	33	31	5	37	31	6	38	37	6

（二）图线绘制

依据钻孔编号组别(如 1-1$^{\#}$、1-2$^{\#}$、1-3$^{\#}$钻孔)将同一编号组别的 3 个钻孔连成一串，连入同一支管后进行抽采及瓦斯浓度监测，连成一串的钻孔具有相同的抽采负压，9 个钻孔共分为 3 串。在每串钻孔中均有试验一组、试验二组及对比组的钻孔，因此，各串相邻的三个钻孔的瓦斯浓度数据具有可比性，每串钻孔 3 组对比数据，共计 9 组数据。用 Origin 软件绘制出浓度随时间变化的散点图和指数拟合曲线图，单个钻孔瓦斯浓度曲线及各试验组别不同封孔深度的瓦斯浓度曲线如图 7-19 所示。

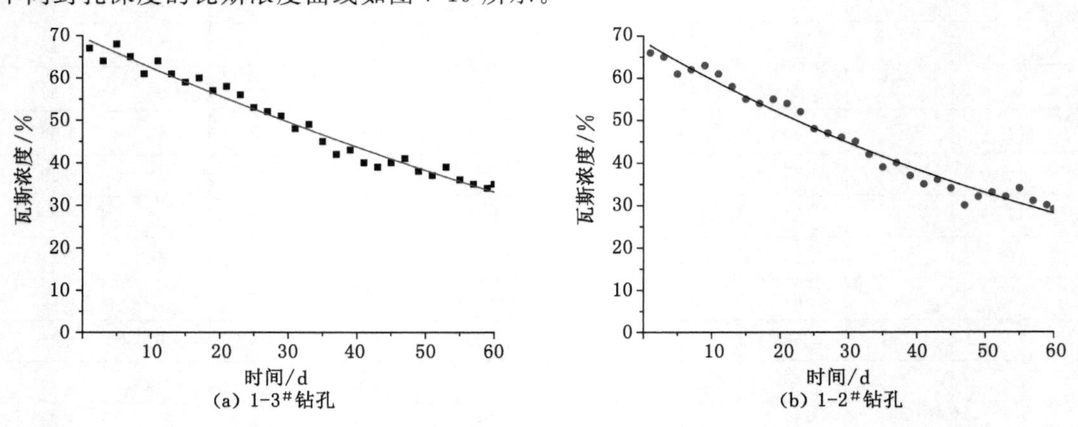

图 7-19　各试验钻孔瓦斯浓度时间变化拟合曲线

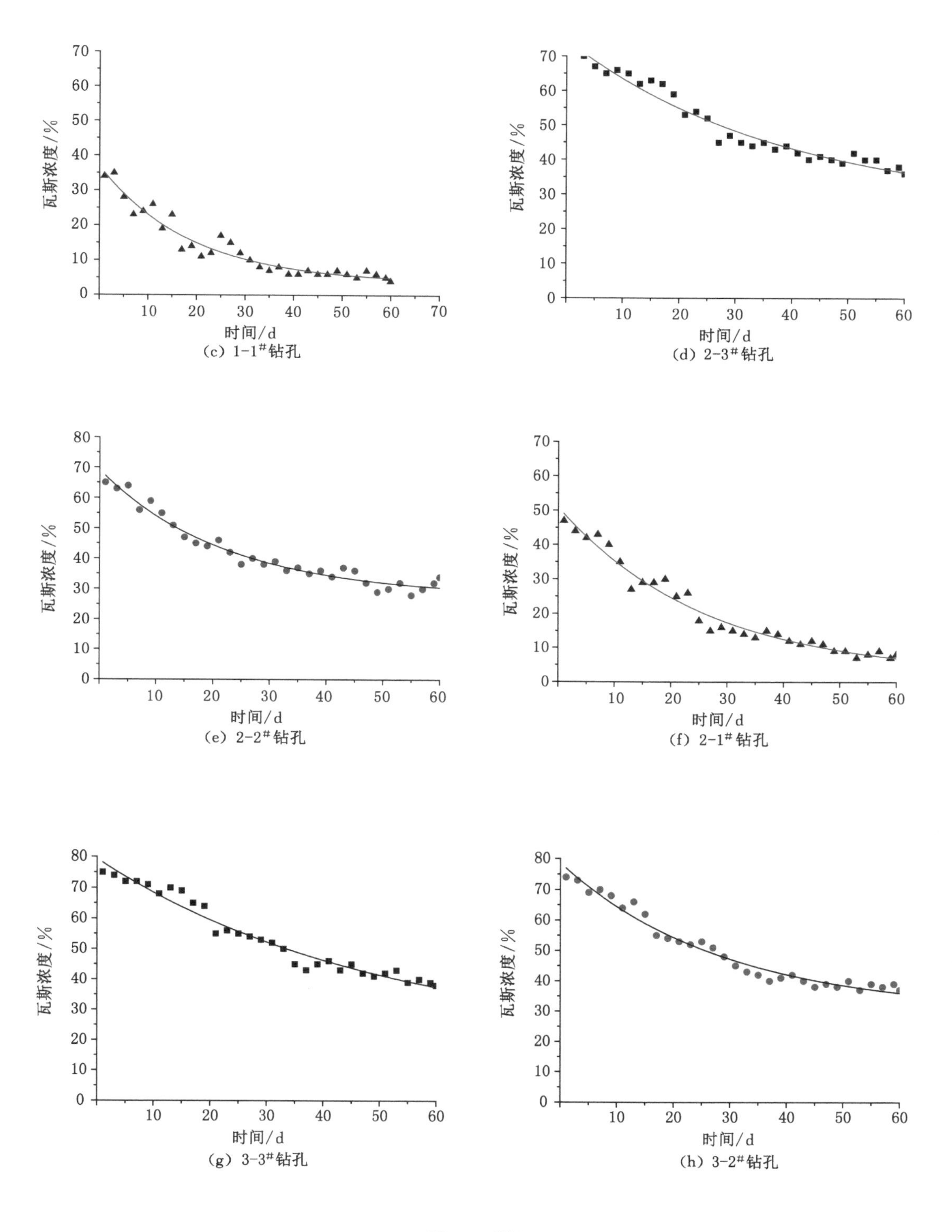
瓦斯浓度/%
时间/d
(c) 1-1#钻孔
瓦斯浓度/%
时间/d
(d) 2-3#钻孔
瓦斯浓度/%
时间/d
(e) 2-2#钻孔
瓦斯浓度/%
时间/d
(f) 2-1#钻孔
瓦斯浓度/%
时间/d
(g) 3-3#钻孔
瓦斯浓度/%
时间/d
(h) 3-2#钻孔

图 7-19(续)

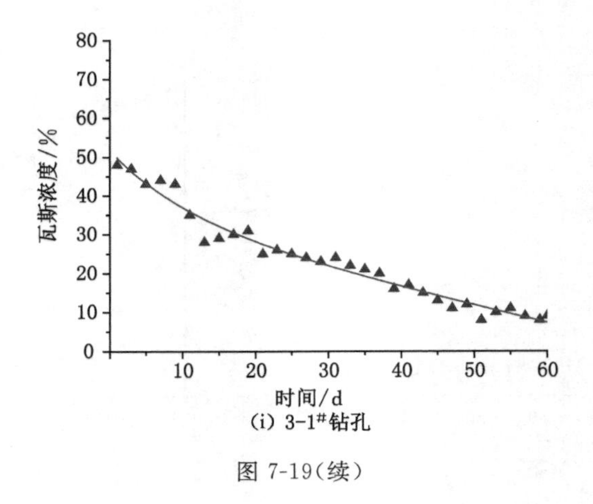

(i) 3-1#钻孔

图 7-19(续)

将各组钻孔曲线汇总后得到试验组各组曲线,如图 7-20 所示。

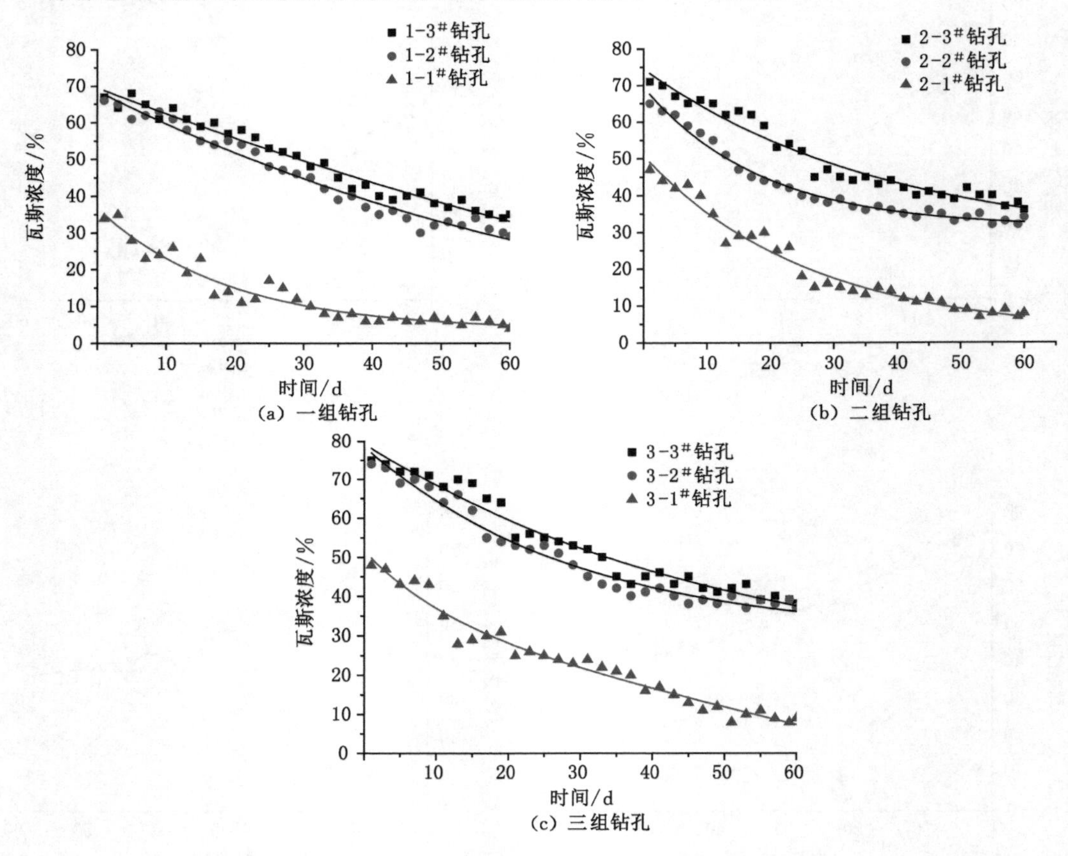

(a) 一组钻孔

(b) 二组钻孔

(c) 三组钻孔

图 7-20 各组钻孔瓦斯浓度对比时间变化拟合曲线

基于以上监测数据及曲线,统计可得各钻孔及各试验组别瓦斯抽采相关参数统计情况,如表 7-4、表 7-5 所示。

表 7-4　各试验钻孔瓦斯抽采相关参数统计分析

项目	试验一组(l=3 m)			试验二组(l=5 m)			对比组(l=15 m)		
	1-1#	2-1#	3-1#	1-2#	2-2#	3-2#	1-3#	2-3#	3-3#
浓度/%	13.5	21.1	23.9	46	42.4	50.3	50.1	50.6	54.1
纯量/(m^3/min)	2.74	3.96	4.12	6.34	6.27	6.43	6.41	6.42	6.54
混合量/(m^3/min)	20.3	18.8	17.5	13.8	14.8	13.0	12.8	12.7	12.1

注:l 为封孔深度;表中各组统计数据均为平均值。

表 7-5　各试验组瓦斯抽采相关参数统计分析

项　目	试验一组 (l=3 m)	试验二组 (l=5 m)	对比组 (l=15 m)
浓度/%	19.5	46.2	51.6
纯量/(m^3/min)	3.61	6.34	6.45
混合量/(m^3/min)	18.8	13.8	12.5

注:l 为封孔深度;表中各组统计数据均为平均值。

（三）图表数据分析

(1) 对以上 3 组试验钻孔的抽采最高瓦斯浓度、最低瓦斯浓度和平均浓度综合分析可知:5 m 封孔深度的试验二组和矿方现行 15 m 封孔深度的对比组各方面瓦斯抽采参数均较高,且差别较小,抽采效果均较好;相对而言,3 m 封孔深度的试验一组各方面抽采参数均低于其余两组对应参数,抽采效果较差。这就说明,封孔深度为 15 m 和 5 m 的钻孔均能较好地抽采瓦斯,从节约封孔材料的使用量上看,试验二组的 5 m 节约了工程成本,相对更为合理。

(2) 抽采混合量与封孔深度的关系分析:由表 7-4 及表 7-5 可知,3 m 封孔深度的试验一组及组内各钻孔的抽采混合量均大于 5 m 和 15 m 封孔深度的组别及其中各钻孔,同时 5 m和 15 m 封孔深度的钻孔抽采混合量差异不大。

原因分析:混合量由该段时间内抽入的瓦斯量和空气量两部分组成。瓦斯浓度没有提高的前提下,抽采混合量增大的唯一直接原因是混入空气量的增大。以上钻孔浓度和抽采混合量数据表明,3 m 封孔深度的抽采钻孔中混入了较多的空气,出现了钻孔的“气流短路”现象。原因在于,钻孔与巷道空气之间存在导通裂隙,即 3 m 的封孔深度并未超过围岩裂隙最大发育范围。5 m 和 15 m 抽采钻孔混合量较低的同时瓦斯浓度相对较高的原因在于两组钻孔的封孔效果均较好,封孔深度超过了围岩裂隙最大发育范围,有效防止了“气流短路”现象的发生。由此推知围岩裂隙最大发育范围(R_b)应为 3 m$\leqslant R_b<$5 m。

三、保护层开采效果及评价

（一）底板穿层钻孔瓦斯抽采效果

底板岩巷穿层钻孔预抽煤巷瓦斯效果主要采用残余瓦斯压力、残余瓦斯含量及其他经试验证实有效的指标和方法考察。结合实际情况，15201 工作面底板岩巷穿层钻孔预抽煤巷瓦斯效果采用 15# 煤层预抽范围内煤层残余瓦斯压力、残余瓦斯含量、钻屑瓦斯解吸指标作为主要指标，并结合穿层钻孔瓦斯抽采率作为辅助指标进行考察(张国锋，2017)。

1. 残余瓦斯压力、残余瓦斯含量计算

目前，煤层瓦斯含量测定方法可分为直接法和间接法。直接法测定是依据现场采集的新鲜煤样确定瓦斯组分和含量，其优点是避免了间接法所要求的实验室测定多个参数而引起的误差；缺点是采取煤样的过程中会有部分瓦斯释放，因此需要建立补偿或估算瓦斯逃逸量的模型。间接法则要求测定煤层瓦斯压力并采取煤样，然后通过实验室测定煤的孔隙率，吸附常数 a、b 值和煤的工业分析值等基本参数，然后通过代入朗缪尔方程计算得到煤层瓦斯含量值。

煤层瓦斯压力测定也分两种方法，其一为实测法，即利用岩石巷道打穿层钻孔穿透煤层，封孔测定煤层残余瓦斯压力；其二为间接法，即根据煤层残余瓦斯含量代入朗缪尔方程反推煤层残余瓦斯压力。

(1) 残余瓦斯含量计算

15201 工作面底板巷穿层钻孔预抽煤巷瓦斯每个钻场控制范围为工作面运料道、溜子(刮板输送机)道巷道中心线两侧各 8 m，沿走向控制范围为 330 m；抽采岩巷独头穿层钻孔扇形抽采上覆煤层开切眼区域瓦斯，钻孔长度为 30 m；煤层平均厚度 5.4 m，煤的密度为 1.41 t/m^3。经过计算得出，15201 工作面底板岩巷穿层钻孔预抽条带范围内煤炭储量为 9.12 万 t，瓦斯含量为 9.68 m^3/t，则预抽影响范围的瓦斯储量为 88.3 万 m^3。通过收集统计 15201 工作面底板岩巷穿层钻孔的抽采瓦斯纯量数据得到：底板岩巷穿层钻孔预抽煤巷条带瓦斯从开始抽采以来总共抽出纯瓦斯量为 30 万 m^3，平均抽采纯量为 0.45 m^3/min，则计算得出底板巷穿层钻孔预抽范围内煤层瓦斯残余瓦斯含量为 6.39 m^3/t。

对底板巷穿层钻孔预抽范围内煤层残余瓦斯含量现场测定，结果见表 7-6。

表 7-6　15201 工作面煤层残余瓦斯含量现场测试值

测点编号	测定地点	煤层	采样深度/m	试样中气体组分/%			瓦斯含量/(m^3/t)
				CH_4	CO_2	N_2	
1 号测孔	运料道右帮 2 号钻场	16# 煤层	491.6	97.76	0	2.24	6.53
2 号测孔	运料道左帮 2 号钻场		491.8	93.31	0	5.85	6.52

由表 7-6 可以看出，通过现场打钻取样测得 15201 工作面底板巷穿层钻孔预抽范围内煤层残余瓦斯含量为 6.52～6.53 m^3/t，与计算的结果 6.39 m^3/t 相差较小，因此，确定煤层残余瓦斯含量为 6.39～6.53 m^3/t。

(2) 残余瓦斯压力计算

用间接法计算煤层瓦斯压力所采用的朗缪尔公式为：

$$X=\left(\frac{abp}{1+bp}\frac{1}{1+0.31M}e^{n(t_s-t)}+\frac{10Kp}{k}\right)\frac{100-A-M}{100} \tag{7-2}$$

式中，X 为原煤瓦斯含量，m^3/t；a 为吸附常数，试验温度下原煤的极限吸附量，m^3/t；b 为吸附常数，MPa^{-1}；p 为煤层瓦斯压力，MPa；t_s 为进行吸附试验温度，℃；t 为试验时原煤初

始温度,℃；M 为煤的水分,%；K 为煤的孔隙容积,m^3/t；k 为甲烷的压缩系数,查表得 $k=1.075$；A 为原煤灰分,%；n 为系数。

$$n = B \times \frac{0.02}{0.993 + 0.07p} \tag{7-3}$$

式中,B 为系数,MPa^{-1},取值为 1。

将相关数据代入式(7-2)并编制瓦斯压力计算软件,软件计算结果如图 7-21 和图 7-22 所示。

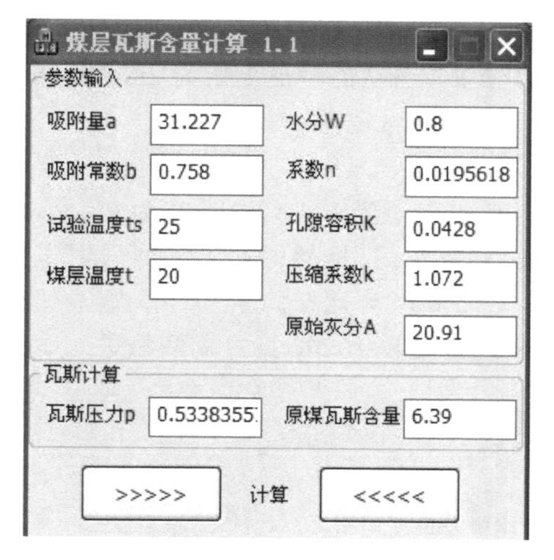

图 7-21　瓦斯含量为 6.39 m^3/t 反算压力值

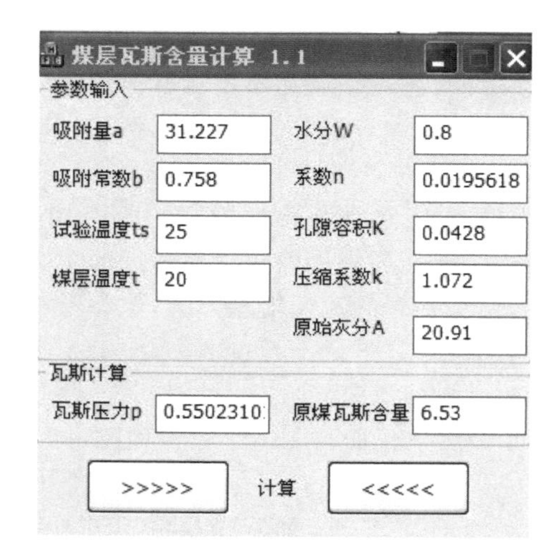

图 7-22　瓦斯含量为 6.53 m^3/t 反算压力值

图 7-21 和图 7-22 的计算结果显示:15201 工作面底板岩巷穿层钻孔预抽煤巷条带范围内煤层残余瓦斯压力为 0.53～0.55 MPa。可见经过穿层钻孔预抽煤巷瓦斯后,煤层残余瓦斯含量、残余瓦斯压力均低于突出煤层的临界值,达到消除突出危险的目的,因此,底板巷穿层钻孔预抽煤巷瓦斯效果明显。

2. 瓦斯抽采率计算

现场测定计算瓦斯抽采率,其计算方法一般按照煤层瓦斯含量计算,计算公式如下:

$$d_k = 100 \times \frac{W_k - Q_k}{W_k} \tag{7-4}$$

式中,Q_k 为煤层残余瓦斯含量,m^3/t,上述计算结果为 6.39～6.53 m^3/t；W_k 为煤层原始瓦斯含量,m^3/t,测定结果为 9.68 m^3/t。

将 15201 工作面煤层瓦斯的相关参数代入式(7-4)计算可得:15201 工作面底板岩巷穿层钻孔瓦斯抽采率为 32.5%～34%,远远高于 20%,瓦斯预抽达到基本要求。

3. 瓦斯涌出量分析

15201 工作面在底板巷预抽煤巷瓦斯后,掘进期间溜子道、运料道瓦斯涌出量不超过 2 m^3/min,而邻近的 15202 工作面掘进期间瓦斯涌出量超过 3 m^3/min,该掘进工作面采取了边掘边抽、停头抽采的瓦斯治理方案,每月都会有 10～15 d 因瓦斯因素而停头施工瓦斯抽采钻孔。因此底板抽采巷抽采效果明显,能有效杜绝瓦斯超限。

4. 风筒配风量分析

22201溜子道、运料巷在掘进期间使用15×2 kW通风机供风，风筒直径为800 mm，风量配备为520 m^3/min，回风瓦斯浓度为0.3%左右。而15202掘进面在掘进期间使用15×2 kW和5.5×2 kW两台通风机同时供风，风量配备为780 m^3/min，回风瓦斯浓度为0.5%左右。15201工作面采用底板巷预抽煤巷瓦斯后，掘进期间需风量大大降低，既节约了局部通风费用，又为工作面创造了良好的工作环境条件。

5. 预抽后钻屑解析指标

15201工作面底板巷穿层钻孔预抽煤巷瓦斯抽采达标后，进行煤巷掘进，在掘进期间，通过预测孔测定钻屑瓦斯解吸指标Δh_2最大值为160 Pa，而钻屑量最大值为2.2 kg，低于临界值，允许掘进，且掘进过程中无喷孔、卡钻、顶钻等瓦斯动力现象。

6. 掘进进度分析

15201工作面溜子道、运料道掘进期间，掘进进尺每天不低于3.5 m，最高为4.2 m，并且没有因为瓦斯超限而停头。而邻近的15202工作面掘进期间，虽然掘进工作面采取了边掘边抽、停头抽采的瓦斯治理方案，但每月都会有10～15 d因为瓦斯因素而停头施工瓦斯抽采钻孔，平均日进尺不超过2.1 m。15201工作面掘进进度较15202掘进期间掘进效率明显提高。

15201工作面与15202工作面掘进期间指标对比如表7-7所示。

表7-7　15201工作面与15202工作面掘进期间指标对比

序号	比较指标	15201工作面	15202工作面
1	瓦斯涌出量	两巷掘进期间瓦斯涌出量超过2.0 m^3/min，基本上没有因瓦斯而影响掘进	两巷掘进期间瓦斯涌出量超过3 m^3/min，且经常超限，导致掘进工作面停头
2	工作面风量	风量配备为520 m^3/min	风量配备为780 m^3/min
3	突出危险性	最大不超过160 Pa	最大时接近190 Pa
4	掘进效率	两巷掘进平均日进尺不低于3.5 m，最大日进尺4.2 m，月进尺高达100 m	两巷掘进平均日进尺不超过2.1 m，溜子道曾经两个月仅掘进40 m

通过对15201工作面底板巷穿层钻孔预抽煤巷瓦斯技术措施效果考察可知，抽采后煤层残余瓦斯含量、残余瓦斯压力均低于始突临界值，瓦斯抽采率达标，钻屑解析指标值低于临界值且掘进中无任何瓦斯动力现象。由表7-7可以看出，15201工作面经底板巷预抽煤巷瓦斯后较没有在底板巷预抽煤巷瓦斯的15202工作面瓦斯涌出量、工作面需风量低，突出危险性小，掘进速率高。因此，底板巷穿层钻孔预抽瓦斯技术应用效果显著。

（二）社会经济效益分析

1. 技术经济效益

(1) 底抽巷抽采区域解放突出煤量经济效益

经数据统计，南翼1#、2#底抽巷可解放的16#煤层、17#煤层煤量如表7-8所示。

由表7-8可见，南翼1#和2#底抽巷的预抽，不仅对区域煤层开发至关重要，同时解放上方突出煤层16#和17#煤层煤量均在100万t以上，1#底抽巷产生效益139.2亿元，2#底抽巷产生效益141.6亿元。

表 7-8 南翼 1#、2# 底抽巷可解放煤量概算表

	煤层	覆盖长度/m	覆盖宽度/m	煤厚/m	密度/(t/m³)	可解放面积/m²	可解放煤量/万 t
南翼 1# 底抽巷	16#	1 360	274	2.1	1.46	372 640	114.3
	17#	1 360	274	2.3	1.38	372 640	118.3
南翼 2# 底抽巷	16#	1 203	274	2.76	1.46	329 622	132.8
	17#	1 203	274	2.27	1.38	329 622	103.3

(2) 工作面区域预抽经济效益

依据 2011—2014 年度抽采日报表,我们分别统计了南翼 1#、2# 底抽巷月度平均抽采瓦斯纯量,并得出两条底抽巷累计瓦斯抽采量,其中南翼 1# 底抽巷所抽瓦斯量约为 14 070 312 m^3,南翼 2# 底抽巷所抽瓦斯量约为 6 570 000 m^3。具体参见图 7-23 和图 7-24。

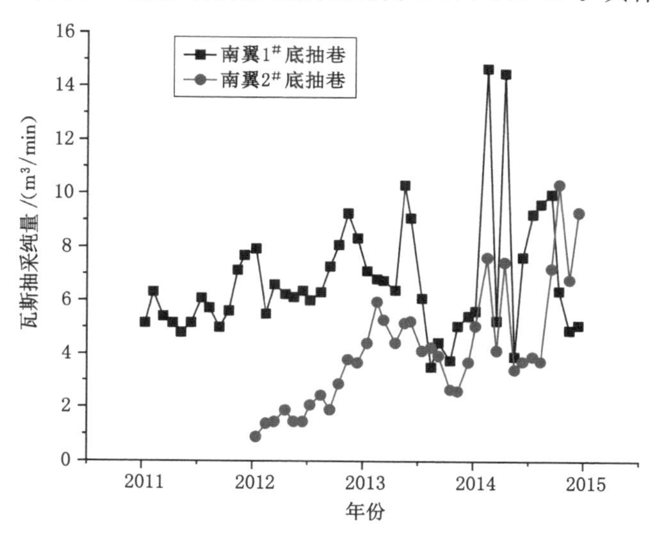

图 7-23 南翼底抽巷瓦斯抽采纯量月平均曲线图

由图 7-23、图 7-24 可知,南翼 1# 底抽巷在 2011—2014 年上半年的抽采纯量基本平稳,约 6 m^3/min。其中也存在着波动,这与上部采掘活动、抽采新旧钻孔不断投入与淘汰使用有一定关系。南翼 1# 底抽巷自投入使用以来抽采量稳定在 6 m^3/min 左右,2014 年最高跃升到 14 m^3/min;2# 底抽巷的瓦斯抽采量不断增大,并逐渐趋于平稳,特别是进入 2014 年第四季度,抽采纯量跃升到 10 m^3/min,为冬季供暖提供了充足的气源,按照出厂价 0.8 元/m^3 计算,2011—2014 年仅 1# 底抽巷即获利 1 108.47 万元,2# 底抽巷获利527.33万元。

2. 社会效益

该矿井田主采煤层属典型的近距离分组煤层群赋存条件,目前开采的上组煤中 15#、16# 和 17# 煤层均已被鉴定为煤与瓦斯突出煤层,并随着煤层埋深的增加,煤层瓦斯含量逐渐升高,煤与瓦斯突出倾向性日益严重。2009 年瓦斯等级鉴定结果为:矿井绝对瓦斯涌出量高达 479 m^3/min,相对瓦斯涌出量高达 103 m^3/t。瓦斯涌出量逐年升高,致使矿井风排

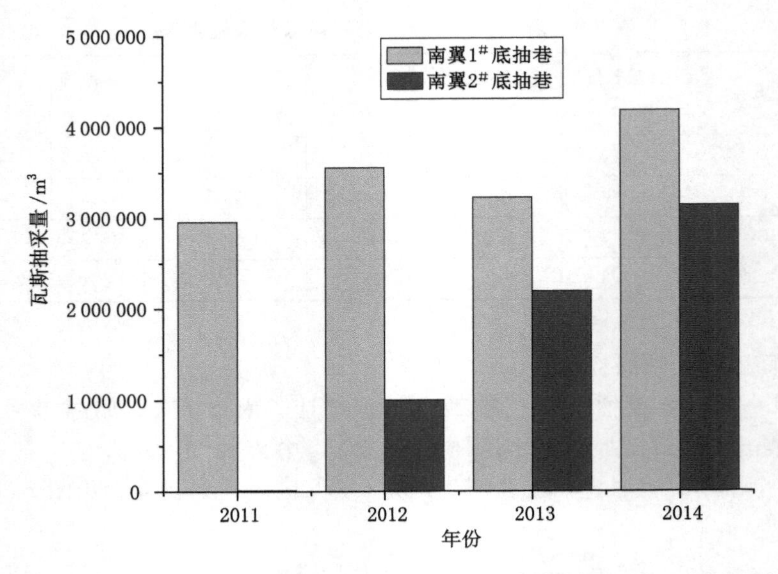

图 7-24　南翼底抽巷 2011—2014 年瓦斯抽采纯量总量柱状图

瓦斯难度空前，瓦斯超限报警现象变得司空见惯，给矿井的正常生产带来极大隐患。

底抽巷瓦斯综合治理技术体系与模式解决了近距离高瓦斯突出煤层群安全开采的关键技术难题，有效解决了煤层群每层都突出条件下首采保护层的安全掘进问题，保护层开采与卸压瓦斯抽采同步推进，实现了煤与瓦斯安全高效共采；抽采的瓦斯输送到地面加以利用，实现节能减排，经济、社会、环境效益显著。

同时，本技术的应用效果将在未来一段时间内持续显现，矿井"采掘抽"平衡将逐步实现，矿井安全生产和瓦斯治理将步入良性轨道，将显著改善工作面的安全生产环境，实现煤炭的安全科学高效开采，取得显著的社会效益。

参考文献

柴敬,王丰年,张丁丁,等,2018.巨厚砾岩层下采场支承压力分布的理论及试验研究[J].西安科技大学学报,38(1):43-50.

陈海栋,2013.保护层开采过程中卸载煤体损伤及渗透性演化特征研究[D].徐州:中国矿业大学.

陈盼,2013.近距离煤层采空区下工作面矿压显现与覆岩移动规律研究[D].西安:西安科技大学.

程远平,俞启香,袁亮,等,2004.煤与远程卸压瓦斯安全高效共采试验研究[J].中国矿业大学学报,33(2):132-136.

程远平,周德永,俞启香,等,2006.保护层卸压瓦斯抽采及涌出规律研究[J].采矿与安全工程学报,23(1):12-18.

程远平,付建华,俞启香,2009.中国煤矿瓦斯抽采技术的发展[J].采矿与安全工程学报,26(2):127-139.

程志恒,2015.近距离煤层群保护层开采裂隙演化及渗流特征研究[D].北京:中国矿业大学(北京).

樊永山,张胜云,2015.近距离煤层群下行开采下煤层覆岩运移规律模拟[J].辽宁工程技术大学学报(自然科学版),34(8):887-891.

弓培林,2006.大采高采场围岩控制理论及应用研究[D].太原:太原理工大学.

郭彦科,2019.大采高综放采场覆岩运移与支架-围岩关系研究[D].太原:太原理工大学.

黄庆享,黄克军,赵萌烨,2018.浅埋煤层群大采高采场初次来压顶板结构及支架载荷研究[J].采矿与安全工程学报,35(5):940-944.

柯达,2020.近距离煤层巷道围岩变形规律及控制技术研究[D].西安:西安科技大学.

孔德中,郑上上,韩承红,等,2019.近距离煤层群重复采动下端面稳定性分析[J].煤矿安全,50(11):220-223.

孔令海,姜福兴,王存文,2010.特厚煤层综放采场支架合理工作阻力研究[J].岩石力学与工程学报,29(11):2312-2318.

孔宪法,杨永康,康天合,等,2013.采空区下近距离煤层工作面支架支护强度确定[J].矿业研究与开发,33(6):50-53,99.

李波,2012.近距离煤层开采下位煤层巷道布置及支护技术研究[D].北京:中国矿业大学(北京).

李绍泉,2013.近距离煤层群煤与瓦斯突出机理及预警研究[D].北京:中国矿业大学(北京).

林健,范明建,司林坡,等,2010.近距离采空区下松软破碎煤层巷道锚杆锚索支护技术研究

[J].煤矿开采,15(4):45-50,62.
刘洪永,程远平,陈海栋,等,2011.含瓦斯煤岩体采动致裂特性及其对卸压变形的影响[J].煤炭学报,36(12):2074-2079.
刘长友,黄炳香,常兴民,等,2008.极软厚煤层大采高台阶式综采端面煤岩稳定性控制研究[J].中国矿业大学学报,37(6):734-739.
马国强,陈如忠,崔刚,等,2015.近距离突出煤层群上保护层瓦斯综合治理技术[J].煤炭科学技术,43(3):52-55.
孟浩,2016.近距离煤层群下位煤层巷道布置优化研究[J].煤炭科学技术,44(12):44-50.
宁宇,2009.大采高综采煤壁片帮冒顶机理与控制技术[J].煤炭学报,34(1):50-52.
齐庆新,季文博,元继宏,等,2014.底板贯穿型裂隙现场实测及其对瓦斯抽采的影响[J].煤炭学报,39(8):1552-1558.
齐消寒,2016.近距离低渗煤层群多重采动影响下煤岩破断与瓦斯流动规律及抽采研究[D].重庆:重庆大学.
汪东生,2011.近距离煤层群立体抽采瓦斯流动规律的模拟[J].煤炭学报,36(1):86-90.
王沉,屠世浩,屠洪盛,等,2015.采场顶板尖灭逆断层区围岩变形及支架承载特征研究[J].采矿与安全工程学报,32(2):182-186.
王宏伟,姜耀东,赵毅鑫,等,2015.基于能量法的近距煤层巷道合理位置确定[J].岩石力学与工程学报,34(增2):4023-4029.
王家臣,2007.极软厚煤层煤壁片帮与防治机理[J].煤炭学报,32(8):785-788.
王家臣,王兆会,孔德中,2015.硬煤工作面煤壁破坏与防治机理[J].煤炭学报,40(10):2243-2250.
王轩,吴泽源,1990.应力对煤岩渗透率的影响[J].重庆大学学报(自然科学版),13(3):60-65.
王兆会,杨敬虎,孟浩,2015.大采高工作面过断层构造煤壁片帮机理及控制[J].煤炭学报,40(1):42-49.
王志强,李鹏飞,王磊,等,2013.再论采场"三带"的划分方法及工程应用[J].煤炭学报,38(增刊):287-293.
魏臻,2018.基于端面顶板稳定性的综放采场支架—围岩关系研究[D].北京:中国矿业大学(北京).
魏振宇,2013.塔山煤矿近距离煤层群特厚煤层巷道合理布置[J].煤炭科学技术,41(增刊):46-48.
肖雪峰,2009.近距离煤层群开采采场支承压力分布规律研究[J].华北科技学院学报,6(1):5-8.
谢生荣,武华太,赵耀江,等,2009.高瓦斯煤层群"煤与瓦斯共采"技术研究[J].采矿与安全工程学报,26(2):173-178.
薛俊华,2012.近距离高瓦斯煤层群大采高首采层煤与瓦斯共采[J].煤炭学报,37(10):1682-1687.
闫小卫,2020.近距离煤层上行开采与矿压显现规律分析[J].中国矿业,29(12):129-133.
杨建华,汪东,2017.近距离煤层群上位煤层开采底板破坏特征分析[J].煤炭科学技术,

45(7):7-11.
杨科,何祥,刘帅,等,2016.近距离采空区下大倾角“三软”厚煤层综采片帮机理与控制[J].采矿与安全工程学报,33(4):611-617.
杨路林,2018.近距离煤层采空区下综采面覆岩结构特征及支护阻力研究[D].青岛:山东科技大学.
杨培举,2009.两柱掩护式放顶煤支架与围岩关系及适应性研究[D].徐州:中国矿业大学.
杨胜利,孔德中,2015.大采高煤壁片帮防治柔性加固机理与应用[J].煤炭学报,40(6):1361-1367.
杨胜利,2019.基于中厚板理论的坚硬厚顶板破断致灾机制与控制研究[D].徐州:中国矿业大学.
杨正凯,程志恒,刘彦青,等,2020.突出煤层群多次采动对底板穿层钻孔瓦斯抽采的影响[J].中国安全科学学报,30(5):66-73.
袁亮,2009.卸压开采抽采瓦斯理论及煤与瓦斯共采技术体系[J].煤炭学报,34(1):1-8.
袁永,2011.大采高综采采场支架-围岩稳定控制机理研究[J].煤炭学报,36(11):1955-1956.
岳喜占,涂敏,李迎富,等,2021.近距离煤层开采遗留边界煤柱下底板巷道采动附加应力计算[J].采矿与安全工程学报,38(2):246-252,259.
翟成,2008.近距离煤层群采动裂隙场与瓦斯流动场耦合规律及防治技术研究[D].徐州:中国矿业大学.
张国锋,2017.沙曲二矿南三采区底板巷抽放瓦斯消突技术的研究[D].北京:中国地质大学(北京).
张剑,2013.极近距煤层下位煤层巷道围岩控制原理及应用[J].煤炭工程,45(8):27-30.
张剑,2020.西山矿区近距离煤层群开采巷道围岩控制技术研究及应用[D].北京:煤炭科学研究总院.
张金才,刘天泉,1990.论煤层底板采动裂隙带的深度及分布特征[J].煤炭学报,15(2):46-55.
张可斌,钱鸣高,郑朋强,等,2020.采场支架围岩关系研究及支架合理额定工作阻力确定[J].采矿与安全工程学报,37(2):215-223.
赵灿,程志恒,孔德中,等,2019.近距离煤层群下行开采底板应力分布与瓦斯抽采技术研究[J].煤炭工程,51(7):109-113.
赵军,2018.多煤层开采覆岩结构演化规律及矿压控制研究[D].青岛:山东科技大学.
赵耀江,谢生荣,温百根,等,2009.高瓦斯煤层群顶板大直径千米钻孔抽采技术[J].煤炭学报,34(6):797-801.
郑上上,2020.贵州某矿近距离煤层群重复采动顶板破断特征与覆岩运移规律[D].贵阳:贵州大学.
朱涛,张百胜,冯国瑞,等,2010.极近距离煤层下层煤采场顶板结构与控制[J].煤炭学报,35(2):190-193.
GHABRAIE B,REN G,SMITH J V,2017.Characterising the multi-seam subsidence due to varying mining configuration,insights from physical modelling[J].International journal of rock mechanics and mining sciences,93:269-279.

KONG D Z, PU S J, ZHENG S S, et al, 2019. Roof broken characteristics and overburden migration law of upper seam in upward mining of close seam group[J]. Geotechnical and geological engineering, 37: 3193-3203.

SUCHOWERSKA A M, MERIFIELD R S, CARTER J P, 2013. Vertical stress changes in multi-seam mining under supercritical longwall panels[J]. International Journal of rock mechanics and mining sciences, 61: 306-320.

SUCHOWERSKA A M, CARTER J P, MERIFIELD R S, 2014. Horizontal stress under supercritical longwall panels[J]. International journal of rock mechanics and mining sciences, 70: 240-251.

ZHENG S S, LOU Y H, KONG D Z, et al, 2019. The roof breaking characteristics and overlying strata migration law in close seams group under repeated mining[J]. Geotechnical and geological engineering, 37: 3891-3902.